电气控制与 PLC 应用技术

主　编　王　辉　丛榆坤
副主编　徐秀贤　陈金阳

北京理工大学出版社
BEIJING INSTITUTE OF TECHNOLOGY PRESS

内 容 简 介

本书以西门子公司的S7-200系列PLC为例，以实用为宗旨，以应用为目的，内容主要包括常用低压电器、基本电气控制电路、可编程序控制器介绍、基本指令、功能指令及其程序设计、顺序控制系统程序设计、PLC通信、PLC控制系统综合应用等。主要培养学生分析和设计电气控制线路的能力，掌握PLC程序设计方法，具备在实际工程中应用PLC控制系统的能力。

本书可以作为高职高专及本科院校的机械制造与自动化、机电一体化、电气自动化技术等机电类相关专业的教师和学生的参考用书，也可供从事相关领域工作的工程技术人员参考和作为培训教材使用。

图书在版编目（CIP）数据

电气控制与PLC应用技术 / 王辉，丛榆坤主编. —北京：北京理工大学出版社，2020.12

ISBN 978-7-5682-8856-9

Ⅰ. ①电… Ⅱ. ①王… ②丛… Ⅲ. ①电气控制 ②PLC技术 Ⅳ. ①TM571.2 ②TM571.6

中国版本图书馆CIP数据核字（2020）第140514号

出版发行 / 北京理工大学出版社有限责任公司
社　　址 / 北京市海淀区中关村南大街5号
邮　　编 / 100081
电　　话 /（010）68914775（总编室）
（010）82562903（教材售后服务热线）
（010）68948351（其他图书服务热线）
网　　址 / http://www.bitpress.com.cn
经　　销 / 全国各地新华书店
印　　刷 / 河北盛世彩捷印刷有限公司
开　　本 / 787毫米 × 1092毫米　1/16
印　　张 / 14.75　　　责任编辑 / 张鑫星
字　　数 / 340千字　　　文案编辑 / 张鑫星
版　　次 / 2020年12月第1版　2020年12月第1次印刷　　　责任校对 / 周瑞红
定　　价 / 63.00元　　　责任印制 / 施胜娟

前言

本书以项目为载体，以任务驱动的方式，介绍可编程逻辑控制器（PLC）的硬件组成、编程软件、编程语言、程序框架、网络通信等。PLC在工业自动化控制的各个领域得到广泛应用，代表着控制技术的发展方向，被业界称为现代工业自动化的三大支柱之一。

本书以西门子公司的S7–200系列PLC为例，分为七个项目：

项目一通过对电气控制电路的过程分析，介绍电气相关元器件的原理及其功能、安装与调试的方法；

项目二介绍PLC的发展历程、结构组成、硬件接线、编程软件的安装及使用、基本的位逻辑指令等；

项目三通过三相异步电动机PLC控制的典型电路，介绍了正负跳变、置复位、定时器、计数器等指令的格式、功能及应用，并举例讲解；

项目四介绍传送、移位、转换、运算等PLC功能指令的格式和功能，并进行程序设计；

项目五介绍顺序功能图的绘制方法，并运用顺序功能图进行程序设计；

项目六介绍S7–200系列PLC的通信方式；

项目七介绍PLC在现代控制系统中的综合应用。

每个项目的载体都可以激发学生的求知欲，相关知识点的讲解和项目实施过程将知识和技能有效结合。任务驱动的教学内容，便于学生加深对知识的理解与掌握，提高学习效率。在取材和编写的过程中，针对高等院校学生的认知规律，将理论知识渗透在项目实施的过程中，注重和强化实际动手操作环节，使学生学以致用，并在项目实施过程中，学会学习并培养自我学习能力。本教材内容把PLC的基本知识及相关控制系统设计、安装与调试的基本技能项目化和任务化，将学生的职业素养和职业道德培养落实到每个教学环节中，采用教、学、做一体化的现场教学模式，让学生在做中学，学中做，加强学生的技术、技能和理论知识的培养。

本书由王辉、丛榆坤任主编，徐秀贤、陈金阳任副主编。其中，王辉编写项目二、项目四，丛榆坤编写项目三、项目六、项目七，徐秀贤编写项目一，陈金阳编写项目五。

鉴于编者水平有限，在编写过程中，参考了有关资料和文献，在此向相关的作者表示衷心的感谢。书中错误和不妥之处在所难免，恳请广大读者批评指正。

编　者

目录

项目一 基本电气控制电路

【项目描述】

目前，企业大量采用了自动生产线、自动装配线、加工机床等设备，虽然在这些设备中广泛采用了以可编程序控制器等现代技术为核心构成的控制系统，但也有很大一部分小型设备仍然采用以三相交流异步电动机作为原动机，而用继电器—接触器系统进行控制。本项目重点讲述常用低压电气元件的结构、工作原理、符号、电气控制线路原理图的设计、组装、调试等方法。

【项目目标】

（1）学习主令电器——按钮；
（2）学习自动控制电器——接触器；
（3）能够绘制三相异步电动机控制电路的原理图、接线图；
（4）能够设计电路的安装工艺计划；
（5）会按照工艺计划进行线路的安装、调试和维修；
（6）培养学生职业道德；
（7）培养学生严谨务实的工作态度。

任务一　电动机连续正转控制电路的分析与安装调试

【任务描述】

在机床线路、水泵、大功率电蒸箱等应用场合，常需要电动机处在连续正转状态，如图 1-1 所示。连续正转是基本的电动机控制线路。本任务要求学生掌握自锁控制线路的设计方法，理解线路工作原理，学会线路安装接线图的画法并正确装配线路，同时要熟悉通电试车步骤，分析可能出现的故障。

图 1–1　电动机连续正转应用

【相关知识】

在电能的生产、输送、分配和应用中，电路中需要安装多种电气元器件，用来接通和断开电路，以达到控制、调节、转换及保护的目的。这些电气元器件统称为电器。凡用于交流额定电压 1 200 V、直流额定电压 1 500 V 以下由供电系统和用电设备等组成的电路中起通断、保护、控制和调节作用的电器都称为低压电器。

1.1.1　断路器

断路器又称自动空气开关或自动空气断路器，是一种集控制和多种保护功能于一体的自动开关，是低压配电网络和电气控制系统中常用的一种配电电器，如图 1–2 所示。正常情况下，断路器用于不频繁的接通和分断电路以及控制电动机运行。当电路中发生短路、过载和欠压等故障时，能自动切断故障电路，保护线路和电气设备。

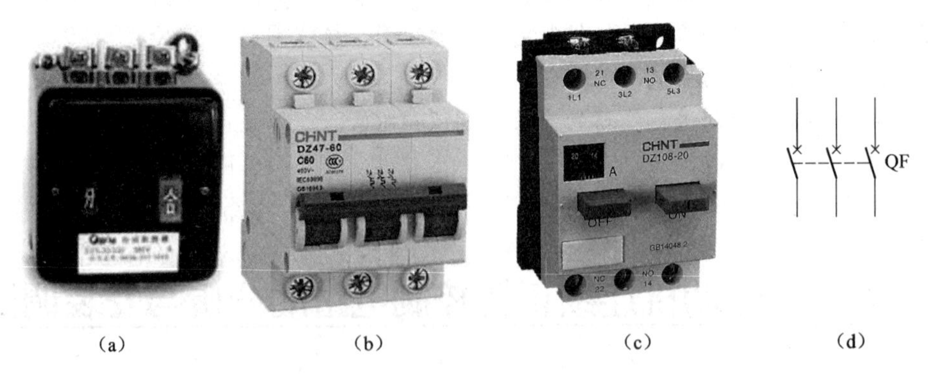

图 1–2　空气开关外形和电气符号

（a）DZ5 系列；（b）DZ47 系列；（c）DZ108 系列；（d）电气符号

1. 结构及工作原理

断路器由触点系统、灭弧装置、操作机构、各种脱扣器及外壳等组成。断路器的脱扣器是保护装置，电磁脱扣器起短路保护，欠电压脱扣器起欠电压（零电压）保护，热脱扣器起过载保护。

断路器的结构如图 1–3 所示。

DZ5 系列断路器有三对主触头，一对常开辅助触头和一对常闭辅助触头。使用时三对主触头连在被控制的三相电路中，用以接通和分断主回路的大电流。按下绿色“合”按钮时接通电路；按下红色“分”按钮时切断电路。当电路出现短路、过载等故障时，断路器会自动跳闸切断电路。常开辅助触头和常闭辅助触头可用于信号指示或控制电路。主、辅触头的接线柱伸出壳外，便于接线。

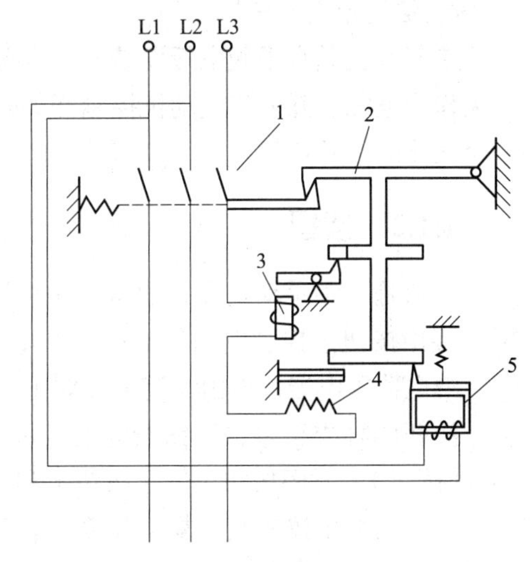

图 1–3　断路器的结构

1—主触头；2—自由脱扣机构；3—过电流脱扣器；4—热脱扣器；5—失压脱扣器

断路器的热脱扣器用于过载保护，整定电流的大小由其电流调节装置调节。出厂时电磁脱扣器的瞬时脱扣整定电流一般整定为 10 I_N（I_N 为断路器的额定电流）。欠压脱扣器用作零压和欠压保护。具有欠压脱扣器的断路器，在欠压脱扣器两端无电压或电压过低时不能接通电路。

2. 断路器的主要技术参数

1）额定电压

空气开关在规定条件下长期运行时所能承受的工作电压，一般指线电压。常用的有 220 V、380 V、500 V、600 V 等。

2）额定电流

（1）低压断路器壳架等级额定电流，是用尺寸和结构相同框架或塑料外壳中能装入的最大脱扣器额定电流表示。

（2）低压断路器额定电流，是指在规定条件下低压断路器可长期通过的电流，又称为脱扣器额定电流。对带可调式脱扣器的低压断路器而言，低压断路器额定电流是可长期通过的最大电流。

（3）额定短路分断能力，是指低压断路器在额定频率和功率因数等给定条件下，能够分断的最大短路电流值。

3. 选择

（1）低压断路器的额定电压和额定电流应大于或等于被保护线路的正常工作电压和负载电流。

（2）热脱扣器的整定电流应等于所控制负载的额定电流。

（3）过电流脱扣器的瞬时脱扣整定电流应大于负载正常工作时可能出现的峰值电流，用于控制电动机的低压断路器，其瞬时脱扣整定电流为

$$I_z=KI_{ST}$$

式中：K 为安全系数，可取 1.5 ~ 1.7；I_{ST} 为电动机的启动电流。

（4）欠压脱扣器额定电压应等于被保护线路的额定电压。

（5）低压断路器的极限分断能力应大于线路的最大短路电流的有效值。

4. 空气开关的安装

空气开关垂直于配电板安装，将电源引线接到上接线端，负载引线接到下接线端。空气开关作为电源总开关或电动机控制开关时，在电源进线侧必须加装刀开关或熔断器等，形成一个明显的断开点。

1.1.2 按钮

按钮是一种手动电器，通常用来接通或断开小电流的控制电路。在低于 5 A 的电路中，可直接用按钮来控制电路的通断。在电气控制线路中，按钮只用来发出指令信号控制接触器、继电器等电器，再由它们去控制主电路的通断。

按钮的种类很多，按钮按静态（不受外力作用）时触点的分合状态，可分为常开按钮（启动按钮）、常闭按钮（停止按钮）和复合按钮（常开和常闭组合为一体的按钮）。

按钮一般由按钮帽、复位弹簧、动触头、静触头和外壳等组成。其外形和结构如图 1–4 所示。

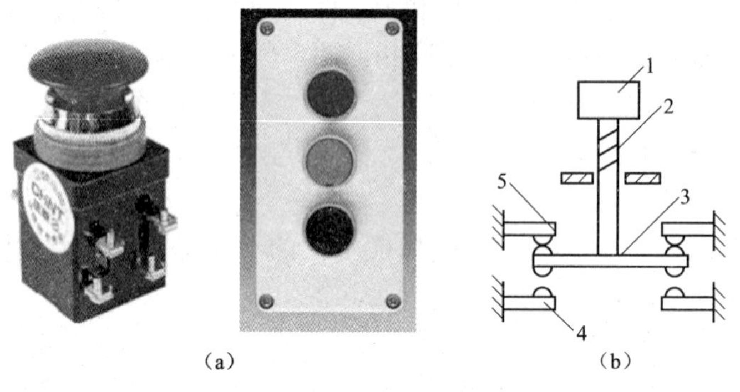

图 1–4　按钮外形和结构

（a）按钮外形；（b）按钮的结构原理

1—按钮帽；2—复位弹簧；3—动触头；4—常开静触头；5—常闭静触头

当按下按钮帽时，触头随着推杆一起往下移动，常闭触头分断；触头继续往下移动，直到和下面一对静触头接触，于是常开触头接通。松开按钮后，复位弹簧使推杆和触头复位，常开触头恢复为分断状态，常闭触头恢复为接通状态。

按钮的文字符号为 SB，其常开触头、常闭触头和复合触头的电气符号如图 1–5 所示。

为了区分各个按钮的功能及作用，常将按钮帽做成不同颜色，以便于操作人员识别，避免误操作。如红色表示停车或紧急停车；绿色和黑色表示启动、点动或工作等；黄色则表示返回的启动、移动出界、正常。

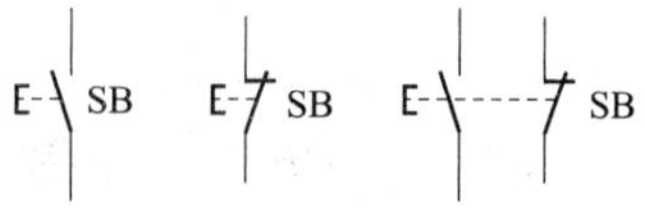

（a）　（b）　（c）

图 1–5　按钮的电气符号

（a）常开触头；（b）常闭触头；（c）复合触头

1.1.3 交流接触器

接触器是用来接通或分断电动机主电路或其他负载电路的控制电器，它可以实现频繁的远距离自动控制。由于它体积小、价格低、使用寿命长、维修方便，因而应用十分广泛。我国常用的交流接触器主要有 CJ10、CJ12、CJXI、CJ20、CJ40 等系列及其派生系列产品。直流接触器有 CZ18、CZ21、CZ22、CZ10 和 CZ2 等系列。

1. 接触器的用途和分类

接触器主要用于控制电动机的启动、反转、制动和调速等。它具有低电压释放保护功能，具有比工作电流大数倍乃至十几倍的接通和分断能力，但不能分断短路电流。按主触点通过的电流不同，接触器可分为交流接触器和直流接触器两种，这里只介绍交流接触器。

2. 接触器的结构和工作原理

交流接触器主要由电磁机构、触头系统、灭弧装置等组成，其结构如图 1–6 所示。

电磁机构是由线圈、铁芯、衔铁组成的。接触器的触头有主触头和辅助触头两种，三对常开主触头主要用于控制主电路，允许通过较大的电流，按其容量大小有桥式触头和指形触头两种。辅助触头用在控制电路中，只允许小电流通过，辅助触头有常开与常闭之分。20 A 以上交流接触器有灭弧装置。

当接触器线圈通电后，在铁芯中产生磁场，于是在衔铁气隙处产生电磁吸力，使衔铁吸合，经传动机构带动主触头和辅助触头动作。而当接触器的电磁线圈断电或电压显著降低时，电磁吸力消失或减弱，衔铁在弹簧作用下释放，使主触头与辅助触头均恢复到原来的初始状态。

交流接触器的文字符号和图形符号如图 1–7 所示。

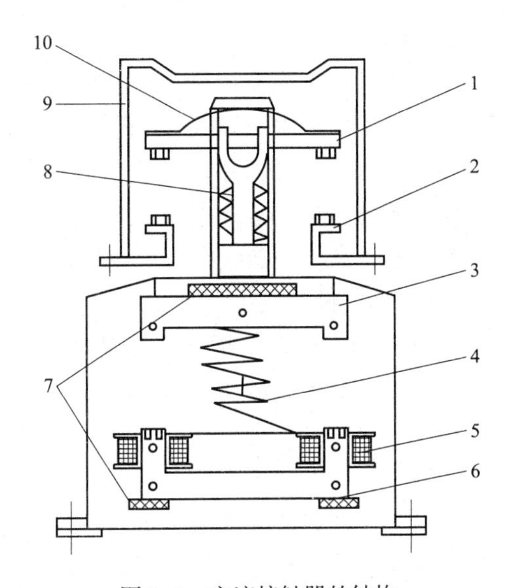

图 1–6　交流接触器的结构

1—动触头；2—静触头；3—衔铁；4—缓冲弹簧；5—电磁线圈；6—铁芯；7—垫毡；8—触头弹簧；9—灭弧罩；10—触头压力弹簧

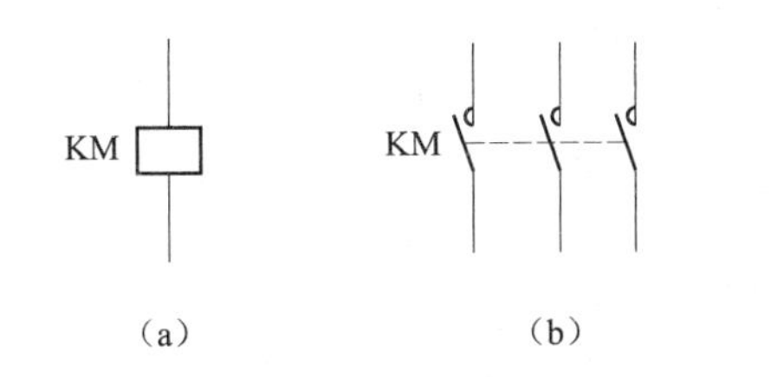

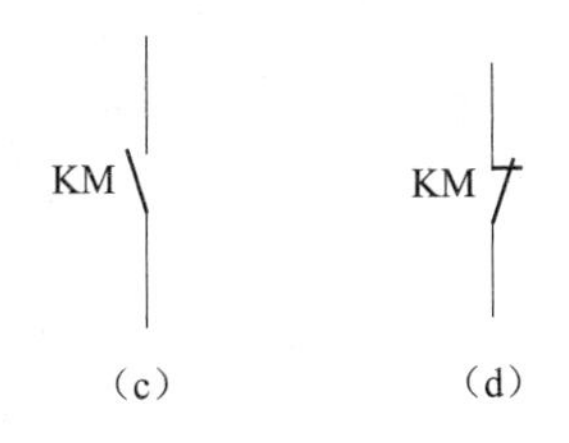

（a）　（b）　（c）　（d）

图 1–7　交流接触器的文字符号和图形符号

（a）线圈；（b）主触头；（c）辅助常开触头；（d）辅助常闭触头

3. 交流接触器的主要技术指标

1）额定电压

额定电压是指交流接触器主触头的正常工作电压，该值标注在交流接触器的铭牌上。常用的额定电压等级有 127 V、220 V、380 V 和 660 V。

2）额定电流

额定电流是指交流接触器主触头正常工作时的电流，该值也标注在交流接触器的铭牌上。常用的额定电流等级有 10 A、20 A、40 A、60 A、100 A、150 A、250 A、400 A 以及 600 A。

3）电磁线圈的额定电压

交流接触器电磁线圈的正常工作电压。常用的电磁线圈额定电压等级有 36 V、127 V、220 V 和 360 V。

4）通断能力

通断能力是指交流接触器主触头在规定条件下能可靠地接通和分断的电流值。在此电流值下触头闭合时不会造成触头熔焊，触头断开时能可靠灭弧。

5）动作值

动作值是指交流接触器主触头在规定条件下能可靠接通和分断时线圈的电压值，可分为吸合电压和释放电压。吸合电压是指交流接触器吸合前，增加电磁线圈两端的电压，交流接触器可以吸合时的最小电压。释放电压是指交流接触器吸合后，降低电磁线圈两端的电压，交流接触器可以释放时的最大电压。一般规定，吸合电压不低于电磁线圈额定电压的 85%，释放电压不高于电磁线圈额定电压的 70%。

6）额定操作频率

额定操作频率是指交流接触器每小时允许的操作次数。规定交流接触器的额定操作频率，一般情况下，最高为 600 次 / h。

1.1.4 热继电器

许多生产设备要求电动机启动后长时间连续运行，所以其控制电路除了具有启动、停止的控制功能外，还必须具有短路、过载、零（欠）压保护功能。

如果电动机长时间处于过载状态，会引起温度升高而损坏电动机，通常在控制电路中增设热继电器以实现过载保护。

热继电器是根据电流通过发热元件所产生的热量，使检测元件的物理量发生变化，从而使触头改变状态的一种继电器。

1. 热继电器的结构及工作原理

热继电器的电气符号如图 1-8 所示。

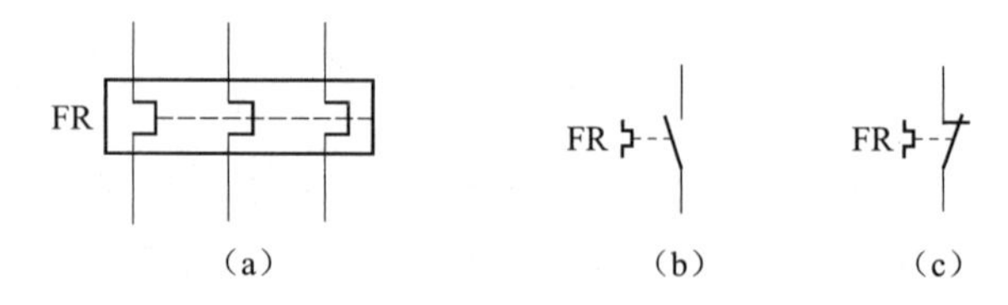

图 1-8　热继电器电气符号

（a）热继电器热元件；（b）热继电器的常开触头；（c）热继电器的常闭触头

热继电器种类很多，如双金属片式、热敏电阻式、易熔合金式。应用最广泛的是基于双金属片的热继电器，其结构原理如图 1-9 所示，它主要由热元件、双金属片和触头三部分组成。

热继电器中的热元件由双金属片及围绕在其外面的电阻丝组成，双金属片由两种膨胀系数不同的金属片压焊而成。热元件串联在主电路中，在电动机正常运行时，热元件产生的热

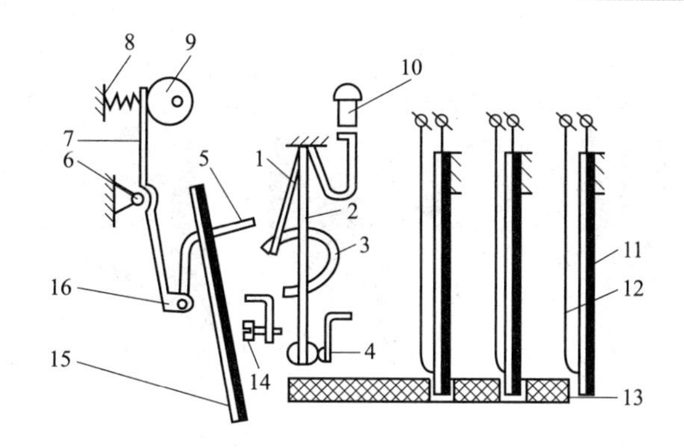

图 1-9　双金属片热继电器的结构原理

1，2—片簧；3—弓簧；4—触头；5—推杆；6—轴；7—杠杆；8—压簧；9—电流调节凸轮；
10—手动复位按钮；11—主双金属片；12—加热元件；13—导板；14—复位调节螺钉；
15—补偿双金属片；16—轴

量虽然也使双金属片弯曲变形，但还不足以使热继电器的触点系统动作。当电动机过载时，双金属片弯曲位移增大，进而推动动作机构，使常闭触点 KH 断开，接触器 KM 线圈失电，电动机停转。故障排除后，按下复位按钮，使热继电器触点复位，可以重新接通控制电路。由于热惯性，热继电器不会瞬时动作，因此它不能用作短路保护，主要用于过载保护和缺相保护。

2. 选择

（1）热继电器的类型选择。一般情况下，可选择两相或普通三相结构的热继电器，但对于三角形接法的电动机，应选用三相带断电保护装置的热继电器。

（2）热继电器的额定电流选择。热继电器的额定电流应略大于电动机的额定电流。

（3）热继电器的整定电流选择。热继电器的整定电流是指热继电器长期不动作的最大电流，超过此值即动作。一般将热继电器的整定电流调整到电动机的额定电流即可；对启动时间较长、拖动冲击性负载或不允许停车的电动机，热继电器的整定电流应调整为电动机额定电流的 1.1 ~ 1.15 倍。

1.1.5　熔断器

在三相交流异步电动机通电运转的过程中，短路故障造成的危害是相当大的。为了避免短路故障对电气控制线路及设备产生危害，需要在线路中加上熔断器来加强线路的短路保护功能。

1. 熔断器的结构及工作原理

熔断器常用系列产品有瓷插式、螺旋式、无填料封闭管式、有填料封闭管式等类型。图 1-10 所示为熔断器的外形及电气符号。

熔断器主要由熔体、绝缘底座（熔管）及导电部件等组成。熔体是熔断器的核心部分，它既是感测元件又是执行元件。熔体常做成丝状或片状，其材料有两类：一类为低熔点材料，如铅锡合金、锌等；另一类为高熔点材料，如银、铜、铝等。熔断器接入电路时，熔体串联在电路中，负载电流流过熔体，由于电流的热效应，当电路电流为正常时，熔体的温度较低；当电路发生过载或短路时，流过熔体的电流增大，熔体发热快速增多使温度急剧上升，熔体温度达到熔点便自行熔断，从而断开电路起到保护的作用。

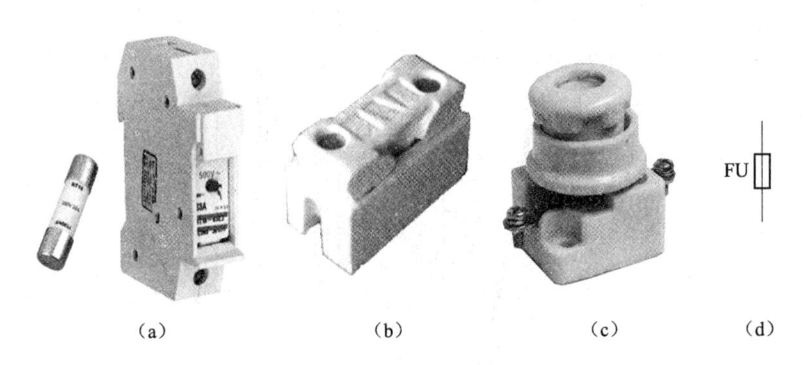

图 1–10　熔断器的外形及电气符号

（a）有填料封闭管式熔断器；（b）瓷插式熔断器；（c）螺旋式熔断器；（d）电气符号

2. 熔断器的主要技术参数

（1）额定电压：熔断器的额定电压是从灭弧的角度出发，是指熔断器长期工作时和分断后能正常工作的电压。如果熔断器所接电路电压超过其额定电压，长期工作时可能使绝缘击穿，或熔体熔断后电弧可能不能熄灭。

（2）额定电流：熔断器额定电流是指熔断器长期工作，各部件温升不超过允许值时，所允许通过的最大电流。额定电流分熔管额定电流和熔体额定电流，熔管额定电流的等级比较少，而熔体额定电流的等级比较多。在一个额定电流等级的熔管内可选用若干个额定电流等级的熔体，但熔体的额定电流不可超过熔管的额定电流。

（3）极限分断能力：熔断器在额定电压下工作时，能可靠分断的最大电流值。它取决于熔断器的灭弧能力，与熔体的额定电流无关。

1.1.5　接触器控制的点动正转控制电路

点动控制电路适合于短时间的启动操作，在起吊重物、生产设备调整工作状态时应用，如图 1–11 所示，分为主电路和控制电路两部分。

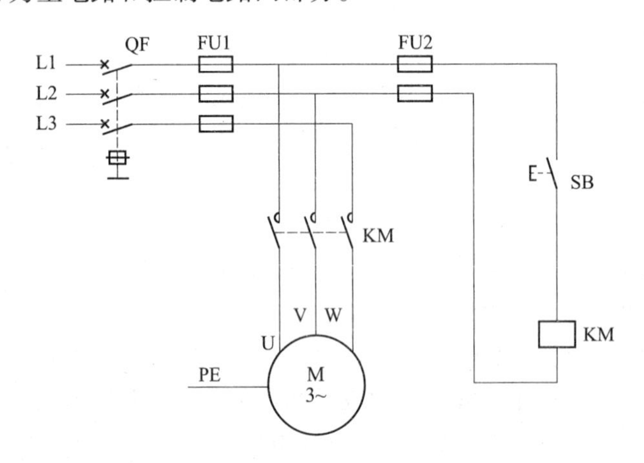

图 1–11　点动控制电路

L1、L2、L3—三相交流电源；QF—断路器；SB—按钮；FU1、FU2—熔断器；PE—保护接地；KM—接触器（线圈、主触点）；M—三相笼型异步电动机

动作原理如下：

先合上电源开关 QF。

启动：按住按钮 SB，KM 线圈通电，KM 主触点闭合，电动机 M 启动运转。

停转：松开 SB，KM 线圈断电，KM 主触点断开，电动机 M 断电停转；保护措施 QF 起隔离电源作用，FU1、FU2 分别起主电路和控制电路的短路保护作用，PE 起保护接地作用。

停止使用时，断开电源开关 QF。

【任务实施】

一、电动机连续正转控制电路分析

根据三相交流异步电动机的工作原理可知，对于连接完好的电动机，只要在定子绕组首端通上相应的电压，电动机就可以运行；将电压解除，电动机就会逐渐停止。

1. 空气开关控制的三相交流异步电动机的单相连续运行

控制三相交流异步电动机的定子绕组与对应电源的接通和断开，最简单的方法就是利用开关来进行。在工业控制领域，能够对三相交流异步电动机进行直接控制的常开开关主要有刀开关、组合开关、空气开关等。在现代电气控制线路中，往往采用空气开关实现电源的隔离控制。空气开关控制的电动机连续运行的控制线路如图 1-12 所示。

动作原理：

闭合空气开关 QF，电动机 M 启动运行；断开空气开关 QF，电动机 M 断电减速直至停转。

线路的不足：

空气开关作为开关需要手动合闸，虽然具备短路、过载等保护功能，但是在实际应用中不能够灵活地实现频繁通断电控制。

2. 交流接触器控制的三相交流异步电动机的单相连续运行

在实际工作中，需要对设备进行灵活的控制，空气开关的控制线路显然不能满足此项要求。因此，在实际生产中往往根据控制需求，对电动机采用以交流接触器为核心的控制环节。其控制线路如图 1-13 所示。

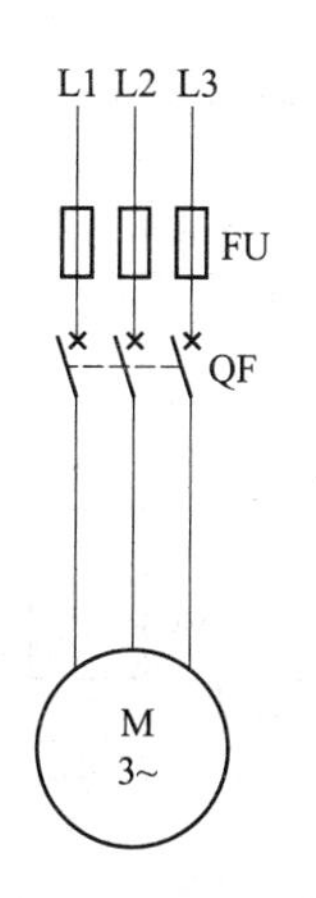

图 1-12　空气开关控制的电动机连续运行的控制线路

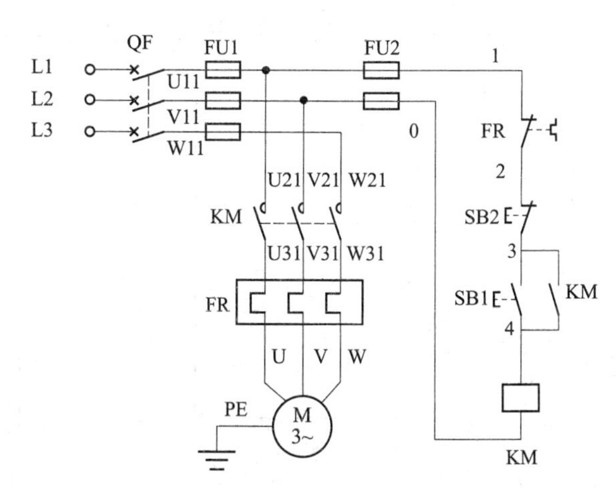

图 1-13　交流接触器控制的电动机连续运行的控制线路

1）电路的工作原理

启动：合上 QF，按下 SB1，接触器 KM 线圈得电，主触点闭合，电动机直接启动运转。同时，与 SB1 并联的接触器辅助常开触点闭合，松开 SB1 后，仍能保持线圈得电，称为自锁（或自保）电路，起自锁作用的辅助常开触点称为自锁触点。

停止：按下停止按钮 SB2，接触器 KM 线圈失电，主触点断开，与 SB2 并联的接触器常开辅助触点也断开，电动机停转。

2）控制电路的保护环节

（1）短路保护：熔断器组 FU1 用于主电路的短路保护，FU2 用于控制电路的短路保护。

（2）过载保护：当电动机出现长期过载时，串接在电动机定子电路中的热继电器 FR 的发热元件使金属片受热弯曲，经联动机构使串接在控制电路中的常闭触点打开，切断接触器 KM 线圈，KM 触头复位，其中主触头断开电动机的电源，使电动机 M 停止工作，常开辅助触头断开自保持电路，使电动机长期过载时自动断开电源，从而实现过载保护。排除过载故障后，手动使其复位，控制电路可以重新工作。

（3）欠电压和失电压保护：自锁具有实现欠压和失压保护的作用。欠电压保护是指当电动机电源电压降低到一定值时，能自动切断电动机电源的保护；失电压（或零电压）保护是指运行中的电动机电源断电而停转，而一旦恢复供电时，电动机不致在无人监视的情况下自行启动的保护。

电动机运行中当电源下降时，控制电路电源电压相应下降，接触器线圈电压下降，将引起接触器磁路磁通下降，电磁吸力减小，衔铁在反作用弹簧的作用下释放，自保持触头断开（解除自保持），同时主触头也断开，切断电动机电源，避免电动机因电源电压降低引起电动机电流增大而烧毁电动机。

在电动机运行中，电源停电则电动机停转。当恢复供电时，由于接触器线圈已经断电，其主触头与自保持触头均已断开，主电路和控制电路都不构成通路，所以电动机不会自行启动。只有按下启动按钮 SB1，电动机才会再启动。

二、连续正转控制电路的安装与调试

（1）分析原理图、绘制元件布置图，如图 1–14 所示。

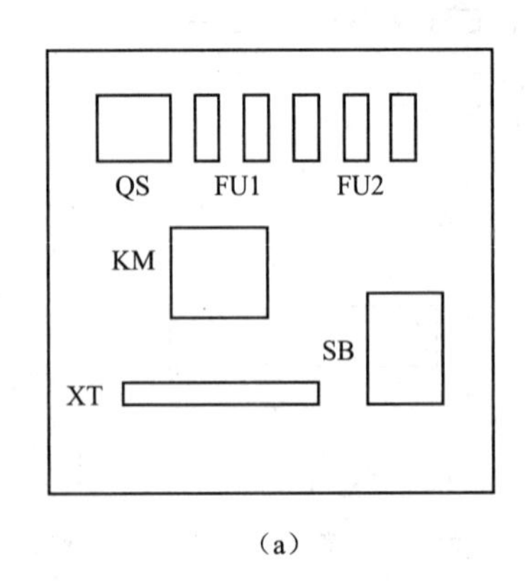

（a）

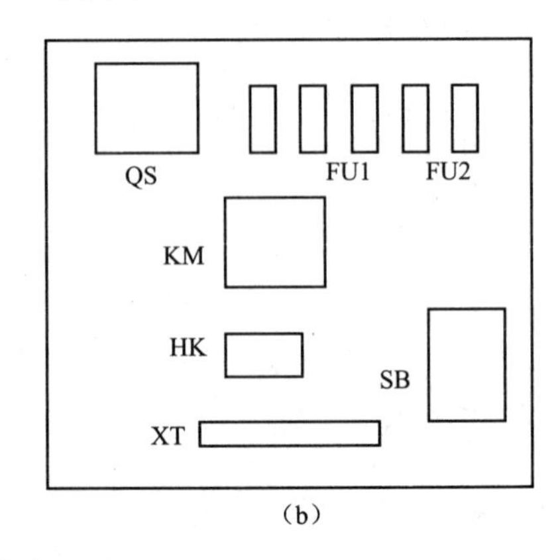

（b）

图 1–14　元件布置图

（a）接触器自锁控制电路元件布置图；（b）具有过载保护的接触器自锁控制电路元件布置图

（2）画接线图。

（3）元器件规格、质量检查。

① 根据仪表、工具、耗材和器材表，检查其各元器件、耗材与表中的型号、规格是否一致。

② 检查各元器件的外观是否完整无损，附件、备件是否齐全。

③ 用仪表检查各元器件和电动机的有关技术数据是否符合要求。

（4）根据元件布置图安装固定低压电气元件。

① 热继电器的安装与使用要求。

热继电器必须按照产品说明书中规定的方式安装。安装处的环境温度应与电动机所处环境温度基本相同。当与其他电器安装在一起时，应注意将热继电器安装在其他电器的下方，以免其动作特性受到其他电器发热的影响。

② 元件安装固定，如图 1–15 所示。

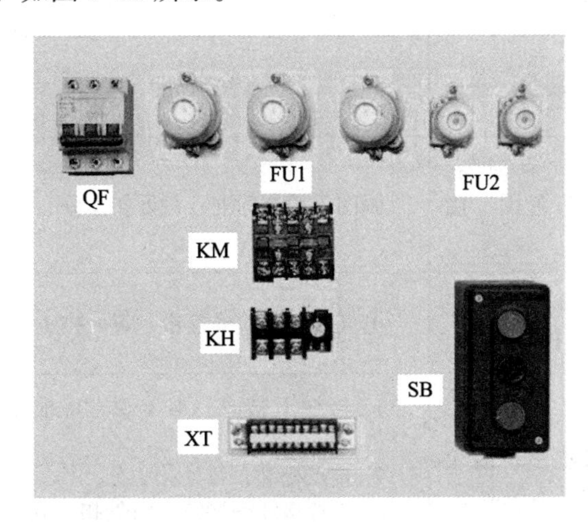

图 1–15　具有过载保护的接触器自锁控制电路元件安装布置图

（5）布线。

按接线图的走线方法，进行板前明线布线和套编码套管。

（6）自检。

按电路图或接线图从电源端开始，逐段核对检查接线和接点。用万用表检查线路的通断情况。

（7）交验。

学生提出申请，经教师检查同意后方可进行下道工序。

（8）通电试车。

试车过程中，随时观察电动机运行情况是否正常等。但不得对线路接线是否正确进行带电检查。观察过程中，若发现有异常现象，应立即停车。当电动机运转平稳后，用钳形电流表测量三相电流是否平衡。

记一记：

【任务考核】

表 1–1 “电动机连续正转控制电路的分析与安装调试”任务考核要求

姓名＿＿＿＿＿ 班级＿＿＿＿＿ 学号＿＿＿＿＿ 总得分＿＿＿＿

任务编号及题目	1–1 电动机连续正转控制电路的分析与安装调试			考核时间		
序号	任务内容	考核要求	评分标准	配分	扣分	得分
1	画出布置图与接线图	分析电气原理图，正确画出布置图、接线图	画图不符合标准，每处扣 4 分	20		
2	装前检查	能够正确地使用工具仪表进行检验	电气元件漏检或检错，每处扣 1 分	30		
3	安装布线	根据布置图、接线图接线，要求接线正确、美观	1. 接线不紧固、不美观，每根扣 2 分； 2. 接点松动，每处扣 1 分； 3. 不按接线图接线，每处扣 2 分； 4. 错接或漏接，每处扣 2 分； 5. 露铜过长，每根扣 2 分	30		
4	故障分析与排除	能够排查运行中出现的电气故障，并能够正确分析和排除	1. 不能查出故障点，每处扣 5 分； 2. 查出故障点，但不能排除，每处扣 3 分	10		
5	安全与文明生产	遵守国家相关规定，学校“6S”管理要求，具备相关职业素养	1. 未穿戴防护用品，每条扣 5 分； 2. 出现事故或人为损坏设备扣 10 分； 3. 带电操作，扣 5 分； 4. 工位不整洁，扣 2 分	10		
完成日期						
教师签名						

任务二　电动机正反转控制电路的分析与安装调试

【任务描述】

在实际生产中，机床工作台需要前进与后退；万能铣床的主轴需要正转与反转；起重机的吊钩需要上升与下降；塔吊需要左右移动等，如图 1–16 所示。正转的控制线路能否满足这些生产机械的控制要求？

（a）

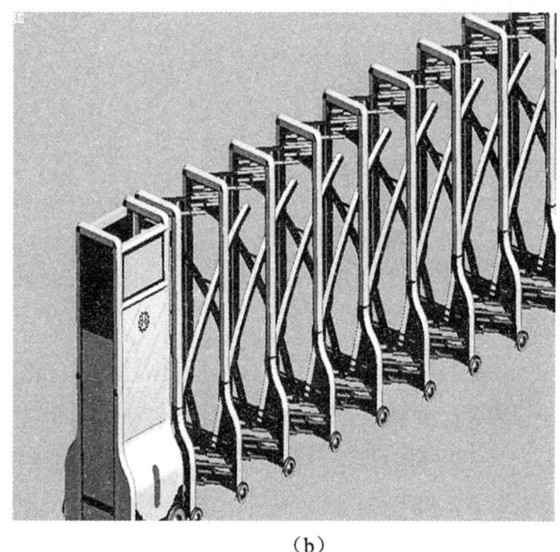

（b）

图 1–16　常用电动机正反转控制实例

（a）塔吊；（b）伸缩门

任务：要求完成一台三相异步电动机的正反转控制设计，当按下正转按钮时，电动机启动并正转运行；再按下反转按钮时，电动机启动并反转运行。

要求：使用按钮与接触器的双重联锁控制，确保正转时不反转，反转时不正转？那么如何完成这个任务？

【相关知识】

三相笼型异步电动机正反转如何实现？将接至交流电动机的三相交流电源进线中任意两相对调，电动机就可以反转。三相笼型异步电动机正反转可以通过哪些方法实现控制呢？

倒顺开关又叫可逆转换开关，它的外形及符号如图 1–17 所示。利用改变电源相序来实现电动机手动正反转控制，是专为控制小容量三相异步电动机的正反转而设计生产的。开关的手柄有“倒”“停”“顺”三个位置，手柄只能从“停”的位置左转 45° 或右转 45° 。

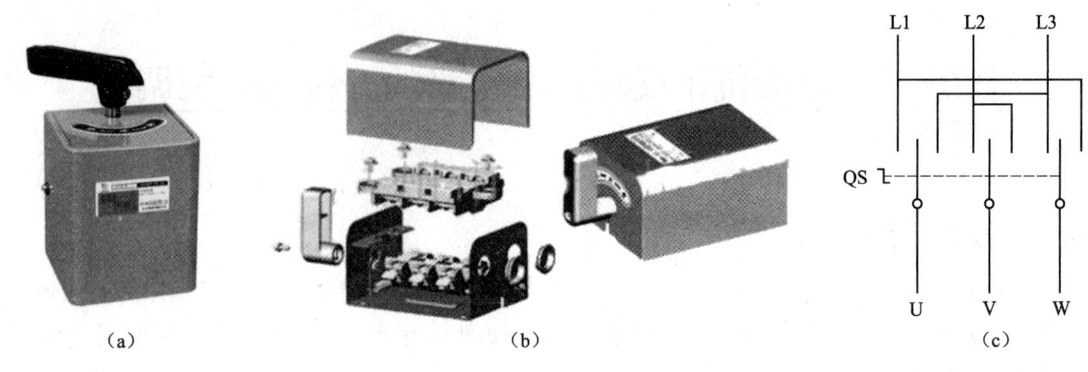

(a)　(b)　(c)

图 1–17　倒顺开关的外形及符号

(a) 外形；(b) 结构；(c) 符号

【任务实施】

一、电路分析

倒顺开关使用电器较少，线路简单，但由于是手动操作，因此在频繁操作场合会使操作人员劳动强度增加，安全系数也比较低。在实际生产中，更常用的是用按钮、接触器来控制电动机的正反转。

之前同学们已经学习了使用交流接触器进行点动控制及连续控制，知道了如何使电动机正转以及反转。那么如何把正转与反转结合起来呢?

（1）主电路：利用 KM1 控制原来的主电路（即正转），KM2 控制主电路一、三相相序的改变（即反转），如图 1–18 所示。

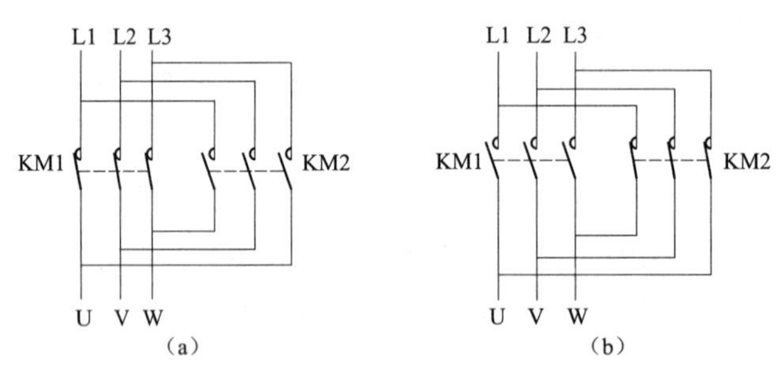

(a)　(b)

图 1–18　主电路相序对调

(a) 正转；(b) 反转

（2）控制电路：只要再画一个和前面正转一样的电路即可。

总结：KM1 控制正转的电路，KM2 控制反转的电路。

特别注意：接触器 KM1 和 KM2 的主触头绝不允许同时闭合，否则将造成电源（L1 相和 L3 相）短路事故。为了避免两个接触器 KM1 和 KM2 同时得电动作，在正、反转控制电路中分别串接了对方接触器的一对辅助常闭触头，其电路如图 1–19 所示。

当一个接触器得电动作时，通过其辅助常闭触头使另一个接触器不能得电动作，接触器之间这种相互制约的作用叫作接触器联锁（或互锁）。实现联锁作用的辅助常闭触头称为联锁触头（或互锁触头），联锁符号用“▽”表示。

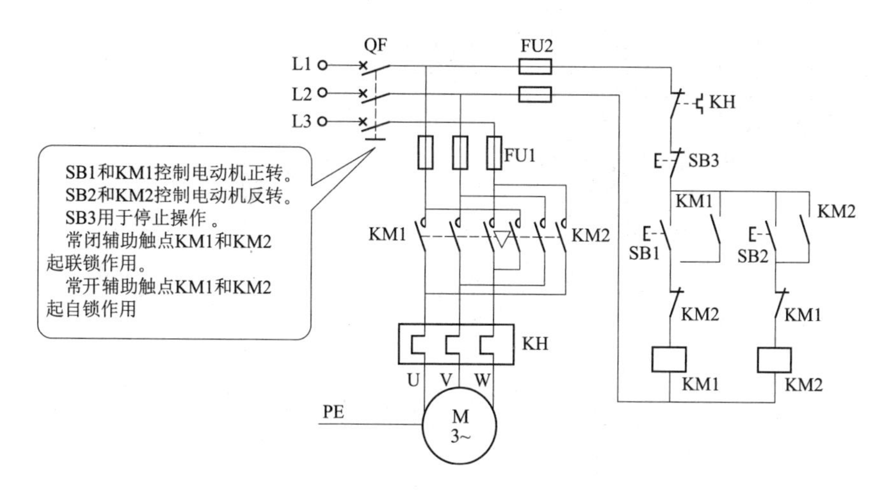

图 1–19　接触器互锁的正反转控制电路

1. 工作原理

先合上电源开关 QF。

正转运行：按下 SB1，KM1 线圈通电，KM1 主触点及常开辅助触点（自锁触点）闭合、常闭辅助触点（联锁触点）断开，电动机 M 得电（L1–L2–L3）正转。

停止：按下 SB3，KM1 线圈断电，KM1 主触点及常开辅助触点（自锁触点）断开、常闭辅助触点（联锁触点）闭合，电动机 M 断电停转。

反转运行：按下 SB2，KM2 线圈通电，KM2 主触点及常开辅助触点（自锁触点）闭合、常闭辅助触点（联锁触点）断开，电动机 M 得电（L3–L2–L1）反转。

2. 保护措施

FU1、FU2 起短路保护作用；KM1、KM2 起零压（欠压）保护、自锁保护、联锁保护作用；FR 起过载保护作用；PE 起保护接地作用。

特点：接触器互锁正反转控制电路特点。

切换步骤为：正—停—反，即正转与反转不能直接切换。

使用范围：不需要频繁换向的场合。

单纯的交流接触器控制当电动机从正转变为反转时，必须先按下停止按钮后，才能按反转启动按钮，否则由于接触器的联锁作用，不能直接实现反转控制。为了避免上述电路的缺点，在交流接触器的基础上，又增加了按钮开关的联锁，就构成按钮、接触器双重联锁。

既然是双重联锁，就应用到联锁的基本概念。交流接触器的联锁是指在控制电路中分别串接一对对方的辅助常闭触头。那么按钮的联锁也是相同的，只要把按钮的常闭开关串联在对方的控制电路中即可。

接触器、按钮双重联锁的正反转控制电路如图 1–20 所示。当按下正转启动按钮 SB1 时，正转接触器 KM1 线圈得电并自锁，电动机正转，此时串联在 KM2 回路中的 SB1 常闭触头断开，使得电动机不能反转。要使电动机反转，可以先按停止按钮 SB3，再按反转按钮 SB2，启动过程与正转动作过程相似；也可以在电动机正转的情况下直接按下反转按钮，此时由于反转启动按钮 SB2 闭合，使得串联在 KM1 回路中的 SB2 常闭触头断开，KM1 断电，则不会造成同时正转、反转的情况，避免了电源短路。

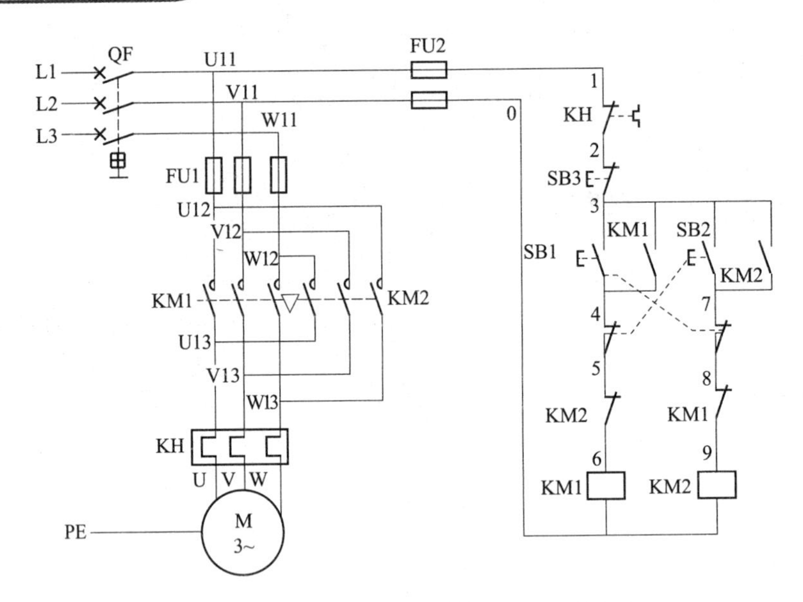

图 1–20　接触器、按钮双重联锁的正反转控制电路

由上述可知，利用按钮 SB1 和 SB2 的常闭触头，实现 KM1 和 KM2 接触器线圈只允许有一个通电，即实现了 KM1 和 KM2 之间的互锁，这种按钮常闭触头实现的互锁通常也称为机械互锁。利用接触器常闭触点实现的互锁则称为电气互锁。

既有电气互锁又有机械互锁，两种互锁措施保证电路的可靠、正常工作，是一种比较完善的、具有较高安全可靠性的线路。

二、安装调试

（1）绘制元件布置图，如图 1–21 所示。

（2）绘制接线图，如图 1–22 所示。

（3）器材准备。

三相交流电源，电工通用工具（测电笔、一字螺钉旋具、十字螺钉旋具、剥线钳、尖嘴钳、电工刀等），万用表（指针式万用表，如 MF47、MF368、MF500 等），劳保用品（绝缘鞋、工作服等）。

三相异步电动机 1 台，空气开关 1 个，熔断器 5 只，交流接触器 2 个，热继电器 1 个，按钮 3 个，端子排、塑料软铜线若干，导轨若干。

（4）元器件的检测。

配齐所用元件后，利用万用表进行质量检验。元件应完好无损，各项技术指标符合规定要求，否则应予以更换。

（5）根据元件布置图安装固定低压电气元件，如图 1–23 所示。

（6）布线。

元器件安装布置完毕后，进行实际线路的连接，连接过程按照接线图进行连接。

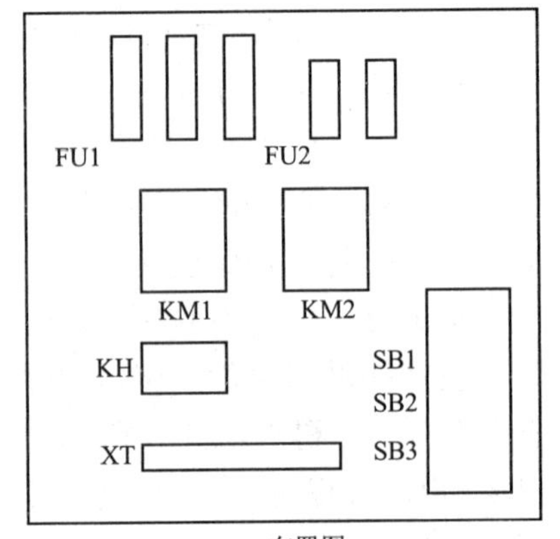

图 1–21　元件布置图

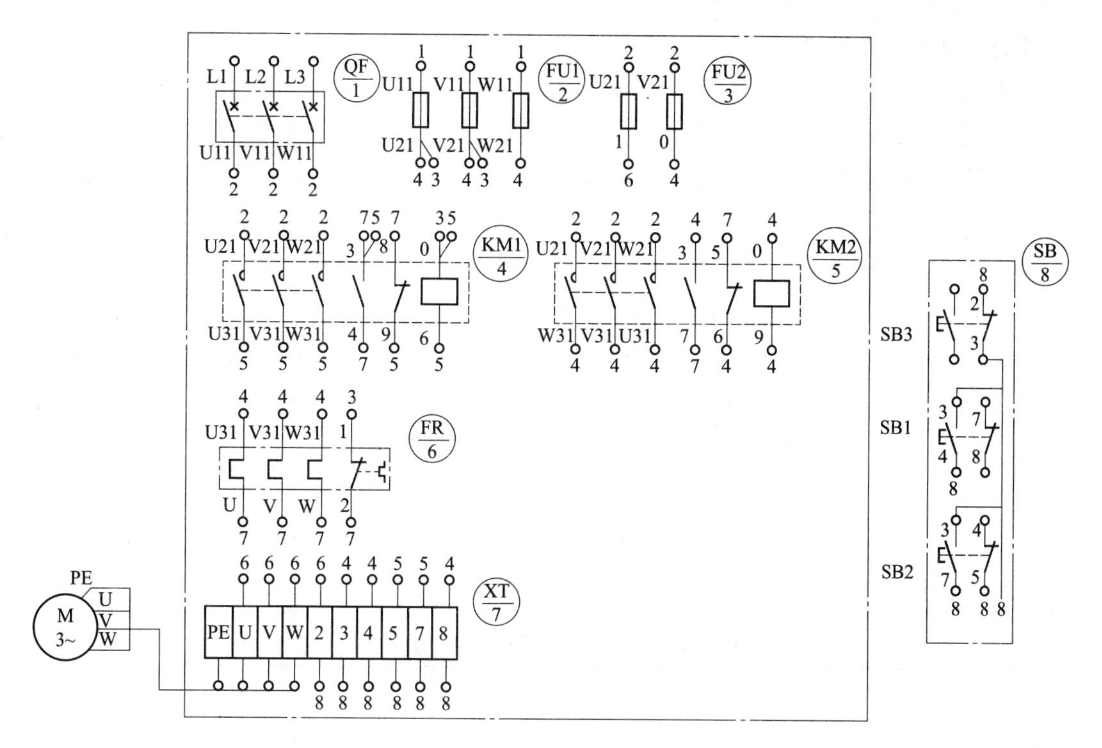

图 1–22　双重互锁正反转控制线路接线图

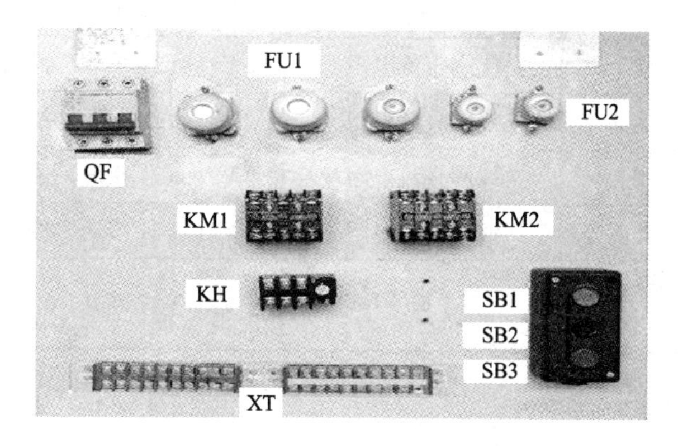

图 1–23　电气元件安装位置

（7）自检电路。

安装完毕后的控制电路，要经过认真的检查，确认无误后才允许通电试车。

① 按电路图或接线图从电源端开始，逐段核对检查接线和接点。

② 用万用表检查线路的通断情况。

选用万用表 $R\times1$ 挡，并进行校零。断开 QF，摘下 KM1 和 KM2 的灭孤罩，进行以下几项检查。

a. 主电路：断开 FU2 切除辅助电路，按照接触器连正反转控制线路的要求检查主电路，如表 1–2 所示。

b. 检查辅助电路：拆下电动机接线，接通 FU2。万用表笔接 QF 下端的 L11、L31 端子，进行以下几项检查，如表 1–3 所示。

检查启动和停车控制；

检查自保线路；

检查按钮联锁；

检查辅助触点联锁线路。

③ 检查安装质量，并进行绝缘电阻测量。

用兆欧表检查线路的绝缘电阻的阻值应不得小于 1 MΩ。

表 1-2　双重互锁正反转主电路检测

项目	U11–V11 电阻	V11–W11 电阻	W11–U11 电阻
合上 QF，未做其他操作	∞	∞	∞
按下接触器 KM1 的可动部分	*R*	*R*	*R*
按下接触器 KM2 的可动部分	*R*	*R*	*R*

控制电路检测时，可根据表 1-3 所示内容进行检测。

表 1-3　双重互锁正反转控制电路检测

项目	U21–V21 电阻	说明
按下接触器 KM2 的可动部分	*R*	*R*
断开电源和主电路	∞	V21–V21 不通，控制电路不得电
合上 QF，按下按钮 SB1	线圈直流电阻	V21–V21 接通，控制电路 KM1 线圈得电
按下接触器 KM1 的可动部分	线圈直流电阻	V21–V21 接通，控制电路 KM1 能自锁
按下按钮 SB2	线圈直流电阻	V21–V21 接通，控制电路 KM2 线圈得电
按下接触器 KM2 的可动部分	线圈直流电阻	V21–V21 接通，控制电路 KM2 能自锁
按下接触器 KM1 的可动部分，并按下 SB3	∞	V21–V21 断开，正转时按 SB3 电动机停转

（7）交验。

学生提出申请，经教师检查同意后方可进行下道工序。

（8）通电试车。

经过上述的自检检查，若电路完全符合通电的标准，则在检查完三相电源后，进行通电试车。在通电试车的过程如遇到故障则按下停止按钮，重新按照表 1-3 所述内容进行检测，排除故障后方可再次通电试车。

记一记：

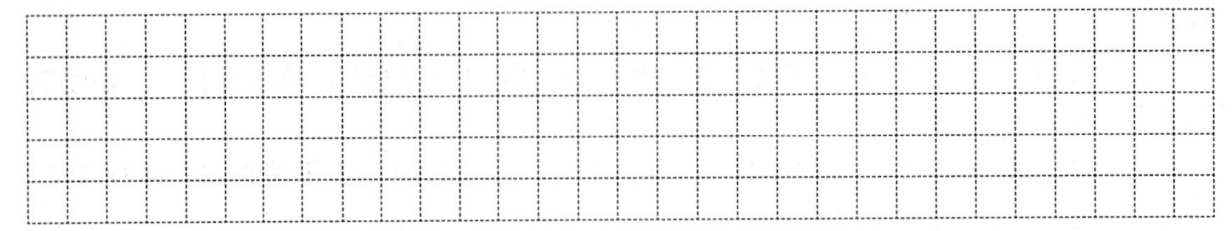

【任务考核】

表 1-4 “电动机正反转控制电路分析与安装调试”任务考核要求

姓名＿＿＿＿＿＿ 班级＿＿＿＿＿＿ 学号＿＿＿＿＿＿ 总得分＿＿＿＿

任务编号及题目		1-2 电动机正反转控制电路的安装与调试	考核时间			
序号	任务内容	考核要求	评分标准	配分	扣分	得分
1	选用工具、仪表及器材	能够熟练、正确选用所需工具、仪表及器材	1. 工具或仪表少选或错选，每个扣 2 分； 2. 电气元件选错规格和型号，每个扣 4 分； 3. 选错元件数量或型号规格没有写全，每个扣 2 分	15		
2	装前检查	能够正确地使用工具仪表进行检验	电气元件漏检或检错，每处扣 1 分	5		
3	安装布线	根据布置图、接线图接线，要求接线正确、美观	1. 电器布置不合理，每处扣 2 分； 2. 元件安装不牢固，每处扣 1 分； 3. 元件安装不整齐、不匀称、不合理，每处扣 2 分； 4. 损坏元件，每处扣 2 分； 5. 接点松动、露铜过长等，每处扣 2 分； 6. 漏接接地线，每处扣 6 分	20		
4	故障分析	能够排查运行中出现的电气故障，并能够正确分析	1. 故障分析、排除故障思路不正确，每处扣 5 分； 2. 标错电路故障范围，每处扣 3 分	10		
5	排除故障	能够正确排除故障	1. 停电不验电，扣 5 分； 2. 排除故障的顺序不对，扣 5 分； 3. 产生新的故障，每处扣 5 分； 4. 损坏电动机，扣 10 分	20		
6	通电试车	能够排查运行中出现的电气故障，并能够正确分析和排除	1. 热继电器未整定或整定错误，每只扣 5 分； 2. 熔体规格选用不当，扣 5 分； 3. 第一次试车不成功，扣 10 分； 第二次试车不成功，扣 20 分	20		
7	安全与文明生产	遵守国家相关规定，学校“6S”管理要求，具备相关职业素养	1. 未穿戴防护用品，每条扣 5 分； 2. 出现事故或人为损坏设备扣 10 分； 3. 带电操作，扣 5 分； 4. 工位不整洁，扣 2 分	10		
完成日期						
教师签名						

任务三　三相异步电动机顺序启动控制电路的分析与安装调试

【任务描述】

顺序控制是三相异步电动机常见的控制方式。在装有多台电动机的生产机械上，各个电动机的作用是不一样的，有时候需要按一定的顺序启动或停止，才能保证操作过程中的合理和工作的安全。如 X62W 型万能铣床上，要求主轴电动机启动后，进给电动机才能启动；M7120 型平面磨床则要求当砂轮电动机启动后，冷却泵电动机才能启动。

两台工业用三相异步电动机，启动时要求 M1 先启动，然后再启动 M2，停止时要求先停 M2 后停 M1，即顺起逆停，按要求设计电路。

【相关知识】

根据不同的启动、停止要求，常见的控制关系有：

M1 先启动，M2 后启动，M1、M2 同时停止，即顺序启动，同时停止；

M1 先启动，M2 后启动，M1、M2 可以单独停止，即顺序启动，单独停止；

M1 先启动，M2 后启动，M1 先停止，M2 后停止，即顺序启动，顺序停止；

M1 先启动，M2 后启动，M2 先停止，M1 后停止，即顺序启动，逆序停止。

常用的顺序控制电路有两种，一种是主电路的顺序控制；另一种是控制电路的顺序控制。

1.3.1　主电动的顺序启动控制电路分析

主电路实现电动机顺序启动、同时停车的电路图如图 1-24 所示。电动机 M1、M2 分别通过接触器 KM1、KM2 来控制，接触器 KM2 的 3 个主触点串联在接触器 KM1 主触点的下方。这样就保证了只有当 KM1 闭合，电动机 M1 启动运转后，KM2 才能使电动机 M2 得电启动，满足了电动机 M1、M2 顺序启动的要求。图 1-24 中按钮 SB1、SB2 分别用于两台电动机的启动控制，按钮 SB3 用于两台电动机的同时停止控制。

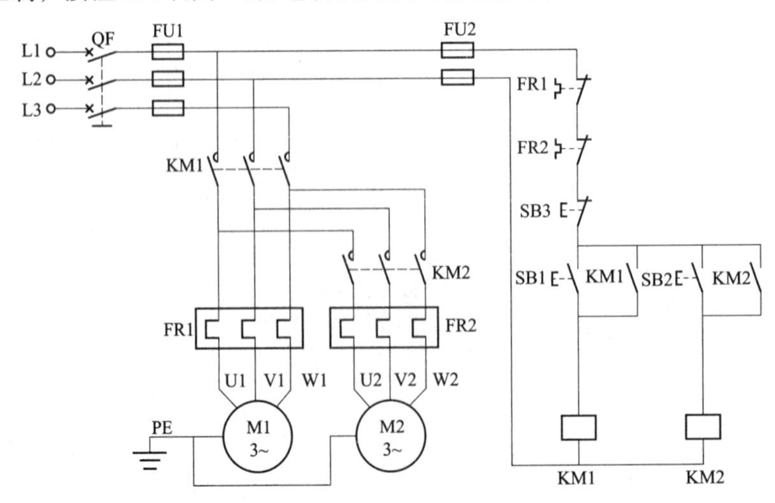

图 1-24　主电路实现电动机顺序启动、同时停车的电路图

工作原理：

合上电源开关 QF，按下 SB1，接触器 KM1 线圈得电，电动机 M1 先启动，按下按钮 SB2，接触器 KM2 线圈得电，电动机 M2 后启动。

按下停止按钮 SB3，两台电动机同时停止工作。

1.3.2　控制电路的顺序启动控制电路分析

主电路部分：用 KM1 主触头控制电动机 M1，用 KM2 控制电动机 M2，实现简单并联，这样两台电动机可以单独控制。

控制电路部分：由于两台电动机启动相对独立，可以并联两个独立的自锁控制，分别用按钮 SB1、SB2 控制，利用 KM1 常开触点实现对 KM2 接触器的联锁，这样只有 KM1 得电后，KM2 接触器才能得电，从而实现顺序启动，按钮 SB3 实现停止。

顺序启动、同时停车控制电路如图 1–25 所示。

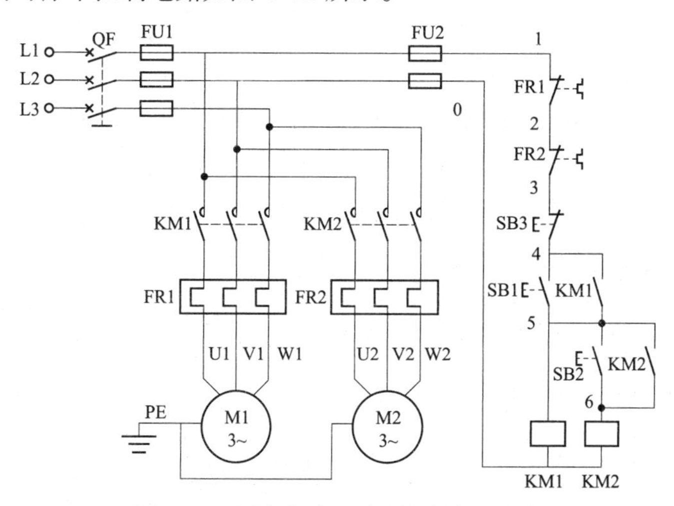

图 1–25　顺序启动、同时停车控制电路

工作原理：合上电源开关 QF，按下 SB1，接触器 KM1 线圈得电，电动机 M1 先启动，同时接触器 KM1 辅助常开触点闭合，为电动机 M2 启动做准备，按下按钮 SB2，接触器 KM2 线圈得电，电动机 M2 后启动。

如果开始就按下 SB2，由于 KM1 常开触点的分断作用，KM2 接触器不得电，电动机 M2 不会先启动。

按下停止按钮 SB3，两台电动机同时停止工作。

【任务实施】

一、电路分析

图 1–26 中，SB12 的两端并接了接触器 KM2 的辅助常开触点，从而实现了 M2 停止后，M1 才能停止的控制要求，即 M1、M2 是顺序启动，逆序停止。

二、安装和调试

（1）绘制元件布置图和接线图。

（2）仪表、工具、耗材和器材准备。

（3）元器件规格、质量检查。

① 根据仪表、工具、耗材和器材表，检查各元器件、耗材与表中的型号与规格是否一致。

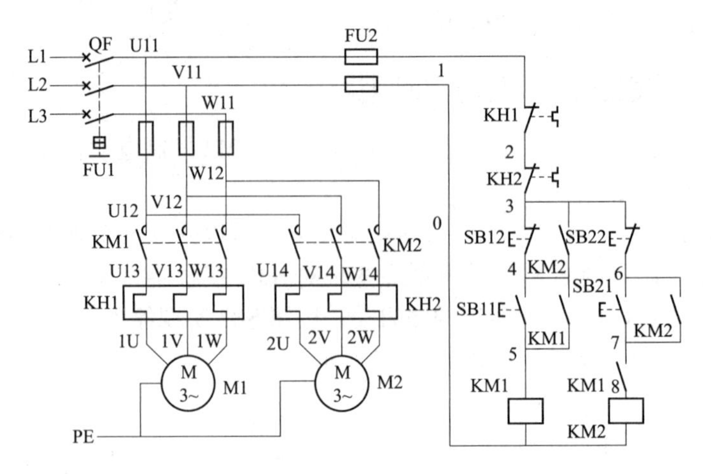

图 1-26　控制电路实现顺序启动、逆序停止的控制电路图

② 检查各元器件的外观是否完整无损，附件、备件是否齐全。

③ 用仪表检查各元器件和电动机的有关技术数据是否符合要求。

（4）根据元件布置图安装固定低压电气元件。

按布置图在控制板上安装电气元件；按两台电动机顺序启动、逆序停止控制线路的安装要求，固定好安装底板上的电气元件，并贴上醒目的文字符号。

（5）布线。

（6）自检。

① 按电路图或接线图从电源端开始，逐段核对检查接线和接点。

② 用万用表检查线路的通断情况。

③ 检查安装质量，并进行绝缘电阻测量。

（7）交验。

必须征得教师的同意，并由指导教师接通三相电源 L1、L2、L3，同时在现场监护。

（8）连接电源及通电试车。

学生合上电源开关 QF 后，用测电笔检查熔断器出线端，氖管亮说明电源接通。

出现故障后，若需带电检查时，必须由教师在现场监护的情况下进行。检修完毕后，如需要再次试车，也应该在教师现场监护下，并做好记录。试车成功后，记录下完成时间及通电试车次数。通电试车完毕，停转，切断电源。先拆除三相电源线，再拆除电动机线。

记一记：

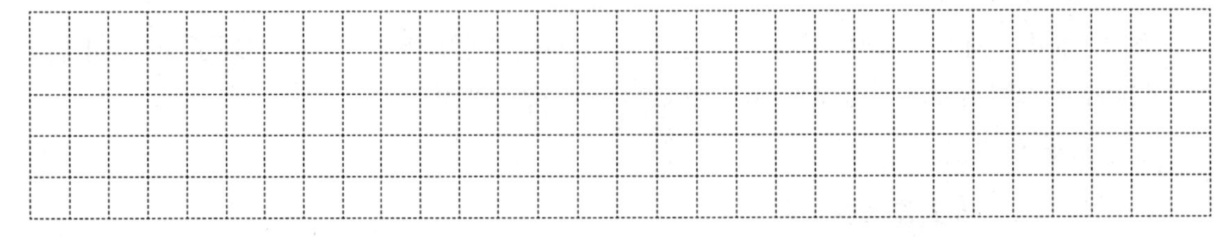

【任务考核】

表 1-5 “顺序启动逆序停止控制电路的分析与安装调试”任务考核要求

姓名＿＿＿＿＿＿　班级＿＿＿＿＿＿　学号＿＿＿＿＿＿　总得分＿＿＿＿

任务编号及题目		1-3　顺序启动逆序停止控制电路的安装与调试	考核时间			
序号	任务内容	考核要求	评分标准	配分	扣分	得分
1	装前检查	能够正确地使用工具仪表进行检验	1. 电动机质量检查，每漏一处扣 5 分； 2. 电气元件漏检或错检，每处扣 1 分	15		
2	安装布线	根据布置图、接线图接线，要求接线正确、美观	1. 电气布置不合理，扣 5 分； 2. 电气元件安装不牢固，每处扣 4 分； 3. 电气元件安装不整齐、不匀称、不合理，每处扣 3 分； 4. 不按电路图接线，扣 25 分； 5. 布线不符合要求，每根扣 3 分； 6. 接点松动、露铜过长、压绝缘层等，每个扣 1 分； 7. 漏接接地线，扣 10 分	35		
3	通电试车	能够排查运行中出现的电气故障，并能够正确分析和排除	1. 热继电器未整定或整定错误，每只扣 5 分； 2. 熔体规格选用不当，扣 5 分； 3. 第一次试车不成功，扣 10 分； 第二次试车不成功，扣 20 分； 第三次试车不成功，扣 40 分	40		
4	安全与文明生产	遵守国家相关规定，学校“6S”管理要求，具备相关职业素养	1. 未穿戴防护用品，每条扣 5 分； 2. 出现事故或人为损坏设备扣 10 分； 3. 带电操作，扣 5 分； 4. 工位不整洁，扣 2 分	10		
完成日期						
教师签名						

任务四　三相异步电动机星角降压启动控制电路的分析与安装调试

【任务描述】

在生产机械中，大功率电动机工作时启动电流较大，对电动机本身以及线路有所损耗，这就需要对电动机进行降压控制，如工矿企业中大功率风机、搅拌机、水泵、空压机等。

一台大功率工业用风机，它的动力部件是三相异步电动机，通过电动机旋转产生大的风量。由于其功率较大，在启动时发现电源变压器输出电压会骤降，严重影响其他电器工作。针对这种场合如何对电动机进行启动？设计其控制线路。

【相关知识】

1.4.1 全压启动

所谓全压启动即启动时加在电动机定子绕组上的电压为电动机的额定电压。

优点：线路简单，维修方便；

缺点：启动电流一般为额定电流的 3 ~ 7 倍，启动电流大，在变压器容量不足情况下，很容易造成电网电压瞬间猛降，影响线路中其他电气设备的工作。

应用场合：① 电源容量 180 kW 以上，电动机功率 7 kW 以下的三相异步电动机，否则要进行降压启动；

② 经验公式判断，如果满足下述公式条件则可以直接启动：

$$\frac{I_{ST}}{I_N}=\frac{3}{4}+\frac{S}{4P}$$

式中，I_{ST} 为全电压启动电流：S 为电源变压器容量；I_N 为电动机额定电流：P 为电动机功率。

1.4.2 降压启动

电动机在启动时，利用启动设备或者特殊接线方式，将电压适当降低后再加到异步电动机定子绕组上进行启动，启动完毕，再通过线路使得电动机电压恢复全压状态。

优点：可减小启动电流，减少对电网其他电器的影响。

缺点：由于电动机转矩与电压的平方成正比，所以降压启动也将导致电动机的启动转矩降低，启动时负载荷量会降低，因此降压启动需要在空载或者轻载情况下启动。

1.4.3 降压启动方式

常用的降压启动方式有：定子绕组串电阻降压启动、自耦变压器降压启动、Y－△降压启动、延边三角形降压启动。

1. Y－△降压启动控制线路

对于△接法的笼型异步电动机来说，Y－△降压启动是最常用的一种方法。设电源电压为 380 V，绕组星形接法时每两相绕组的电压为 380 V。三角形接法时每相绕组的电压等于电源电压 380 V。所以星形接法时每相绕组上电压为 220 V，三角形接法时每相绕组上电压为 380 V。在电动机启动时先用接触器主触头将电动机绕组接成星形接法，待电动机转速升高后，再用另一个接触器主触头将电动机绕组切换成三角形接法，每相绕组上电压由 220 V 升高至 380 V，达到了降压启动的目的，从而减小启动电流。

2. 手动控制的Y－△降压启动线路

如图 1-27 所示，工作原理分析：

启动：合上 QS1，把 QS2 扳到“启动”位置，电动机定子绕组接成Y形降压启动。

3. 按钮、接触器控制Y－△降压启动线路

如图 1-28 所示，电路工作原理如下：合上电源开关 QS，按下启动按钮 SB1，接触器 KM 和 KM_Y 线圈同时得电，KM_Y 主触点闭合，把电动机绕组接成Y形，KM 主触点闭合接

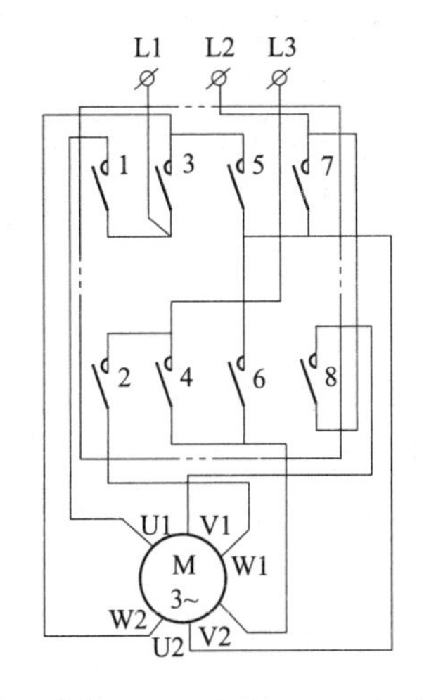

接点	手柄位置		
	启动V	停止0	运行△
1	×		×
2	×		×
3			×
4			×
5	×		
6	×		
7			×
8	×		×

图 1–27　手动 Y – △启动器

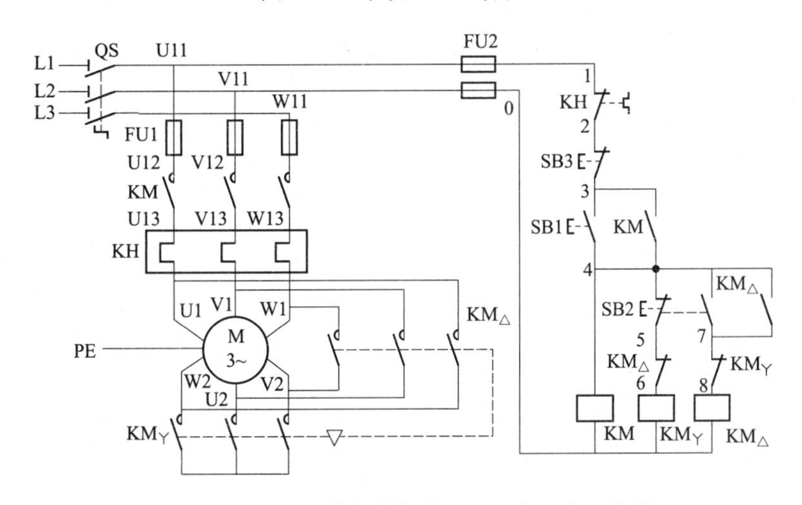

图 1–28　按钮、接触器控制 Y – △降压启动线路

通电动机电源，使电动机 M 接成 Y 形降压启动。当电动机转速上升到一定值时，按下启动按钮 SB2，SB2 常闭触点先分断，切断 KM_{Y} 线圈回路，SB2 常开触点后闭合，使 $KM_{△}$ 线圈得电，电动机 M 被接成△运行，整个启动过程完成。当需要电动机停转时，按下停止按钮 SB3 即可。

4. 时间继电器自动控制 Y – △降压启动线路

时间继电器：继电器的感测元件在感受外界信号后，经过一段时间才使执行部分动作，这类继电器称为时间继电器。

时间继电器是一种利用电磁原理或机械动作原理实现触头延时接通或断开的自动控制电器，按其动作原理可分为电磁阻尼式、空气阻尼式、电动机式和电子式等。

1）电磁阻尼式时间继电器

电磁阻尼式时间继电器的结构原理如图 1–29 所示。由电磁感应定律可知，在线圈接通电源时，将在阻尼铜套内产生感应电势和感应电流，感应电流产生感应磁通，在感应磁通作用下，使气隙磁通增加减缓，使达到吸合磁通值的时间延长，从而使衔铁延时吸合，触头延时动作；当线圈断开直流电源时，由于阻尼铜套的作用，使气隙磁通减小变慢，从而使达到释放磁通值的时间延长，衔铁延时打开，触头也延时动作。

这种时间继电器的特点是结构简单、运行可靠、寿命长，但延时时间短。线圈通电吸合延时不显著，一般只有 0.1 ~ 0.5 s。线圈断电获得的释放延时比较显著，可达 0.3 ~ 5 s。在控制系统中通常采用线圈断电延时。

2）空气阻尼式

空气阻尼式时间继电器是利用空气阻尼的作用来达到延时的，线圈电压为交流电。它主要由电磁系统、触头系统、空气室及传动机构等部分组成，其结构原理如图 1-30 所示。它分为通电延时型和断电延时型两种。

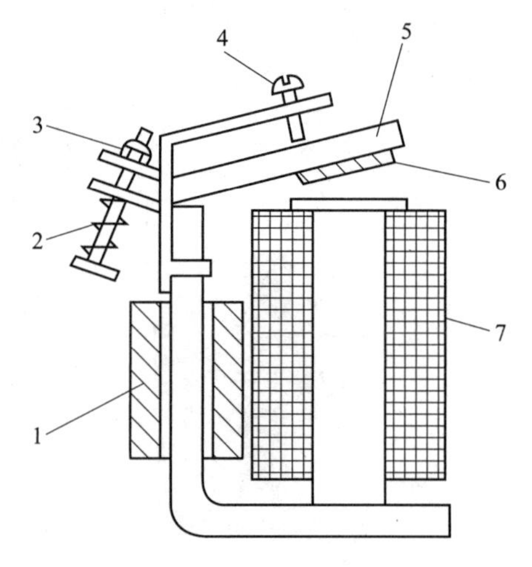

图 1-29　电磁阻尼式时间继电器的结构原理

1—阻尼铜套；2—释放弹簧；3—调节螺母；4—调节螺钉；5—衔铁；6—非磁性垫片；7—电磁线圈

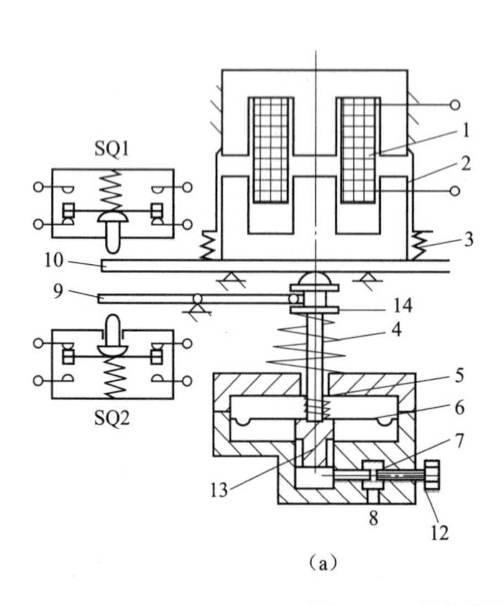

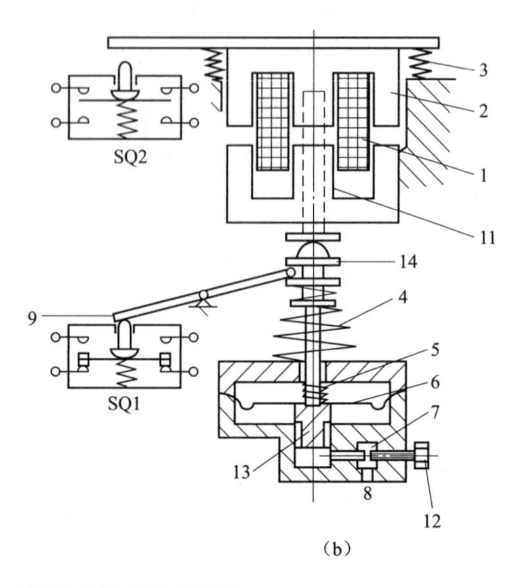

图 1-30　空气阻尼式时间继电器的结构原理

（a）通电延时型；（b）断电延时型

1—线圈；2—衔铁；3—复位弹簧；4，5—弹簧；6—橡皮膜；7—节流孔；8—进气孔；9—杠杆；10—推板；11—推杆；12—节流孔螺钉；13—活塞；14—活塞杆

工作原理：当线圈 1 通电时，衔铁 2 克服复位弹簧 3 的阻力与固定铁芯立即吸合，活塞杆 14 在弹簧 4 的作用下向上移动，使与活塞 13 相连的橡皮膜 6 也向上运动，但受到进气孔 8 进气速度的限制，这时橡皮膜下面形成负压，对活塞的移动产生阻尼作用。随着空气由进气孔进入气囊，经过一段时间，活塞才能完成全部行程而压动微动开关 SQ2，使常闭触头延时断开，常开触头延时闭合。延时时间的长短取决于节流孔 7 的节流程度，进气越快，延时越短。旋动节流孔螺钉 12 可调节进气孔的大小，从而达到调节延时时间长短的目的。微动

开关 SQ1 在衔铁吸合后，通过推板 10 立即动作，使常闭触头瞬时断开，常开触头瞬时闭合。

当线圈 1 断电时，衔铁 2 在弹簧 3 的作用下，通过活塞杆 14 将活塞 13 推向最下端，这时橡皮膜 6 下方气室内的空气通过橡皮膜 6、弹簧 5 和活塞的局部所形成的单向阀迅速从橡皮膜上方气室缝隙中排掉，使得微动开关 SQ2 的常闭触头瞬时闭合，常开触头瞬时断开。同时，SQ1 的触头也立即复位。

图 1-30（b）所示为断电延时型时间继电器。它可看作将通电延时型的电磁铁翻转 180° 安装而成，其工作原理与通电延时型时间继电器相似。当线圈通电时，微动开关 SQ1 和 SQ2 的触头立即动作；当线圈断电时，微动开关 SQ1 的触头瞬时复位，而微动开关 SQ2 的触头要延时一段时间才能复位。

空气阻尼式时间继电器的优点是结构简单、寿命长、价格低，容许电网电压有较大波动，还附有不延时（瞬动）的触点，所以应用较为广泛。其缺点是时间精度低、延时误差大，在要求延时精度高的场合不宜采用。

3）电子式时间继电器

电子式时间继电器如图 1-31 所示，它多用于电力传动、自动顺序控制及各种过程控制系统，并以其延时范围广、精度高、体积小、工作可靠的优势逐步取代传统的电磁式、空气阻尼式等时间继电器。

时间继电器的文字符号为 KT，线圈和触头的电气图形符号如图 1-32 所示。

图 1-31　电子式时间继电器

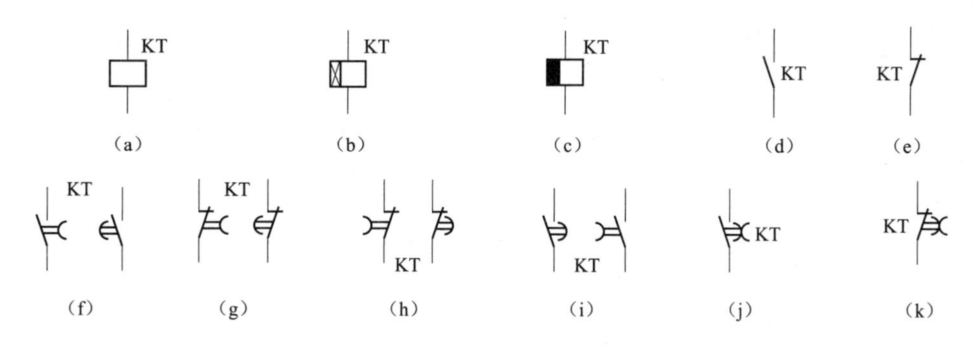

图 1-32　时间继电器的图形、文字符号

（a）线圈；（b）通电延时线圈；（c）断电延时线圈；（d）瞬动常开；（e）瞬动常闭；（f）通电延时闭合常开触头；（g）通电延时断开常闭触头；（h）断电延时闭合常闭触头；（i）断电延时断开常开触头；（j）延时通、断常开触头；（k）延时通、断常闭触头

5. 检测

安装前的检测包括不带电检测和带电检测两项。

（1）用万用表不带电测试时间继电器的线圈电阻、常开触头、常闭触头。

（2）线圈电阻正常时，根据时间继电器线圈的额定电压值，按图 1-33 连接好测试线路，带电测试延时时间，观察触头动作情况。注意按照时间继电器要求的线圈电压在 1 和 2 之间加上合适的电压。如本项目中所用的时间继电器是 AC 380 V，所以端子 1 和 2 分别与三相交流电的任意两相连接。

6. 中间继电器

由于大多数时间继电器没有瞬动触头，所以，要完成时间继电器线圈的持续通电，有时需要用到中间继电器。中间继电器的主要作用是在电路中起信号的传递与转换作用，当其他电器的触头对数不够用时，可借助中间继电器来扩展它们的触头数量。有时也可将小功率的控制信号转换为大容量的触电动作，以驱动电气执行元件工作。

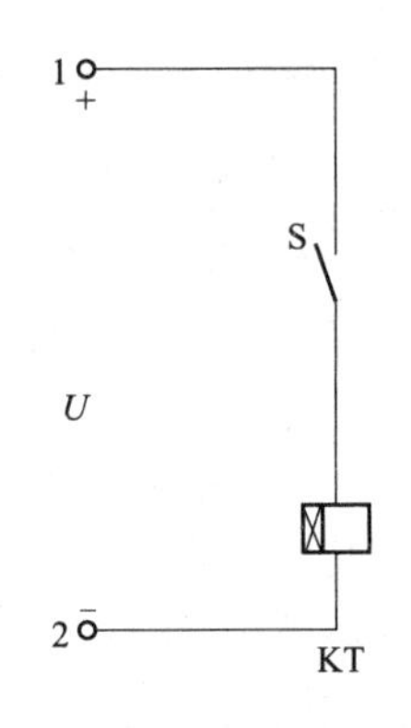

图 1-33　时间继电器测试电路图

中间继电器的电磁机构与交流接触器相似，也是由线圈、静铁芯、动铁芯、触头系统和复位弹簧等组成。但它没有主触头和辅助触头之分，触头容量小，只允许通过小电流，与交流接触器的主要区别是触头数目多、触头容量大、动作灵敏，其外壳一般由塑料制成，是开启式。在选用中间继电器时，主要考虑电压等级和触头数目。中间继电器的外形及符号如图 1-34 所示。

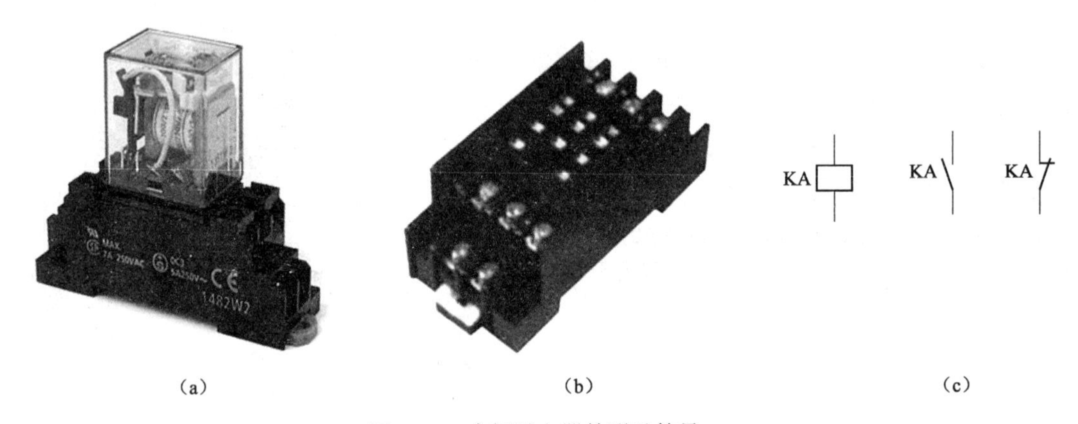

图 1-34　中间继电器外形及符号

（a）外形；（b）底座；（c）符号

由于中间继电器触头容量较小，所以一般不能接到主电路中。固定好底座后，先按器件上的图接线，然后再将中间继电器安装在底座上。

【任务实施】

一、电路分析

时间继电器自动控制Y－△降压启动线路，如图 1-35 所示。

电路使用了 3 个接触器和 1 个时间继电器。接触器 KM 和 KM_Y 的主触点闭合时定子绕组为星形连接，此时电动机处于低压启动状态；当 KM、$KM_△$主触点闭合时定子绕组为三角形连接，电动机处于全压运行状态。时间继电器实现启动和运行的自动切换。工作原理为：

合上电源开关 QF；

按下 SB1，KT 线圈得电，KM_Y 线圈得电，KM_Y 主触头闭合，KM_Y 动合辅助触头闭合，KM_Y 动断辅助触头断开 ,KM 自锁触头闭合，KM 主触头闭合，电动机降压启动，松开 SB1，电动机继续降压启动。当转速上升到一定值时，KT 延时结束。KT 动断辅助触头断开，KM_Y 线圈失电，KM_Y 主触头断开，KM_Y 动合辅助触头断开，KM_Y 动断辅助触头闭合，$KM_\triangle$主触头闭合，$KM_\triangle$动断辅助触头断开，KT 线圈失电，电动机全压运行。

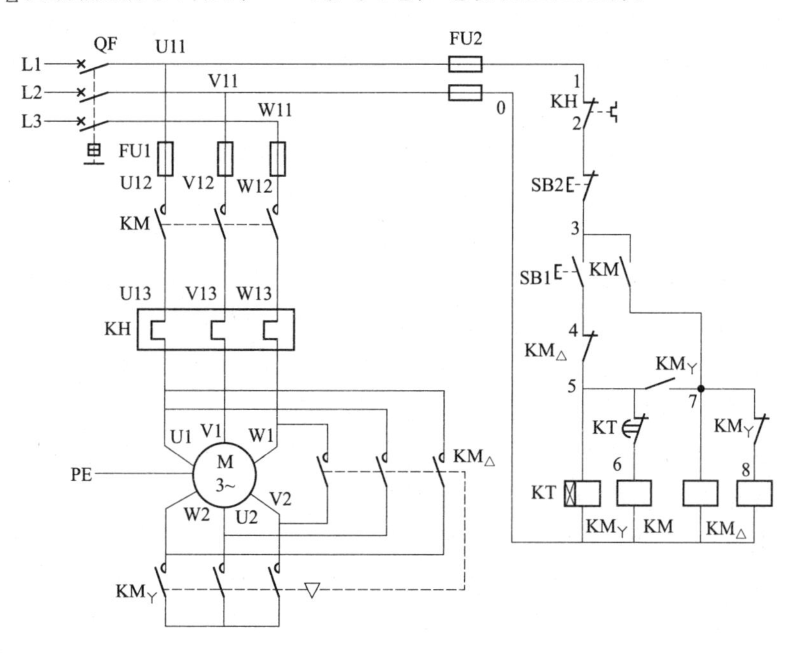

图 1-35　时间继电器自动控制 Y－△降压启动线路

停止：按下 SB2。

特点：简便经济，容易控制，使用比较普遍，只要是正常运行，定子绕组三角形连接的电动机就都可以进行 Y－△降压启动。

二、安装、检修电路

（1）绘制元件布置图和接线图。

（2）仪表、工具、耗材和器材准备。

（3）元器件规格、质量检查。

① 根据仪表、工具、耗材和器材表，检查各元器件、耗材与表中的型号与规格是否一致。

② 检查各元器件的外观是否完整无损，附件、备件是否齐全。

③ 用仪表检查各元器件和电动机的有关技术数据是否符合要求。

（4）根据元件布置图安装固定低压电气元件。

按布置图在控制板上安装电气元件，并贴上醒目的文字符号，如果发现是断电延时型时间继电器，应将线圈部分转动 180°，改为通电延时型时间继电器。无论是通电延时型还是断电延时型，都必须在时间继电器断电之后，释放时衔铁的运动垂直向下，其倾斜度不得超过 5°。时间继电器整定时间旋钮的刻度值应正对安装人员，以便安装人员看清，容易调整。

（5）布线。

① 用 Y－△降压启动控制的电动机，必须有 6 个出线端子且定子绕组在三角形接法时

的额定电压等于三相电源线电压。

② 接线时要保证电动机△接法的正确性，即接触器 KM_Y 主触闭合时，应保证定子绕组的 U1 与 W2、V1 与 U2、W1 与 V2 相连接。

③ 接触器 KM_Y 的进线必须从三相定子绕组的末端引入，若误将其首端引入，则在吸合时，会产生三相电源短路事故。

（6）自检。

① 按电路图或接线图从电源端开始，逐段核对检查接线和接点。

② 用万用表检查线路的通断情况。

主电路检测：

a. 将万用表笔跨接在 QF 下端子 U11 和端子排 U1 处，应测得断路，按下 KM 的触头架，万用表显示通路，重复 V11–V1 和 W11–W2 之间的检测。

b. 将万用表笔跨接在 QF 下端子 U1 和端子排 W2 处，应测得断路，按下 $KM_\triangle$的触头架，万用表显示通路，重复 V1–U2 和 W1–V2 之间的检测。

c. 将万用表笔跨接在端子排 W2 和 U2 之间，应测得断路，按下 KM_Y 的触头架，万用表显示通路，重复 W2–V2 和 U2–V2 之间的检测。

控制电路检测：（以使用晶体管时间继电器为例）

a. 将万用表笔跨接在 U11 和 V11 之间，应测得断路，按下 SB1 不放，应测 KM_Y 的线圈电阻，同时按下 $KM_\triangle$的触头架，应测得断路，放开 $KM_\triangle$的触头架，按下。

b. 放开 SB1，按下 KM 的触头架，同时轻按 KM_Y 的触头架，应测得 KM 的线圈电阻；放开 KM_Y 的触头架，应测得 KM 和 $KM_\triangle$线圈电阻的并联值，按下 SB2，应测得断路。

（7）交验。

必须征得教师的同意，并由指导教师接通三相电源 L1、L2、L3，同时在现场监护。

（8）连接电源及通电试车。

① 空操作试验。

拆下电动机连线，调整好时间继电器的延时动作时间（一般为 5 ~ 10 s），合上 QF，按下 SB1，KM 和 KM_Y 吸合动作，5 ~ 10 s 后，KM_Y 失电断开，$KM_\triangle$得电吸合动作；按下 SB2，接触器失电断开。

② 带负荷试车。

断开 QF，连接好电动机接线，合上 QF，做好随时切断电源的准备。按下 SB1，观察电动机的启动情况，5 ~ 10 s 后，KM_Y失电断开，$KM_\triangle$得电吸合动作；电动机全压运行。

记一记：

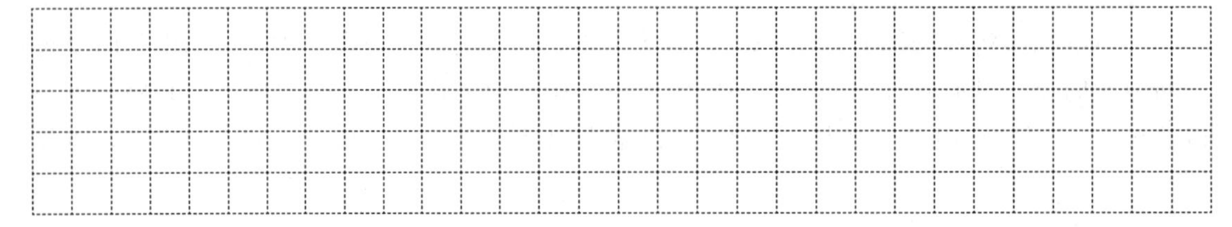

【任务考核】

表 1–6 “电动机星三角降压启动控制电路的分析与安装调试”任务考核要求

姓名＿＿＿＿＿＿　班级＿＿＿＿＿＿　学号＿＿＿＿＿＿　总得分＿＿＿＿

任务编号及题目		1–4　电动机星三角降压启动控制电路的安装与调试		考核时间		
序号	任务内容	考核要求	评分标准	配分	扣分	得分
1	画出布置图与接线图	分析电气原理图，正确画出布置图、接线图	画图不符合标准，每处扣 4 分	15		
2	自编安装步骤和工艺要求	能够正确、合理地写出安装步骤及工艺要求	安装步骤和工艺要求不合理、不完善，扣 5 ~ 10 分	15		
3	装前检查	能够正确地使用工具仪表进行检验	1. 电动机质量检查，每漏一处扣 3 分； 2. 电气元件漏检或错检，每处扣 1 分	10		
4	安装元件	能够整齐、合理安装元器件	1. 元件布置不整齐、不匀称、不合理，每处扣 2 分； 2. 元件安装不紧固，每处扣 3 分； 3. 走线槽安装不符合要求，每处扣 1 分； 4. 损坏元件，扣 15 分	15		
5	布线	根据布置图、接线图接线，要求接线正确、美观	1. 接线不紧固、不美观，每根扣 2 分； 2. 不按接线图接线，每处扣 2 分； 3. 露铜过长，每根扣 2 分； 4. 接点松动、露铜过长、压绝缘层等，每个扣 1 分； 5. 漏接接地线，扣 10 分	15		
6	通电试车	能够排查运行中出现的电气故障，并能够正确分析和排除	1. 整定值未整定或整定错误，每处扣 5 分； 2. 熔体规格选用不当，扣 5 分； 3. 第一次试车不成功，扣 10 分； 第二次试车不成功，扣 15 分； 第三次试车不成功，扣 20 分	20		
7	安全与文明生产	遵守国家相关规定，学校“6S”管理要求，具备相关职业素养	1. 未穿戴防护用品，每条扣 5 分； 2. 出现事故或人为损坏设备，扣 10 分； 3. 带电操作，扣 5 分； 4. 工位不整洁，扣 2 分	10		
完成日期						
教师签名						

【项目一考核】

表 1-7 “基本电气控制电路”项目考核要求

姓名＿＿＿＿＿＿ 班级＿＿＿＿＿＿ 学号＿＿＿＿＿＿ 总得分＿＿＿＿

<table>
<tr><th>考核内容</th><th colspan="2">考核标准</th><th>标准分值</th><th>得分</th></tr>
<tr><td>学生自评</td><td colspan="2">结合自己在整个项目实施过程中的角色的重要性、学习态度、工作态度、团结协作能力等表现，给出自评成绩</td><td>10</td><td></td></tr>
<tr><td>学生互评</td><td colspan="2">根据该同学在整个项目实施过程中的项目参与度、角色的重要性、学习态度、工作态度、团结协作能力等表现，给出互评成绩</td><td>10</td><td></td></tr>
<tr><td rowspan="5">项目成果评价</td><td>总体设计</td><td>1. 任务分工是否明确；
2. 方案设计是否合理</td><td>10</td><td></td></tr>
<tr><td>布置图与接线图绘制</td><td>接线图、布置图是否正确、合理</td><td>10</td><td></td></tr>
<tr><td>安装与调试</td><td>1. 接线是否正确；
2. 能否熟练排除故障；
3. 调试后运行是否正确</td><td>20</td><td></td></tr>
<tr><td>学生工作页</td><td>1. 书写是否规范整齐；
2. 内容是否翔实具体；
3. 图形绘制是否完整、正确</td><td>10</td><td></td></tr>
<tr><td>答辩情况</td><td>结合该组同学在项目答辩过程中回答问题是否准确，思路是否清晰，对该项目工作流程了解是否深入等表现，给出答辩成绩</td><td>10</td><td></td></tr>
<tr><td>教师评价</td><td colspan="2">该学生在整个项目实施过程中的出勤率、日常表现情况、学习态度、工作态度、团结协作能力、爱岗敬业精神以及职业道德等方面</td><td>20</td><td></td></tr>
<tr><td colspan="2">考评教师</td><td colspan="3"></td></tr>
<tr><td colspan="2">考评日期</td><td colspan="3"></td></tr>
</table>

【知识训练】

一、填空题

1. 触点是电磁式低压电器的执行部分，用以（　　　）或断开被控制电路。

2. 电磁式低压电器的触点按其控制的电路可分为（　　　）和辅助触点。

3. 电器的主触点主要用于控制（　　），允许通过较大的电流。

4. 电器的辅助触点用于通断辅助电路或（　　），只允许通过较小的电流。

5. 广泛应用于低压配电电路、电气控制线路中的一种用于自动切断电路故障的电器是（　　）。

6. 热继电器的结构主要由（　　　）、双金属片和触点三部分组成。

7. 热继电器是利用电流的（　　　）来工作的保护电器，它在电路中主要用作电动机的过载保护。

8. 低压电器按其在电路中的作用分为控制类电器、（　　　　）类电器。

9. 熔断器的主要性能参数有额定（　　　　）、额定电流、分断能力和限流特性。

10. 热继电器是对长期工作在（　　）状态下的电动机具有保护作用的电器。

11. 熔断器主要由（　　　　）或熔丝和安装熔体的熔管两部分组成。

12. 行程开关是依照生产机械的行程发出命令以控制其运行顺序或行程（　　）的主令电器。

13. 行程开关是依照生产机械的行程发出命令以控制其运行（　　　　）或行程大小的主令电器。

14. 一种用于自动（　　　）电路故障的电器是低压断路器。

15. 在电路中用来实现延时控制的（　　　）继电器是一种定时元件。

16. 时间继电器是一种（　　）元件，在电路中用来实现延时控制。

17. 刀开关的主要技术参数有（　　　）、额定电流、通断能力、电寿命。

18. 接触器按使用的电路不同分为交流接触器、（　　）接触器。

19. 当启动按钮松开后，控制电路仍能保持通电的是具有（　　）功能的控制电路。

20. 在电气线路中熔断器是一种最简单有效的保护电器，主要用作（　　）保护。

21. 通常在控制电路中，将接触器 KM1、KM2 的（　　　）辅助触点分别串接在 KM2、KM1 的工作线圈电路里，构成互相制约关系，称为电气互锁。

22. 按下启动按钮，电动机启动，松开按钮时，电动机立即停止工作，称为（　　）。

23. 电气控制系统中常用的保护环节有短路保护、（　　　）保护、失压保护以及弱磁保护等。

24. 电动机的降压启动只适用于（　　　　）时负载转矩不大的情况，如轻载或空载。

25. Y－△降压启动适用于在正常工作时电动机三相定子绕组接成（　　）的三相笼型异步电动机。

26. 长动与点动的主要区别在于控制电路是否（　　）。

27. 电动机的直接启动是将额定电压直接加在电动机的（　　　）绕组上使电动机运转。

28. 在控制电路中采用（　　）互锁和电气互锁来保证电路可靠地工作。

29. Y－△降压启动适用于在正常工作时电动机三相（　　）接成三角形的三相笼型异步电动机。

二、单项选择题

1. 通电延时时间继电器的延时闭合的动合触点符号是（　　）。

A. 　　B. 　　C. 　　D.

2. 通电延时时间继电器的线圈符号是（　　）。

A. 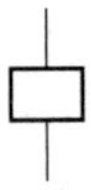　　B. 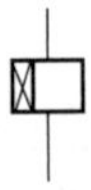　　C. 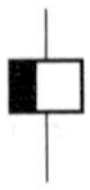　　D.

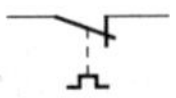

3. 下列电器中不属于低压开关电器的是（　　）。

A. 低压断路器　　B. 刀开关

C. 熔断器　　D. 组合开关

4. 由于热惯性的原因，（　　）不能做断路保护。

A. 过电流继电器　　B. 熔断器

C. 热继电器　　D. 欠电压继电器

5. 熔断器的图形符号为（　　）。

A. 　　B. 　　C. 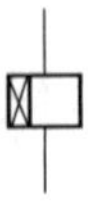　　D.

6. 下面不属于断路器的组成部分的是（　　）。

A. 触点和灭弧系统　　B. 微动开关

C. 脱扣器　　D. 操作机构和自由脱扣器

7. 断电延时继电器的延时断开的动断触点符号是（　　）。

A. 　　B. 　　C. 　　D.

8. 由于热惯性的原因，不能做短路保护的是（　　）。

A. 过电流继电器　　B. 熔断器

C. 热继电器　　D. 欠电压继电器

9. 下面不属于断路器的组成部分的是（　　）。

A. 触点和灭弧系统　　B. 微动开关

C. 脱扣器　　D. 操作机构和自由脱扣器

10. 三相笼型异步电动机定子每项绕组的额定电压为 380 V，将其接入电源使电动机工作在额定工况下，正确的做法为（　　）。

A. 电源电压为 380 V 时采用星形连接

B. 电源电压为 380 V 时采用三角形连接

C. 电源电压为 220 V 时采用星形连接

D. 电源电压为 220 V 时采用三角形连接

11. 三相笼型异步电动机定子每项绕组的额定电压为 220 V，将其接入电源使电动机工作在额定工况下，正确的做法为（　　）。

A. 电源电压为 380 V 时采用星形连接

B. 电源电压为 380 V 时采用三角形连接

C. 电源电压为 220 V 时采用星形连接

D. 电源电压为 220 V 时采用双星形连接

三、简答题

1. 题图 1–1 所示为 C650 车床的主电路部分，请指出图中标注部分电路的功能。

2. 题图 1–2 所示为 C650 车床的主电路部分，请指出图中标注部分电路的功能。

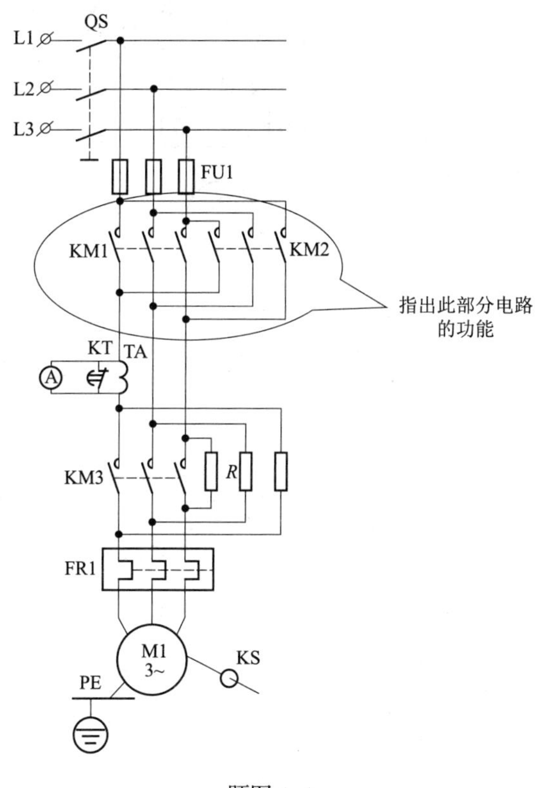

题图 1–1

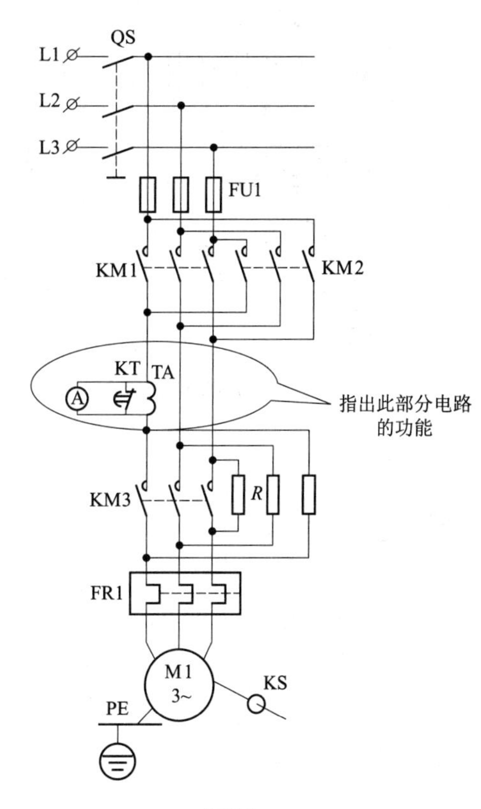

题图 1–2

3. 题图 1–3 所示为 C650 车床的主电路部分，请指出图中标注部分电路的功能。

4. 题图 1–4 所示为 C650 车床的主电路部分，请指出图中标注的文字符号 FU、KM、FR 代表哪些电气元件，分别在电路中起到什么保护作用。

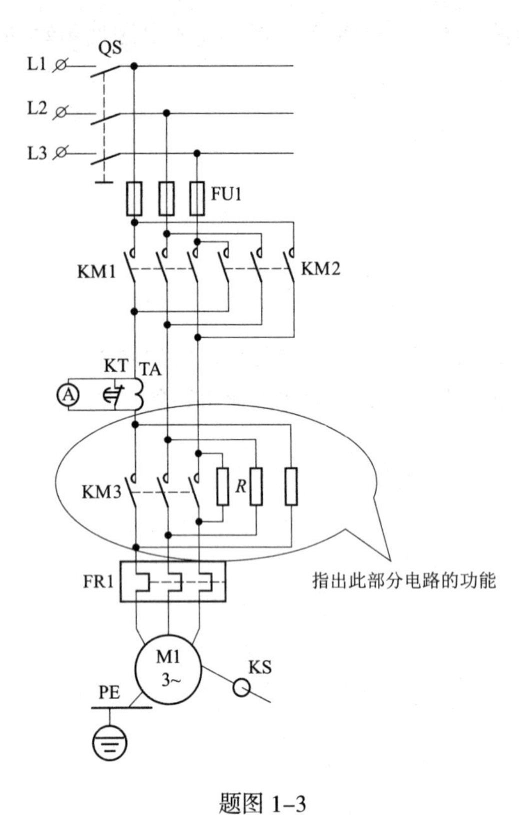

题图 1-3

题图 1-4

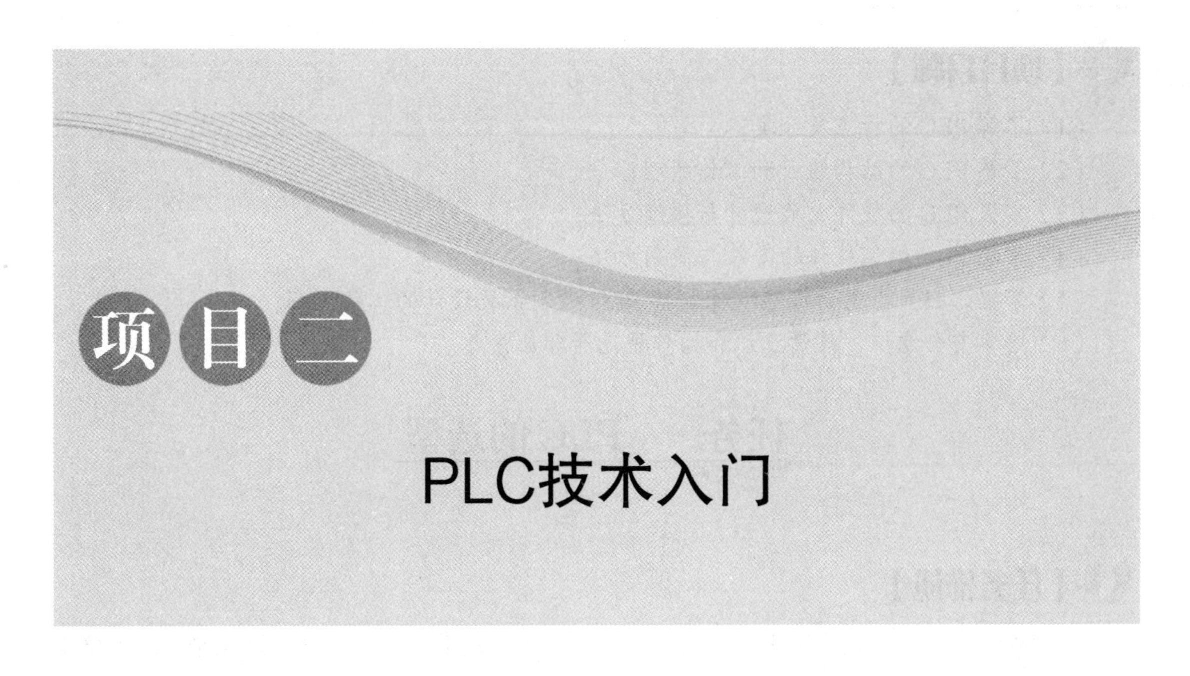

项目二

PLC技术入门

【项目描述】

可编程逻辑控制器（Programmable Logic Controller，PLC）已经成为制造业中必不可少的一部分，尤其是在生产设备和自动化生产线的控制方面。为了满足市场的需求，有必要了解 PLC 的发展历程、结构组成及工作原理，掌握 PLC 的程序设计思路及方法，为后续的学习奠定基础。

本项目作为 PLC 技术的开篇，将结合三相异步电动机启 - 保 - 停继电器控制系统的工作原理，其电路原理图如图 2-1 所示，从 PLC 的选型、PLC 的硬件设计与接线图的绘制和 PLC 的程序设计与调试三个方面进行讲解，最后能够使用 S7-200CN 系列 PLC 实现对三相异步电动机的启 - 保 - 停控制。

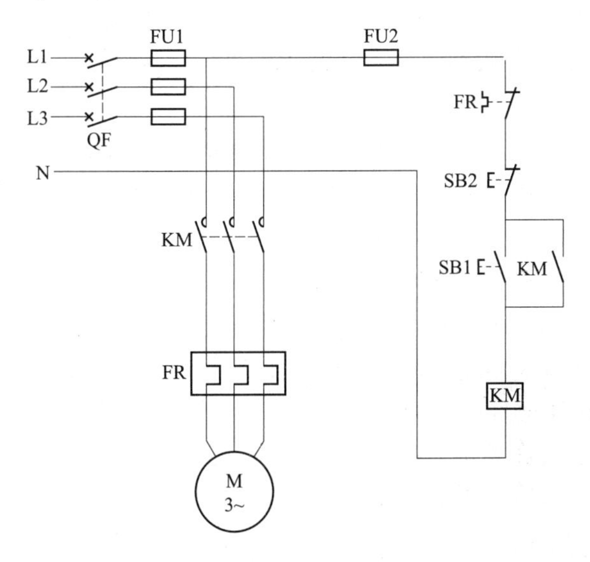

图 2-1　三相异步电动机启 - 保 - 停继电器控制电路原理图

【项目目标】

（1）了解 PLC 的特点及分类；
（2）了解 PLC 的结构组成和工作原理；
（3）掌握 PLC 的硬件电路设计与接线方法；
（4）掌握 PLC 编程软件的安装与使用方法；
（5）掌握三相异步电动机启－保－停 PLC 控制系统设计的工作流程；
（6）培养安全意识、质量意识和操作规范等职业素养。

任务一　PLC 的选型

【任务描述】

可编程逻辑控制器是结合工业生产过程中逻辑控制的需要而产生的。近年来，随着微电子技术的发展以及集成电路的出现，引起了计算机技术的巨大变革，从而促使 PLC 技术愈发成熟，成为实现工业自动化的一大支柱。完成三相异步电动机启－保－停 PLC 控制系统的 PLC 选型。

【相关知识】

2.1.1　PLC 综述

1. PLC 的产生

20 世纪 60 年代末期，美国的汽车制造工业发展迅猛，汽车领域不断更新汽车的型号。在工业控制领域中继电器控制系统因结构简单而被广泛应用。由于传统的继电器控制系统采用固定的接线方式，若生产要求和生产流程发生变化，需要重新设计线路，进行接线安装，造成系统改造的周期较长，不利于产品的更新换代。与此同时，该设备体积大、故障检修困难。

鉴于继电器控制系统在工业控制领域存在上述弊端，1968 年美国通用汽车公司（GM）根据“多品种小批量、不断翻新汽车品牌型号”的战略，对汽车流水线进行公开招标。对新的控制系统提出了 10 项要求，具体内容如下：

（1）编程简单，可在现场修改并调试程序；
（2）维护方便，采用插入式模块结构；
（3）可靠性要高于继电器控制装置；
（4）体积要小于继电器控制装置；
（5）数据可直接输入管理计算机；
（6）成本可与继电器控制装置竞争；
（7）输入为交流 115 V；

（8）输出为交流 115 V，2 A 以上，能直接驱动电磁阀、接触器等；

（9）扩展时原系统只需做很小的改动；

（10）用户程序存储器容量至少可扩展到 4 KB。

上述就是著名的“GM 十条”。

1969 年，美国数字设备公司（DEC）率先研发成功第一台符合十项技术要求的可编程控制器 PDP-14，并在美国通用汽车公司的自动装配线上试用成功，可编程控制器由此开创了工业控制领域的新时代。美国 MODICON 公司也在不久后研发出可编程序控制器 084。

日本通过从美国引进此项技术，于 1971 年研发出可编程序控制器 DCS-8。德国于 1973 年也研发出了他们的可编程序控制器。我国于 1974 年开始研发可编程控制器，1977 年研发成功并应用于工业领域。

从此，PLC 一直在工业控制方面占据举足轻重的地位。

2. PLC 的定义

由于 PLC 还处于不断发展阶段，所以至今尚未有明确的定义。国际电工委员会（IEC）先后于 1982 年 11 月、1985 年 1 月和 1987 年 2 月发布了可编程序控制器标准草稿。在 1987 年发布的第三稿中，将 PLC 定义为：可编程序控制器是一种数字运算操作的电子系统，专为工业环境下应用而设计，它采用可编程序的存储器，用来在其内部存储执行逻辑运算、顺序控制、定时、计数和算术运算等操作的指令，并通过数字式或模拟式的输入和输出，控制各种类型机械或生产过程。可编程序控制器及其有关的设备，都应按易于使工业控制系统形成一个整体、易于扩充功能的原则设计。由上述定义可知，可编程序控制器是通过程序的设计来改变控制功能的工业控制计算机。

3. PLC 的特点

（1）可程序设计。

在工业领域中，控制系统的改变不仅取决于硬件装置的改变，更在于程序设计的改变，即使控制系统更加柔性化。

（2）编程设计简单，修改调试方便。

PLC 的编程思路与继电器控制电路的设计理念相似，其中梯形图语言更加直观易懂，简洁明了，被广泛应用于编程设计当中。随着 PLC 技术的不断发展，顺序功能图编程（SFC）的出现，使编程的逻辑思路更加清晰，更加简单方便。

（3）可靠性高，抗干扰能力强。

PLC 的制造商在硬件和软件方面都采取了一系列抗干扰措施，使其在工业现场的运行过程中更加稳定、可靠。

从硬件角度分析：

① 采用光电隔离，提高抗干扰能力；

② 采用电磁屏蔽，防辐射；

③ I/O 电路中采用硬件滤波；

④ 合理配置地线，增强电源抗干扰能力；

⑤ 与软件通信配有自诊断电路；

⑥ 模块结构易修复；

⑦ 采用电源后备和冗余技术。

从软件角度分析：

① 设置“看门狗”（watchdog）警戒时钟，防止程序因为干扰而“跑飞”；

② 对程序中的重要参数进行检查和校验；

③ 对程序及动态数据进行电池后备；

④ 有自诊断、报警、数字滤波功能，对传感器、执行器进行在线诊断；

⑤ 采用了具有抗干扰功能的扫描工作方式。

（4）通用性强。

PLC 产品已经形成标准化和系列化，并且 PLC 采用模块化的硬件结构，可根据用户要求进行灵活的组合和扩展。

（5）设计、施工、调试周期短。

PLC 的程序设计软件中含有定时器、计数器和基本逻辑指令等，可以大大简化接触器、继电器等元器件的硬件电路接线，并且可以在实验室中对用户的控制程序进行仿真调试，缩短了安装接线的工期。

（6）体积小，维护操作方便。

PLC 的控制系统和传统继电器控制系统相比，节省了很多时间继电器、中间继电器和配线的使用，并且小型 PLC 的体积只相当于几个继电器的大小，故开关柜的体积也大大减小，节约了工程的成本。

因 PLC 的可靠性高，抗干扰能力强，因此故障率很低，并且具有完善的自诊断功能。当发生故障时，可以根据 PLC 上的 I/O 发光二极管或编程软件提供的信息排查故障产生的原因，进行检修或更换处理。

2.1.2 PLC 的应用及发展趋势

1. PLC 的应用

起初，在工业控制领域中 PLC 主要应用于开关量的逻辑控制，随着 PLC 技术的不断发展，它的应用领域也在不断扩大。如今，还应用于数据的采集与处理，数字量和模拟量的控制，对控制系统的运行状态进行监控，以及远程联网通信等方面。从 PLC 的应用方面，大致可归纳为以下几点：

（1）开关量逻辑控制。

PLC 具有开关量的逻辑控制功能，是 PLC 最基本的应用，同时也是应用领域最广泛的，所控制的逻辑问题可以是多样性的：组合的、时序的，即时的、延时的，不需计数的、需要计数的等。开关量逻辑控制取代了传统的继电器顺序控制，由单台设备到多台联动的自动化生产线，已经符合当今工业现场中多工况、多状态变换的需要。

使用 PLC 进行开关量控制的领域很多，如冶金、机械、轻工、化工、纺织等，这是在工业控制中其他控制器无法比拟的。

（2）运动控制。

PLC 具有针对运动控制的模块，对直线运动或圆周运动的定位、速度和加速度进行精确控制，可实现单轴或多轴的位置控制功能。如今，运动控制功能广泛应用于机械加工领域，从而实现定位、位移和插补等简易 CNC（计算机数控装置）的功能，达到运动控制的要求。其性价比更高，速度更快，操作更简便。

（3）过程控制。

PLC 具有针对过程控制的模块，包含 A/D、D/A 转换模块，PID 模块等，用来实现对温度、压力和流量等模拟量的闭环控制。A/D 单元是把外电路的模拟量（Analog）转换成数字量（Digital），然后送入 PLC 中。D/A 单元是把 PLC 的数字量转换成模拟量，再送给外电路。PID 模块可以构成闭环控制系统，从而实现单回路、多回路的调节控制，能够实现很高的控制质量，从而达到过程控制的要求。

在进行过程控制的同时，开关量也可以同时进行控制，互不干扰，操作起来更加方便、灵活。

（4）数据处理。

PLC 具有算术运算、数据传送、转换和逻辑运算等功能，可完成数据的采集、分析和处理。数据采集可以用计数器，累计记录采集到的脉冲数；也可以用 A/D 单元，将模拟量转换成数字量，最后定时地转存到 DM 区。随着 PLC 技术的不断发展，其数据存储空间也越来越大，可以存储大量数据。这些数据可与存储器中的原有参考值进行比较，或与计算机通信，读取 DM 区的数据并打印出来，再做处理。

（5）信号监控。

PLC 可以对自身的工作状态进行监控，也可对控制对象进行监控。PLC 的自检信号很多，内部器件也很多，但多数用户未充分发挥其作用，至今仍有待开发。

对一个复杂的自动控制系统，监控以及能够自我诊断是非常必要的。它可以降低系统的故障率，如出现故障也可即时排查检修，节省故障排查检修的时间，提高系统运行的可靠性。

（6）通信联网。

PLC 的通信联网能力很强大，并且不断推出新的联网的结构框架。PLC 的通信包括 PLC 与 PLC 之间（一对一或多个 PLC）、PLC 与上位机以及其他智能控制设备（数控装置、智能仪表、智能执行装置等）之间的通信。

可搭建局域网，将 PLC、计算机和智能装置连接起来，进行数据的检测与交互。可以使用总线网或环形网，网络间可以嵌套也可桥接。将更多的 PLC、计算机、智能装置集合在一个网中，网间的节点可直接或间接地通信、交换信息。

通信联网技术的应用，适应了当代计算机集成制造系统（CIMS）及智能化工厂发展需要，促使工业控制系统由点（Point）到线（Line）及面（Aero）将设备级的控制、生产线的控制、工厂管理层的控制连成一个整体，进而为社会创造更大的效益。

2. PLC 的发展趋势

随着微电子技术和计算机通信技术的不断发展，PLC 也在不断地更新换代，性能及功能更加完善，工业控制领域将迎来崭新的变化。

（1）性能全面化。

PLC 已不再是只能对开关量进行逻辑运算的产品了，而是集数字量和模拟量的采集与处理、运动控制、PID 控制、算术运算和报表统计于一体的控制单元。目前，虽然 PLC 与 DCS

（分布式控制系统）无法比较，只因 PLC 是控制器，而 DCS 是控制系统；但 PLC 可以与 DCS 的控制站做比较，PLC 的循环周期在 10 ms 左右，而 DCS 控制站在 500 ms 左右，PLC 的开放性更好，独立工作的能力更强。PLC 控制系统的发展、功能只会更加完善，性能更加全面化。

（2）操作简易化。

PLC 的编程方式可谓是家家相通，但又家家不同。如果用户需要对不同厂家的 PLC 产品进行程序设计，就需要掌握很多种编程语言，这就间接加大了 PLC 的推广难度。哪怕是选择同一厂家的不同系列产品，也需要重新熟悉特殊存储器的意义、运行状态的监控以及运动控制、PID 控制、高速计数器和网络通信等功能模块的程序设计方法，导致程序的设计过程更加复杂且易出错，进一步阻碍了 PLC 的推广难度。由此可见，PLC 的未来发展一定要将复杂问题简单化，才能为用户提供最大的便利。

（3）技术网络化。

PLC 在现场总线技术中得到了广泛的应用，PLC 与智能仪表、传感器和驱动执行机构等设备进行通信连接，组成一个现场级工业控制网络，相对于单一的 PLC 远程控制网络，具有性价比高、扩展灵活和检修方便等优势。

PLC 系统正趋向于开放式系统发展，在完成控制要求的同时，与上位机管理系统联网，实现信息交互，对运行系统实施监控，成为整个信息管理系统的一部分。

记一记：

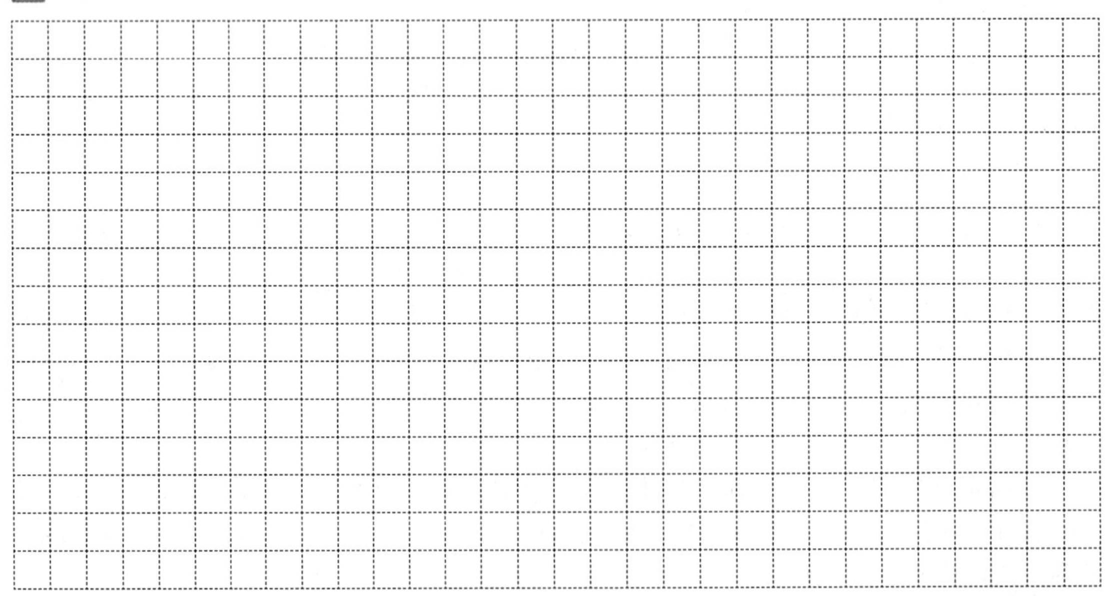

2.1.3 PLC 的分类

PLC 的分类

1. 按硬件结构分类

按硬件结构的不同，可将 PLC 分为整体式、模块式和叠装式三类。

1）整体式

整体式 PLC 的结构特点是将 CPU、存储器、I/O 接口、通信端口、电源等硬件紧凑地安装在一个标准的机壳内，形成一个基本单元或扩展单元。整体式 PLC 结构紧凑、体积小、成本低，安装方便。微、小型 PLC 一般采用这种结构方式。

整体式 PLC 还配备了许多特殊功能模块，例如通信模块、模拟量输入 / 输出模块和位置控制模块等，大大提高了 PLC 的控制功能。

2）模块式

模块式 PLC 采用堆积木的方式来搭建系统，便于模块扩展。标准化模块包含电源模块、CPU 模块（CPU 和存储器组成）、输入模块、输出模块和各种功能模块等，各个模块的功能是独立的，但同一系列的模块外形尺寸是统一的，可根据用户要求，选择所需的模块插在插槽上，硬件配置更加灵活，检修更加方便。中、大型 PLC 一般采用这种结构方式。

3）叠装式

叠装式 PLC 是将整体式和模块式二者的长处有机结合在一起的 PLC 结构。

其基本单元和扩展单元等高等宽，组装时不需要采用基板，通过电缆进行连接，搭建成一个整齐小巧的结构体，而且 I/O 点数的配置更加灵活。

2. 按 I/O 点数分类

PLC 的 I/O 点数是衡量 PLC 控制规模的重要参数，主要指控制开关量的输入、输出点数及控制模拟量的模入、模出点数，或两者兼而有之，但主要以开关量为主。模拟量可折算成开关量的点，大致一路相当于 8 ~ 16 点。根据 I/O 点数的多少，可将 PLC 分为小型、中型和大型三类。

1）小型 PLC

小型 PLC 的 I/O 点数小于 256 点，采用 8 位或 16 位的单 CPU，用户程序存储器的容量小于 4 KB；如德国西门子公司的 S7-200 系列 PLC 可达 64 点，日本 OMRON 公司的 C60P 系列 PLC 可达 148 点。

2）中型 PLC

中型 PLC 的 I/O 点数为 256 ~ 2 048 点，采用双 CPU，用户程序存储器的容量 2 ~ 8 KB；如德国西门子公司的 S7-300 系列 PLC 最多可达 512 点，日本 OMRON 公司 C200Ha 系列 PLC 可达 1 000 多点。

3）大型 PLC

大型 PLC 的 I/O 点数大于 2 048 点，采用 16 位、32 位多 CPU，用户程序存储器的容量 8 ~ 16 KB，如日本 OMRON 公司的 C2000H、CV2000 系列 PLC 可达 2 048 点。

除此之外，把 I/O 点数小于 32 点的 PLC 称为微型或超小型机，如德国西门子公司的 Logo 仅 10 点。而把 I/O 点数超过万点的 PLC 称为超大型机，如美国 GE 公司的 90-70 机，其点数可达 24 000 点，此外还有 8 000 路的模拟量。德国西门子公司的 SS-115U-CPU945，其开关量点数可达 8 000，另外还可有 512 路模拟量。

3. 按 PLC 产地分类

目前，PLC 的生产厂家较多，但能够配套生产大、中、小型 PLC 的厂家不算太多。虽然控制功能类似，但是不同厂家生产的 PLC 种类繁多，并且都互不兼容。不同产地的 PLC 产品差异化明显。

按照 PLC 产地大致可以把 PLC 分成三个流派。

1）美国产的 PLC

以 GE 公司、AB（Alien-Bradley）公司、IPM 公司为代表。美国 GE 公司、日本 FANAC 合资的 GE-FANAC 的 90-70 机，具有 25 个特点，配置大型、中型、小型完整的系列，被广泛使用；美国 AB 公司的 PLC-5 系列，只使用梯形图编写程序，但梯形图的形式、含义、功能及用法上与其他流派大相径庭。美国 IPM 公司的 IP1612 系列机，由于自带模拟量控制功能和通信接口，集成度又非常之高，虽然点数不多，但性价比很高，适用于需要模拟量控制的场合。

2）欧洲产的 PLC

以德国西门子公司 S 系列 PLC 以及法国的 TE 和施耐德公司为代表。德国西门子公司的 S5 系列 PLC，其中 135U、155U 为大型机，控制点数可达 6 000 多点，模拟量可达 300 多路，采用结构化编程方法，使用 STEP5 语言，通过调用功能块来实现控制要求。近年来，其所产的 S7 系列 PLC，有 S7-200（小型）、S7-300（中型）及 S7-400 机（大型），性能较 S5 有很大的提高。

3）日本产的 PLC

日本的 PLC 技术是从美国引进的，但日本的 PLC 产品主要定位在小型机上。PLC 的生产厂家有 OMRON 公司、三菱公司、松下公司、富士公司等众多企业。日本的小型机设计独具特色，采用梯形图、指令表互通的编程手段，并且配置了功能强大的指令系统。用户在选用日本产的 PLC 时，只需小型机就能解决一个应用问题，而选用欧美的 PLC，需要选用中型乃至大型的 PLC，其根本原因就是因为欧美小型机的指令系统太弱。日本 OMRON 公司设计的 PLC 种类繁多，但特色鲜明，在中国乃至世界范围内都占有一定的份额。

随着我国经济的不断发展，科技的不断进步，国内的 PLC 厂家近年来发展较快，但规模不大，国内市场仍然以国外产品为主。相信国产 PLC 会凭借自身的技术实力，在不久的将来能够位列国际知名 PLC 品牌行列。

此外，韩国的三星、LG 和中国台湾的台达、永宏等公司在国内也占据不可忽视的市场份额。

记一记：

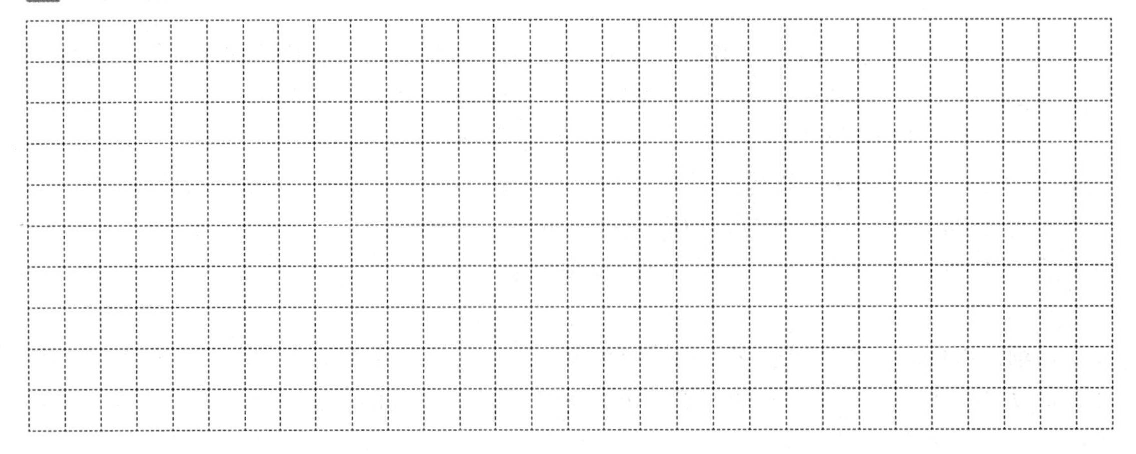

2.1.4　西门子 S7-200CN 系列 PLC 的概况

因本书主要使用西门子公司的 S7-200CN 系列 CPU 224XP CN AC/DC/RLY 作为案例的控制单元，故下面介绍西门子公司的 S7-200CN 系列 PLC 的产品定位、特点及 CPU 的性能参数。

1. S7-200CN 系列 PLC 的产品定位

西门子（SIEMENS）公司的 S7 系列 PLC 产品包括 LOGO、S7-200CN、S7-1200、S7-300、S7-400 等。该系列产品可分为小型、中型、大型三种 PLC 类型。S7-200CN 系列 PLC 在 SIMATIC 产品家族中定位于小型机范畴，如图 2-2 所示。

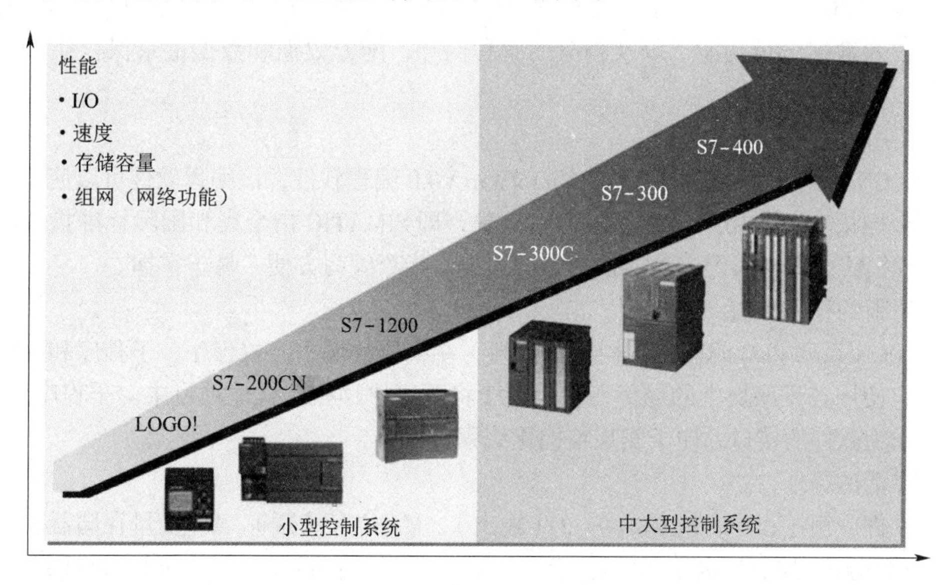

图 2-2　S7-200CN 系列 PLC 的产品定位

S7 系列 PLC 体积小、速度快、标准化，具有网络通信能力，功能更强，可靠性高。其中，S7-200CN 系列 PLC 属于整体式结构的 PLC，如图 2-3 所示，具有结构紧凑的特点。

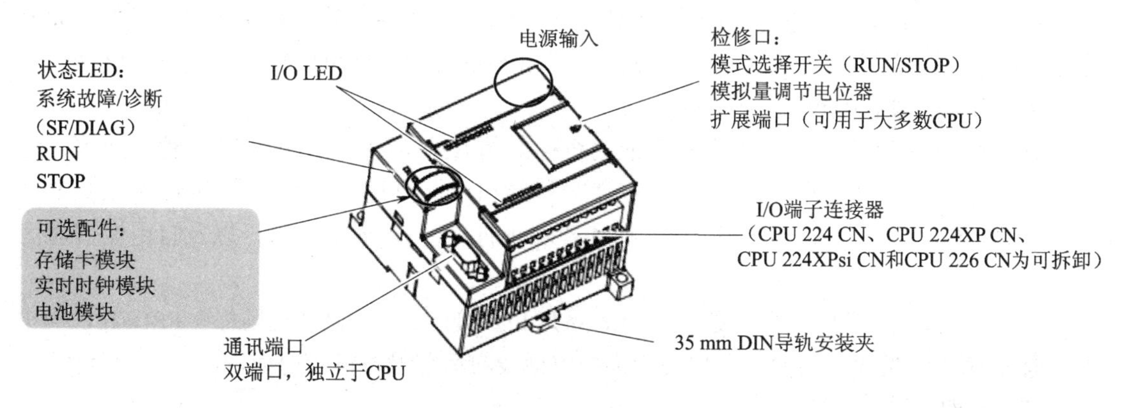

图 2-3　S7-200CN CPU

目前，S7-200CN 系列 PLC 适用于国内各行各业、各种场所中的检测、监测及控制的自动化。无论在独立运行模式下，还是在网络结构化下都能实现复杂的控制功能。因此，

S7-200CN 系列 PLC 经济实用，具有极高的性价比，配合人机界面和变频器，成为小型自动化控制系统理想的解决方案。在集散自动化系统中，S7-200CN 系列 PLC 已经成为控制系统的主力军。

2. S7-200CN 系列 PLC 的特点

（1）功能性强。

S7-200CN 系列 PLC 有 5 种 CPU 型号，最多可扩展 7 个扩展模块，扩展到 256 点数字量 I/O 或 44 路模拟量 I/O，最多具有 34 KB 的程序存储空间和数据存储空间。同时，集成了多种模式的高速计数器、脉冲发生器和位置控制功能；可以使用向导中的 PID 调节控制面板，可以实现 PID 参数的自整定；可直接读、写模拟量 I/O 模块，不需要复杂的编程过程；配置了配方和数据记录功能，以及相应的编程向导，配方数据和数据记录保存在 EEPROM 存储卡中。

（2）使用方便的编程软件。

S7-200CN 系列 PLC 使用 STEP 7-Micro/Win V4.0 编程软件，该编程软件可以使用包括中文在内的多国语言，为用户提供了两套指令集，即 SIMATIC 指令集和国际标准指令集，以及三种编程模式，即梯形图、功能块图、语句表。指令编写方便，易于掌握。

（3）清晰的程序结构。

S7-200CN 系列 PLC 的程序结构简单清晰，在编程软件中，主程序、子程序和中断程序分页存放，使用各程序块中的局部变量，便于将程序块移植到其他项目中。子程序用输入、输出变量作为软件的接口，便于实现结构化编程。

（4）灵活的寻址方法。

编程软件应用过程中，I（输入）、Q（输出）、M（位存储器）、V（变量存储器）、L（局部变量）和 S（顺序控制继电器）均可按位（bit）、字节（Byte）、字（word）和双字（double word）读和写。

（5）化繁为简的向导功能。

网络通信、位置控制、PID 控制、高速输入 / 输出、数据记录等内容是程序设计和应用的难处，用常规的设计思路对它们进行编程既复杂又容易出错。编程软件的向导功能，大大简化了程序设计过程，只需在向导中按提示输入相应的参数，就可以自动生成用户程序。

（6）强大的通信功能。

S7-200CN 系列 CPU 模块配有一个或两个标准的 RS-485 接口，可用于编程或通信，无须增加硬件模块即可与其他 S7 系列 PLC、变频器和计算机进行通信。S7-200CN 系列 PLC 可以使用 PPI、MPI、Modbus RTU 主站和 Modbus RTU 从站等通信协议，以及自由端口通信模式。

通过不同的通信模块，可以使 S7-200CN 系列 PLC 接入到以太网和现场总线 PROFIBUS-DP 中。通过 Modem 模块 EM241，可以使用模拟电话线与远程设备进行通信。

（7）品种多样的人机界面。

S7-200CN 系列 PLC 配有使用编程软件组态的文本显示器 TD200C 和 TD400C。用户可以使用键盘设计文本显示器的面板。K-TP178micro 是专门为 S7-200CN 系列 PLC 和中国用户量身定做的 5.7 英寸触摸屏。除此之外，西门子还配套多款触摸屏。

3. S7–200CN 系列中 CPU 的性能参数

CPU 的性能是用户选择 PLC 的主要依据。CPU 主要性能指标包含 I/O 点数、存储器容量、扫描速度、扩展能力和通信功能等几个方面。表 2–1 所示为 S7–200CN 系列 CPU 主要性能参数。

表 2–1　S7–200CN 系列 CPU 主要性能参数

特性	CPU 221	CPU 222CN	CPU 224CN	CPU 224XP CN CPU 224XPsi CN	CPU 226CN
外形尺寸 /mm × mm × mm	90 × 80 × 62	90 × 80 × 62	120.5 × 80 × 62	140 × 80 × 62	190 × 80 × 62
数字量 I/O	6 DI/4 DO	8 DI/6 DO	14 DI/10 DO	14 DI/10 DO	24 DI/16 DO
程序存储器 /KB	4	4	8/12	12/16	16/24
数据存储器 /KB	2	2	8	10	10
模拟量 I/O	–/–	–/–	–/–	2 AI/1 AO	–/–
脉冲输出	2 路 20 kHz	2 路 20 kHz	2 路 20 kHz	2 路 100 kHz	2 路 20 kHz
扩展模块数量	0	2	7	7	7
掉电保护时间 /h	一般 50	一般 50	一般 100	一般 100	一般 100
通信接口 RS–485	1	1	1	2	2
模拟电位器	1	1	2	2	2
中断输入	4	4	4	4	4
数字量 I/O/ 使用扩展模块的最多通道数量	–	48/46/94	114/110/224	114/110/224	128/128/256
模拟量 I/O/ 使用扩展模块的最多通道数量	–	16/8/16	32/28/44	32/28/44 2/1（本体内置）	32/28/44
高速计数器	4 路 30 kHz（2 路 20 kHz）支持 A/B 模式	4 路 30 kHz（2 路 20 kHz）支持 A/B 模式	6 路 30 kHz（4 路 20 kHz）支持 A/B 模式	2 路 200 kHz+4 路 30 kHz（3 路 20 kHz+1 路 100 kHz）支持 A/B 模式	6 路 30 kHz（4 路 20 kHz）支持 A/B 模式
定时器	256 个（4 个 1 ms，16 个 10 ms，236 个 100 ms）				
计数器	256 个				
编程软件	STEP 7–Micro/Win V4.0				
布尔型执行速度	0.22 μs				

由表 2–1 可见，CPU 224XP CN 较其他 PLC 型号而言，高速计数器输入中的两路支持更加高的速度，用作单相脉冲输入时，可以达到 200 kHz；用作双相 90° 正交脉冲输入时，速

度可达 100 kHz。两路高速脉冲输出速率可以达 100 kHz。内部结构增加了 2 路模拟量输入，1 路模拟量输出、自整定 PID 和数据记录等功能，使 CPU 具有更强大的控制能力。

同时，CPU 224XP CN 最多支持 7 个扩展模块。扩展模块包括数字量扩展模块、模拟量扩展模块、通信模块等。其中，数字量扩展模块有 EM221CN、EM222CN、EM223CN，它们的规格和输入 / 输出类型见表 2-2；模拟量扩展模块 EM231CN、EM232CN、EM235CN，它们的规格和输入 / 输出类型见表 2-3。

表 2-2　S7-200CN 系列 PLC 常用数字量扩展模块

系列号	类别	I/O 规格	输入 / 输出类型
EM221CN	数字量输入扩展模块	DI 8 × 24 V DC	8 输入，24 V 直流
		DI 16 × 24 V DC	16 输入，24 V 直流
EM222CN	数字量输出扩展模块	DO 8 × 24 V DC	8 输出，24 V 直流，0.75 A
		DO 8 × Relay	8 输出，继电器，2 A
EM223CN	数字量输入 / 输出扩展模块	DI 4/DO 4 × 24 V DC	4 输入，24 V 直流 4 输出，24 V 直流，0.75 A
		DI 4 × 24 V DC DO 4 × Relay	4 输入，24 V 直流 4 输出，继电器，2 A
		DI 8/DO 8 × 24 V DC	8 输入，24 V 直流 8 输出，24 V 直流，0.75 A
		DI 8 × 24 V DC DO 8 × Relay	8 输入，24 V 直流 8 输出，继电器，2 A
		DI 16/DO 16 × 24 V DC	16 输入，24 V 直流 16 输出，24 V 直流，0.75 A
		DI 16 × 24 V DC DO 16 × Relay	16 输入，24 V 直流 16 输出，继电器，2 A
		DI 32/DO 32 × 24 V DC	32 输入，24 V 直流 32 输出，24 V 直流，0.75 A
		DI 32 × 24 V DC DO 32 × Relay	32 输入，24 V 直流 32 输出，继电器，2 A

表 2-3　S7-200CN 系列 PLC 常用模拟量扩展模块

系列号	类别	I/O 规格	输入 / 输出类型
EM231CN	模拟量输入扩展模块	AI 4	4 输入
		AI 4 × TC	4 路，热电偶模拟输入
		AI 2 × RTD	2 路，热电阻模拟输入
EM232CN	模拟量输出扩展模块	AO 2	2 输出
EM235CN	模拟量输入 / 输出扩展模块	AI 4/AO 1	4 输入，1 输出

在表 2-3 中未列出的扩展模块，是因为目前还没有 S7-200 CN 系列产品。但可以使用 SIMATIC S7-200 系列产品代替，如 EM241、EM253、EM277、CP243-1、CP243-2、SIWAREX MS。

在扩展模块的应用过程中，不仅受到主机自身扩展模块数量的约束，还受到主机电源承受的扩展模块总线电流大小的影响。因此，有必要对电源的消耗做出预算，从而确定 CPU 能否为配置提供相应的电流。如果超出 CPU 电源的预算值，就可能无法将全部模块都连接上去。下面是关于 S7-200 系列 PLC 的参数。CPU 的供电能力见表 2-4。

表 2-4 CPU 的供电能力

CPU 型号	电源供应	
	+5 V DC	+24 V DC
CPU221	0 mA	180 mA
CPU222	340 mA	180 mA
CPU224/224XP	660 mA	280 mA
CPU226/226XM	1 000 mA	400 mA

如果 CPU 和扩展模块上的数字量输入点使用内接直流 24 V，每点输入所消耗的电流为 4 mA；如果使用外接直流 24 V，则不需要考虑。

数字量扩展模块所消耗的电流见表 2-5。

表 2-5 数字量扩展模块所消耗的电流

数字量扩展模块型号	电流需求	
	+5 V DC	+24 V DC
EM221 DI 8 × 24 V DC	30 mA	4 mA/ 输入
EM221 DI 8 × 120/230 V AC	30 mA	–
EM221 DI 16 × 24 V DC	70 mA	4 mA/ 输入
EM222 DO 4 × 24 V DC-5 A	50 mA	–
EM222 DO 4 × Relays-10 A	40 mA	20 mA/ 输出
EM222 DO 8 × 24 V DC	30 mA	–
EM222 DO 8 × Relays	40 mA	9 mA/ 输出
EM222 DO 8 × 120/230 V AC	110 mA	–
EM223 DI 4/DO 4 × 24 V DC	40 mA	4 mA/ 输入
EM223 DI 4 × 24 V DC/DO 4 × Relays	40 mA	4 mA/ 输入、9 mA/ 输出
EM223 DI 8/DO 8 × 24 V DC	80 mA	4 mA/ 输入
EM223 DI 8 × 24 V DC/DO 8 × Relays	80 mA	4 mA/ 输入、9 mA/ 输出
EM223 DI 16/DO 16 × 24 V DC	160 mA	4 mA/ 输入
EM223 DI 16 × 24 V DC/DO 16 × Relays	150 mA	4 mA/ 输入、9 mA/ 输出
EM223 DI 32/DO 32 × 24 V DC	240 mA	4 mA/ 输入
EM223 DI 32 × 24 V DC/DO 32 × Relays	205 mA	4 mA/ 输入、9 mA/ 输出

模拟量扩展模块所消耗的电流见表 2–6。

表 2–6　模拟量扩展模块所消耗的电流

模拟量扩展模块型号	电流需求	
	+5 V DC	+24 V DC
EM231 AI 4	20 mA	60 mA
EM231 AI 8	20 mA	60 mA
EM232 AO 2	20 mA	70 mA
EM232 AO 4	20 mA	60 mA
EM235 AI 4/AO 1	30 mA	60 mA
EM231 AI 4 × TC	87 mA	60 mA
EM231 AI 8 × TC	87 mA	60 mA
EM231 AI 2 × RTD	87 mA	60 mA
EM231 AI 4 × RTD	87 mA	60 mA

智能模块所消耗的电流见表 2–7。其中，EM277 模块本身不需要 24 V DC 电源，这个电源是专供通信端口使用的。24 V DC 电源需求取决于通信端口上的负载大小。CPU 上的通信口可以连接 PC/PPI 电缆和 TD200，并为它们供电，此电源消耗不必再纳入电源消耗中。

表 2–7　智能模块所消耗的电流

智能模块型号	电流需求	
	+5 V DC	+24 V DC
EM277	150 mA	–
		30 mA，通信端口激活时
		60 mA，通信端口加 90 mA/5 V 负载时
		180 mA，通信端口加 120 mA/24 V 负载时
EM241	80 mA	70 mA
EM253	190 mA	结合技术数据
CP243–1	55 mA	60 mA
CP243–1 IT	55 mA	60 mA
CP243–2	220 mA	100 mA

记一记：

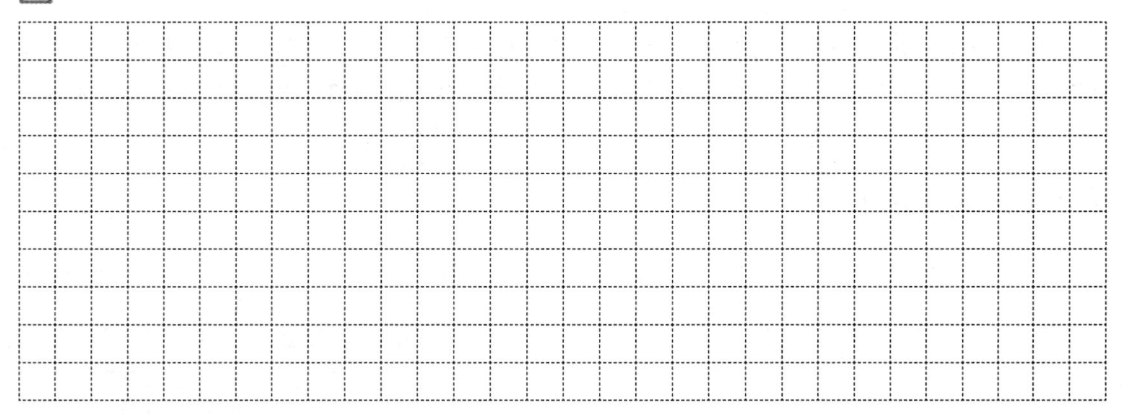

【任务实施】

三相异步电动机启 – 保 – 停 PLC 控制系统整体设计时，首先要确定控制系统的方案，进而确定 PLC 的型号。PLC 的选型主要依据工作流程和控制要求。根据控制要求，确定 PLC 的生产厂家和具体型号。

一、I/O 点数的估算

根据控制要求，确定所有输入 / 输出点数的总和，并留有余量（10% ~ 20% 的 I/O 点数），以此作为 I/O 点数估算的数据。

二、存储器容量的估算

由于尚未对程序进行设计，所以需要对程序容量进行估算，并且选择的存储器容量应大于程序容量。估算方法按数字量 I/O 点数的 10 ~ 15 倍，加上模拟量 I/O 点数的 100 倍，作为内存的总字数（1 word=16 bit），额外按此数的 25% 考虑余量。

三、功能的选择

该选择包含运算、控制、通信和编程等功能。

运算功能包含逻辑运算、比较、传送、计时和计数等功能，但大多数场合，只需要逻辑运算、计时和计数功能。控制功能主要应用于 PID 控制、高速计数器和模拟单元等。通信功能取决于网络组成的实际需要，匹配相应的通信协议。编程功能主要依据编程的语言和调试操作的方便程度。

四、型号的选择

1. PLC 的类型

PLC 类型的选择取决于控制系统的规模，一般情况下，小型控制系统 I/O 点数固定，故选择整体式 PLC；大、中型控制系统需要合理地选择和配置 I/O 点数，扩展性要求高，故选择模块式 PLC。

2. 输入 / 输出模块的选择

输入 / 输出模块的选择应考虑应用要求。输入模块应考虑输入信号的电平、传输距离等应用要求。输出模块应考虑输出类型，如继电器输出类型、DC 24 V 晶体管输出类型，还是 AC 120 V/23 V 双向晶闸管输出类型等。

综上所述，并结合设计者对不同生产厂家 PLC 的熟悉程度、设计习惯及技术服务等因素考虑，故选择西门子公司的 S7-200CN 系列 CPU 224XP CN AC/DC/RLY 作为本书案例项目的控制单元，以及配有数字量输入 / 输出扩展模块的 EM223 CN。

【任务考核】

表 2-8 “PLC 的选型”任务考核要求

姓名__________ 班级__________ 学号__________ 总得分________

任务编号及题目		2-1 PLC 的选型	考核时间			
序号	主要内容	考核要求	评分标准	配分	扣分	得分
1	I/O 点数的估算	根据控制要求，估算 I/O 点数	1. 所有输入 / 输出点数的总和的计算不正确，每缺少一个点扣 5 分； 2. 未留有余量，扣 5 分	20		
2	存储器容量的估算	根据控制要求，估算存储器容量	1. 存储器容量估算不正确，扣 5 分； 2. 程序容量估算不正确，扣 10 分； 3. 未留有余量，扣 5 分	20		
3	功能的选择	根据控制要求，选择所需要的功能	功能的选择不全面，每缺少一个功能扣 10 分	30		
4	型号的选择	综合考虑，选择合适的 PLC 型号	1. PLC 的选型不合理，扣 10 分； 2. PLC 的选型不正确，扣 30 分； 3. 缺少扩展模块，每个扣 5 分	30		
完成日期						
教师签名						

任务二 PLC 的硬件设计与接线图的绘制

【任务描述】

完成三相异步电动机启 - 保 - 停 PLC 控制系统的硬件设计与接线图的绘制。

【相关知识】

2.2.1 PLC 的结构组成

PLC 的结构主要由中央处理器（CPU）、存储器、输入 / 输出模块、电源、外部设备接口和 I/O 扩展接口组成，如图 2-4 所示。CPU 是 PLC 的核心，输入模块与输出模块是连接现场 I/O 设备与 CPU 的接口电路，外部设备接口用于 PLC 与编程器、上位计算机等设备进行通信连接。

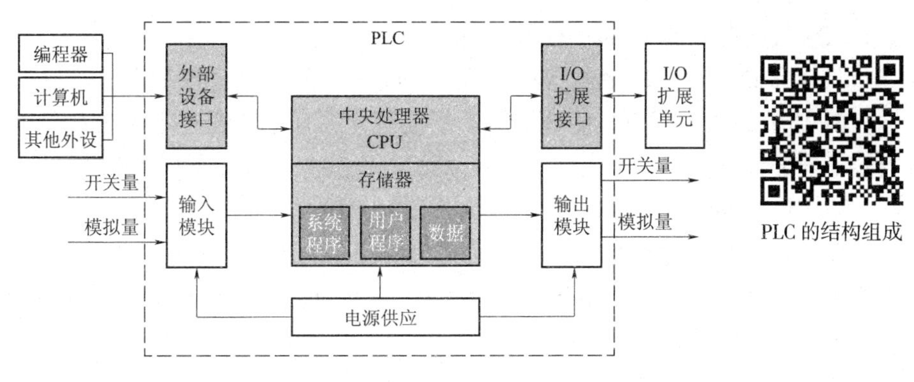

图 2-4 PLC 的结构示意图

1. 中央处理器

中央处理器（Central Processing Unit，CPU）主要由运算器、控制器和寄存器组成。集成的 CPU 芯片型号通常可分为通用微处理器、单片微处理器和位片式微处理器。小型 PLC 多采用 8 位通用微处理器和单片微处理器，价格低；中型 PLC 多采用 16 位通用微处理器或单片微处理器，可靠性高、集成度高、运行速度快；大型 PLC 多采用高速位片式微处理器。PLC 的工作方式是按照 CPU 系统程序赋予的功能进行的，可归纳为以下几个方面：

（1）通过编程器接收用户程序和数据，存放于预定的存储器。

（2）诊断电源、内部电路的运行状态和程序设计的语法错误等。

（3）从存储器中逐条读取用户程序，完成相应的逻辑运算及操作。

（4）通过输入接口接收现场的工作状态或采集的数据，并存放到寄存器中。

（5）根据执行的结果，更新相关标志位的状态和输出映像寄存器的数据，通过输出模块传送控制信号。

（6）响应外部设备（编程器等）的工作请求。

2. 存储器

存储器是 PLC 用来存放系统程序、用户程序和运行数据的单元，分为系统程序存储器和用户程序存储器。系统程序存储器是由 PLC 的生产厂家设计并固化在 ROM（只读存储器）中，主要存储系统管理程序、用户指令解释程序、功能程序和系统程序调用等部分，用户是不能够读取的。用户程序存储器存储用户设计的 PLC 应用程序，使 PLC 能够完成用户要求的特定功能，用户程序存储器的容量以字节（B）为单位。

按照存储器的数据存取方式的不同，可以分为以下三种类型：

（1）随机存储器（Random Access Memory，RAM）。

随机存储器又称读写存储器，即用户可以使用编程装置读出 RAM 中的信息，但 RAM 中的内容保持不变；也可以将新的用户程序写入 RAM 中覆盖原有的内容。RAM 具有易失性，在 PLC 断电情况下，存储的内容将会丢失。

RAM 具有工作效率高、价格便宜、改写方便等优点。在 PLC 外部电源断开后，可以使用锂电池提供能量来确保 RAM 中的用户程序和数据不丢失。因此，RAM 常用于存放用户程序、逻辑变量、运行数据和组态数据等信息。

（2）只读存储器（Read Only Memory，ROM）。

只读存储器又称程序存储器，用来存放 PLC 的系统管理程序、监控程序及系统内部数据。ROM 中的内容用户只能读取，不能改写，具有非易失性，在 PLC 断电情况下，存储的内容不会丢失。

（3）可电擦除可编程只读存储器（EEPROM）。

EEPROM 用于存放系统程序、需要长期保存的用户程序及数据。因为其具有非易失性，在 PLC 断电情况下，存储的内容不会丢失。同时，可以使用编程装置对其内容进行修改，但是写入数据所需的时间比较长。

3. 输入 / 输出模块

I/O 模块将外部输入信号转化为 CPU 能接收和处理的信号，或将 CPU 的输出信号转化为控制信号去驱动控制对象，以确保整个控制系统正常工作。

1）开关量输入单元

图 2-5 所示为 S7-200 系列 PLC 的开关量直流输入单元的内部电路图。内部设有 RC 滤波电路，以防止由于输入触点抖动或外部脉冲干扰产生错误的输入信号。S7-200 系列 PLC 的输入滤波电路的延迟时间可以在编程软件中的系统块进行设置。PLC 的输入电路与 PLC 的内部电路之间被光电耦合器隔开。1M 为同一组输入点的内部输入电路的公共点。当输入端和公共点 1M 之间接入直流 24 V 时，光电耦合器中两个反并联的发光二极管中的一个点亮，光敏三极管饱和导通，输入信号经内部电路传送给 CPU 模块。从电路图可知，可以改变输入回路的电源极性。

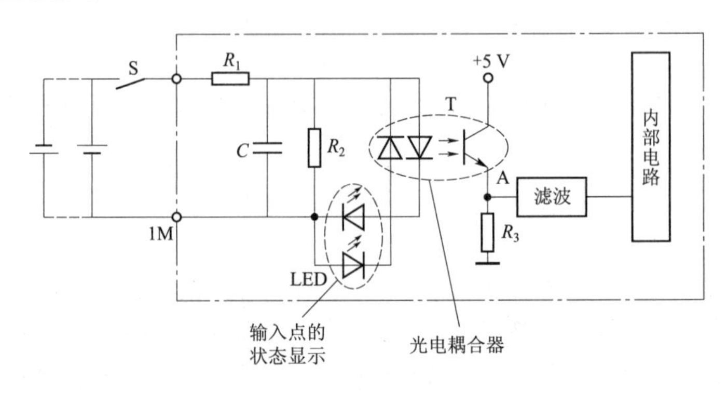

图 2-5　开关量直流输入单元的内部电路图

2）开关量输出单元

开关量输出单元通常由隔离电路和功率放大电路组成，其作用是将 PLC 的内部信号转换成现场执行元件的开关信号。常用的执行元件有接触器、电磁阀、指示灯和报警装置等。

开关量输出单元有继电器、晶体管和晶闸管三种输出类型。继电器输出为有触点输出型电路，用于低频负载。晶体管和晶闸管输出为无触点输出型电路，晶体管输出型用于高频小功率负载，晶闸管输出型用于高频大功率负载。下面对三种输出类型进行详细介绍。

（1）继电器输出型。

图 2-6（a）所示为继电器输出型的电气原理图。当 PLC 输出信号时，内部电路控制继电器接通，进而使负载回路中的负载接通。继电器具有隔离和功率放大作用，每一路只提供给

用户一对常开触点，与触点并联的 *RC* 电路和压敏电阻用来消除触点断开时所产生的电弧，降低对 CPU 的干扰。这种输出类型应用广泛，既可以驱动交流负载又可以驱动直流负载，负载电源由外部提供，其耐受电压范围广，导通压降小，但机械触点寿命短，动作反应时间长。

（2）晶体管输出型。

图 2-6（b）所示为晶体管输出型的电气原理图。当 PLC 输出信号时，先将输出信号送给内部电路中的输出锁存器，再经光耦合器送给场效应晶体管，当场效应晶体管达到饱和导通状态即相当于触点接通；反之，当其处于截止状态即相当于触点断开，常用于控制直流负载。其具有使用寿命长、可靠性高和响应速度快等特点，满足了一些直流负载的特殊要求，但价格高，过载能力较差。图 2-6 中所示的稳压管是用来抑制关断过电压和外部的浪涌电压，以保护场效应晶体管，场效应晶体管输出电路的工作频率可达 20 ~ 100 kHz。

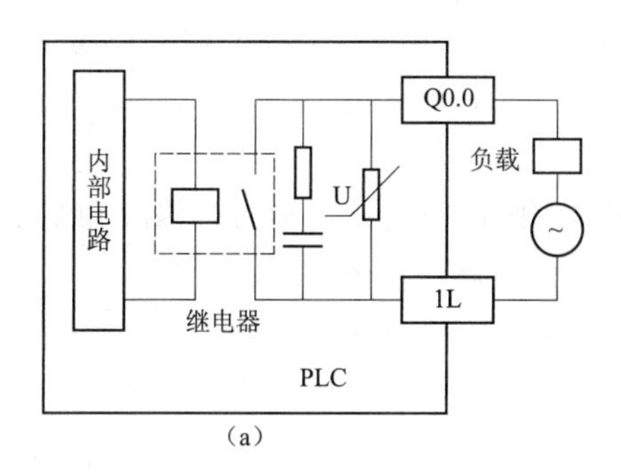

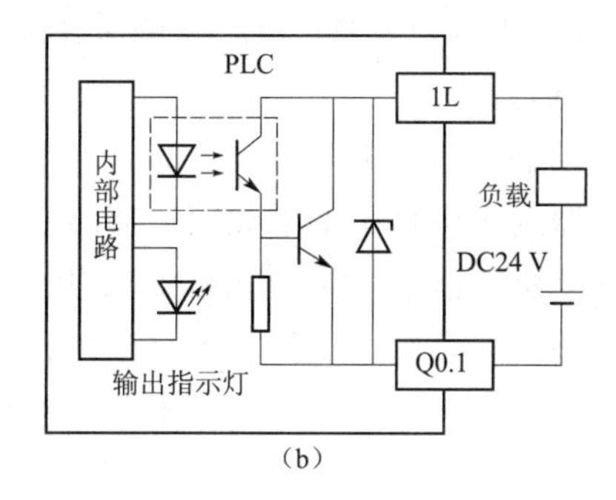

图 2-6　开关量输出单元原理图

（a）继电器输出型；（b）晶体管输出型

（3）晶闸管输出型。

晶闸管输出型是采用光耦合式双向晶闸管作为开关和隔离器件，具有使用寿命长和响应速度快等特点，但驱动负载能力较差。

3）模拟量输入 / 输出模块

模拟量输入单元一般由滤波器、A/D 转换器和光耦合器组成。其作用是将现场仪器仪表输出的标准模拟信号 0 ~ 10 mA、4 ~ 20 mA、1 ~ 5 V DC 等转化为 PLC 可以处理的数字信号。

模拟量输出单元一般由光耦合器、D/A 转换器和信号转换电路组成。其作用是将 PLC 经过运算处理后的若干位数字量信号转换成相应的模拟量信号进而输出，以满足现场对连续信号的控制要求。

模拟量信号在过程控制中的应用极其广泛，如温度、湿度、速度、流量等各种工业检测数据都是相对于电压、电流的模拟量值，经过 PID 运算后，达到生产过程的控制要求。

4. 电源

PLC 的供电方式分为三类：内部电源、外部电源和后备电源。

内部电源是指给 PLC 供电的工作电源，即 PLC 内部电路的工作电源，将外部输入的交流电或直流电处理后转换成满足 PLC 的 CPU、存储器、输入输出接口等内部电路工作需要的直流电源电路或电源模块。电源性能的好坏直接影响 PLC 的可靠性。因此，通常采用开关式稳压电源和原边带低通滤波器的稳压电源。开关式稳压电源不仅可以提供多路独立的电压供内部电路使用，还可以为输入设备提供标准电源。直流供电和交流供电两种 CPU 模块的接线方式如图 2–7 所示。

外部电源是用来驱动 PLC 的负载（输出设备）和提供输入信号的，又称为用户电源。同一台 PLC 的外部电源可能有多种规格。外部电源的容量和性能由输出设备和 PLC 的输入电路决定。由于 PLC 的输入、输出电路都具有滤波、隔离功能，所以外部电源对 PLC 性能的影响甚微。常见的外部电源有交流 380 V、220 V 等，直流 48 V、24 V、12 V、5 V 等。

后备电源在停机或突然掉电时，能够保证 RAM 中的信息不会丢失。PLC 一般采用锂电池作为 RAM 的后备电源。

图 2–7　CPU 模块的接线方式

（a）直流供电；（b）交流供电

5. 外部设备——编程器

编程器的作用是用来生成用户程序，并对用户程序进行设计、检查、修改和调试，监视用户程序的执行情况，显示 PLC 运行状态、内部元件及系统的参数等。

编程器一般分为两类，一类是手持式编程器，因为不能直接输入和编辑梯形图，只能输入和编辑指令表程序，因此又称为指令编程器。它的体积小，价格便宜，一般用于小型 PLC 编程，或应用于现场调试和维护。另一类是图形编程器，在计算机上安装与 PLC 配套的编程软件后，可用作图形编程器，进行用户程序的设计、检查、修改和调试，并通过 PC 和 PLC 之间的通信连接实现用户程序的双向传送，并监控 PLC 的运行状态等。

目前，编程器的发展趋势是用编程软件取代手持式编程器，西门子公司的 PLC 产品只用编程软件进行编辑。使用编程软件可以在编程界面上直接绘制梯形图或指令表程序，并且多种编程语言之间可以相互转换。程序设计完经编译后下载到 PLC 中，也可以将程序打包后通过网络进行远程传送。

6. I/O 扩展接口

如果主机的 I/O 点数不能满足控制要求时，可将 I/O 扩展模块通过 I/O 扩展接口用扁平电缆线将其与主机相连，从而增加 I/O 点数。但受到主机自身最大的扩展能力和驱动能力的影响。

记一记：

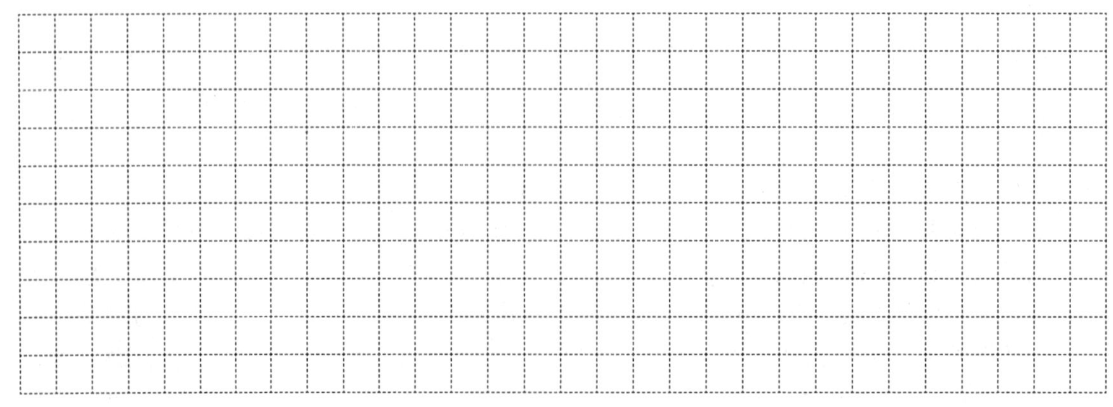

2.2.2　PLC 的工作原理

PLC 通电后，需要对硬件和软件进行初始化处理。为了使 PLC 的输出能够及时响应各种输入信号，PLC 要反复不停地分阶段处理各种不同的任务，这种周而复始的循环工作方式称为扫描工作方式。

当 PLC 读取每个程序时，CPU 从第一条指令开始按指令步序号做周期性的程序循环扫描，如无跳转指令，则从第一条指令开始逐条按顺序执行用户程序，直至遇到结束符后又返回第一条指令，进行周而复始地不断循环，每一个循环称为一个扫描周期。扫描周期的长短主要取决于程序中的指令条数、CPU 执行指令的速度以及执行每条指令所需的时间。一个扫描周期主要分为三个阶段，即输入刷新阶段、用户程序执行阶段和输出刷新阶段，如图 2-8 所示。

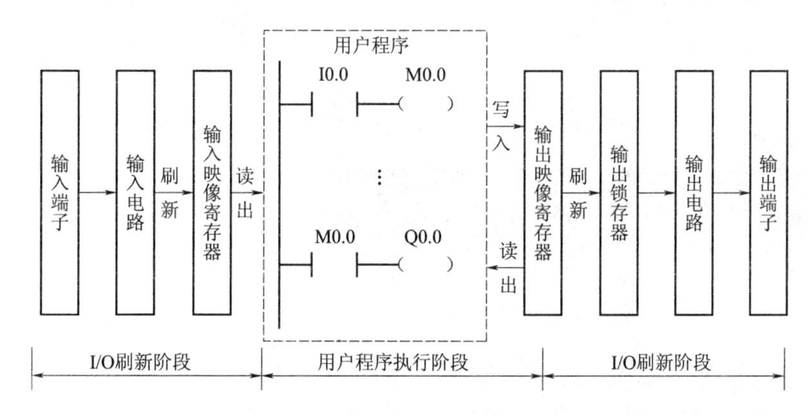

图 2-8　PLC 信号传递过程图

1. 输入刷新阶段

在输入刷新阶段，PLC 以扫描工作方式对所有输入端口进行扫描，读取所有输入端子的状态和数据，并写入输入状态寄存器中，即刷新输入。完成输入刷新工作后，随即关闭输入端口，进入程序执行阶段和输出刷新阶段。在这两个阶段中，即使输入端状态和数据发生改变，输入状态寄存器的内容也不会改变，必须等到下一个工作周期的输入刷新阶段才能被重新读取。但如果输入的是脉冲信号，则该脉冲信号的宽度必须大于一个扫描周期，才能保证在任何情况下，该输入均能被读入。

2. 用户程序执行阶段

在用户程序执行阶段，CPU 按照用户程序指令的先后顺序，从第一条指令开始逐步执行，经过相应的逻辑运算和处理后，将数据写入内部辅助寄存器和输出状态寄存器中，输出状态寄存器中的所有数据随着程序的执行而变化。当执行完最后一条指令时，随即转入输出刷新阶段。

3. 输出刷新阶段

当用户程序中的所有指令执行完毕后，进入输出刷新阶段。将输出状态寄存器中的内容依次送到输出映像寄存器中，其中所有输出继电器的状态转存到输出锁存器中，通过输出电路驱动相应的外部执行元件工作。此时，才是 PLC 的真正输出。

通过 PLC 的扫描工作方式，可以看出输入刷新阶段是紧接着输出刷新阶段后立即进行的，所以将这两个阶段统称为 I/O 刷新阶段。实际上，除了上述三个阶段外，PLC 还要进行自诊断和通信处理，统称为“监视服务”，一般在程序执行之后进行。

2.2.3 硬件电路设计与接线图的绘制

硬件电路设计主要是绘制控制系统电气原理图，包括主电路和控制电路。PLC 控制系统的主电路和继电器控制系统的主电路是相同的，但控制电路是完全不同的。下面以 S7-200CN 系列 CPU 224XP CN AC/DC/RLY 为例进行讲解。

1. CPU 外部特征

图 2-9 所示为 CPU 224XP CN AC/DC/RLY 的外形图及硬件介绍。CPU 型号位于模块的右上角，如果在 CPU 型号后面有“CN”标识，代表该 CPU 产自中国；如果没有标识，代表该 CPU 产自德国。在 CPU 型号的下方标有“AC/DC/RLY”，代表 CPU 的类型为交流供电（通常为 220 V AC）、直流数字输入、继电器输出。如果 CPU 型号为 CPU 224XP CN DC /DC/ DC，则代表 CPU 的类型为直流供电（通常为 24 V DC）、直流数字输入、晶体管输出。

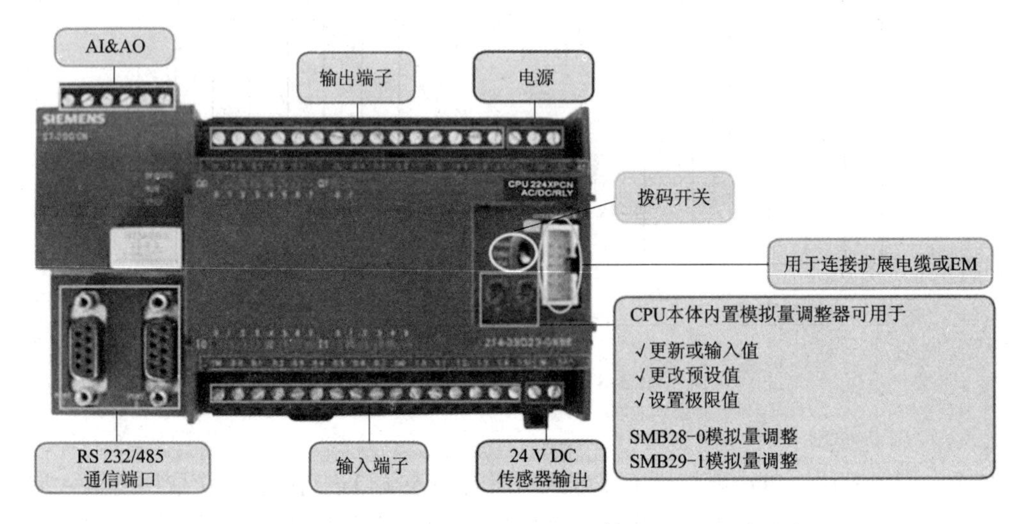

图 2-9　PLC 224XP CN AC/DC/RLY 的外形图及硬件介绍

2. CPU 端子分布

CPU 的端子分布如图 2-9 所示，分为上、下两排端子。上排端子接输出信号，并且最右边有三个端子，从右往左依次为 L1、N、PE，在 L1 的右侧标注 AC。经过对 CPU 外部特征的认识，可知 CPU 需要交流供电，故 L1、N 两个端子需要接交流 220 V；PE 端子是保护接地，可以接三相五线制的地线或接入真正的大地，但绝对不可以接交流电源的中性线。下排端子接输入信号，并且最右边的两个端子分别是 L+、M，表示输出 24 V 的直流电压，其输出的最大电流和 CPU 有关。该端子可以为输入元件、扩展模块及系统中的传感器供电。

3. CPU 电源接线

CPU 224XP CN AC/DC/RLY 供电电压为 100 ~ 230 V AC，原则上使用交流 220 V，如图 2-10 所示。在安装和拆卸 CPU 之前，要确保电源被断开，以免造成人身伤害和设备损坏。

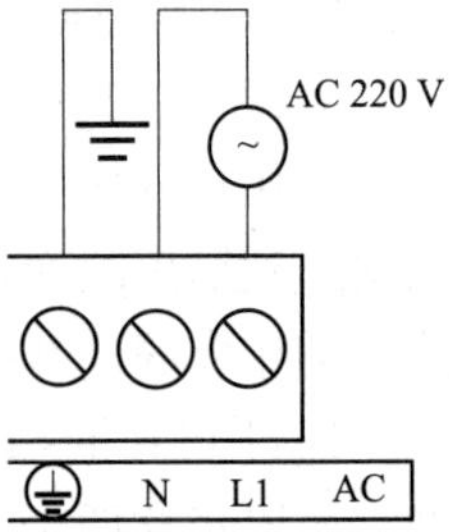

AC 220 V

N　L1　AC

图 2-10　PLC 电源接线

4. 输入 / 输出回路接线

1）输入回路接线

由于 S7-200 系列 PLC 的输入单元内部采用双向光电耦合器结构，

所以对直流输入而言，有源型输入和漏型输入两种方式。源型输入是指输入点接入直流正极有效，漏型输入是指输入点接入直流负极有效，如图 2–11 所示。这两种接法的主要区别在于公共端接 24 V 还是接 0 V，对传感器信号接入时，需要考虑这些因素，但对于开关、按钮等元件没有任何区别。

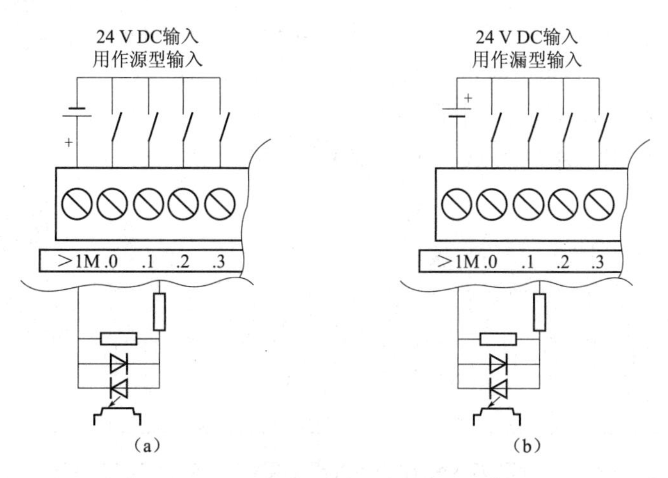

图 2–11　源型输入和漏型输入

（a）源型输入；（b）漏型输入

由 CPU 224XP 的主机外形图可知，上半部分为输出端子，下半部分为输入端子。CPU 224XP 的主机共有 24 个 I/O 点，14 个输入点（I0.0 ~ I0.7、I1.0 ~ I1.5）和 10 个输出点（Q0.0 ~ Q0.7、Q1.0、Q1.0）。输入端子分为两组，1M 是输入端子 I0.0 ~ I0.7 的公共端，2M 是输入端子 I1.0 ~ I1.5 的公共端。输出端子分为三组，L 是输出端子 Q0.0 ~ Q0.3 的公共端，2L 是输出端子 Q0.4 ~ Q0.6 的公共端，3L 是输出端子 Q0.7 ~ Q1.1 的公共端。

结合前面所讲的输入端子接线，整个 CPU 224XP 的输入接线图如图 2–12 所示。

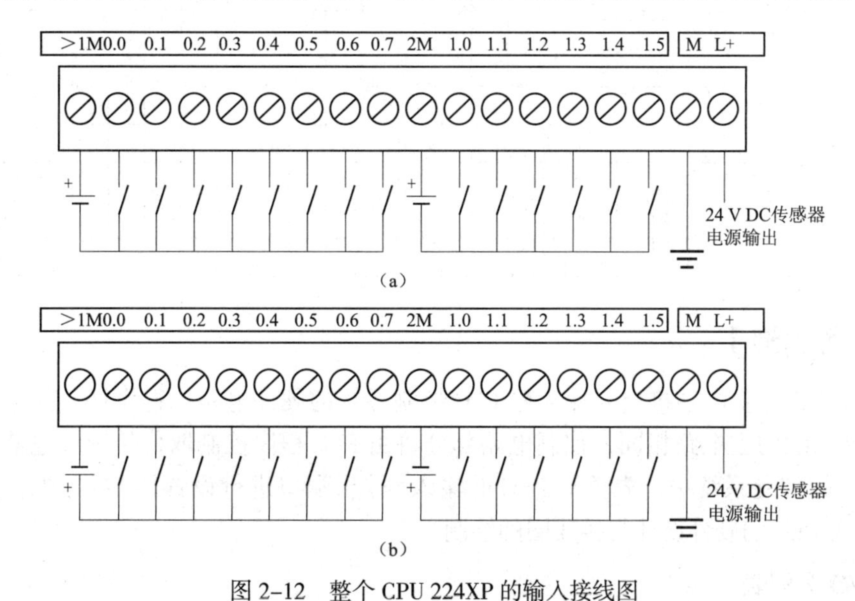

图 2–12　整个 CPU 224XP 的输入接线图

（a）源型输入接线图；（b）漏型输入接线图

2）输出回路接线

CPU 224XP CN AC/DC/RLY 是继电器输出类型，其输出控制的负载可以是直流负载，也可以是交流负载，输出接线如图 2–13 所示。

结合前面所讲的输出端子接线，整个 CPU 224XP 的输出接线图如图 2–14 所示。当不同负载电源共存时，要保证共用一个公共输出端子的负载电压必须使用同一电压类型和同一电压等级，而不同的公共输出端子的负载，可使用不同的电压类型和电压等级。

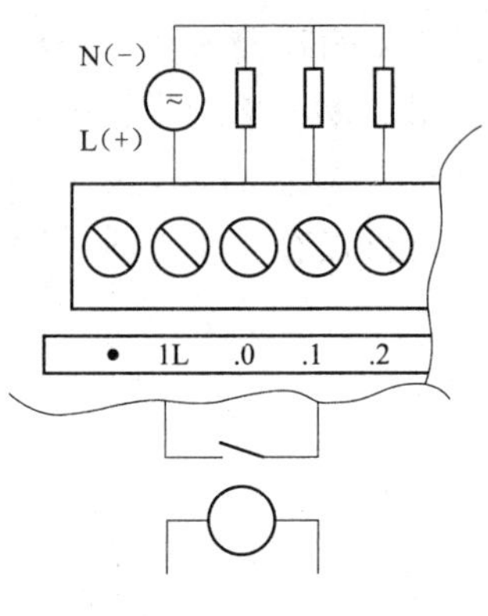

图 2–13　输出接线图

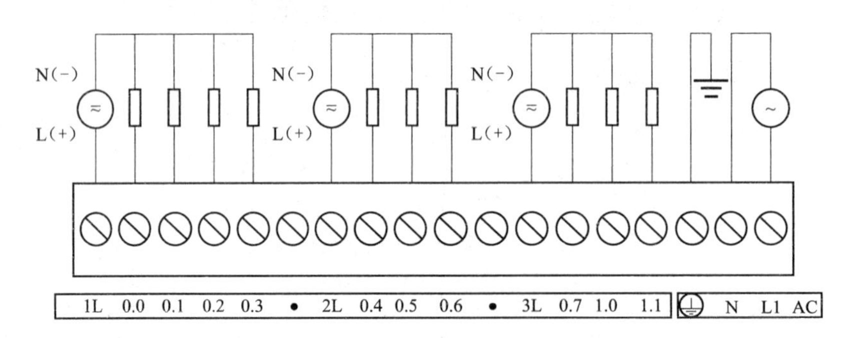

图 2–14　CPU 224XP 输出接线图

记一记：

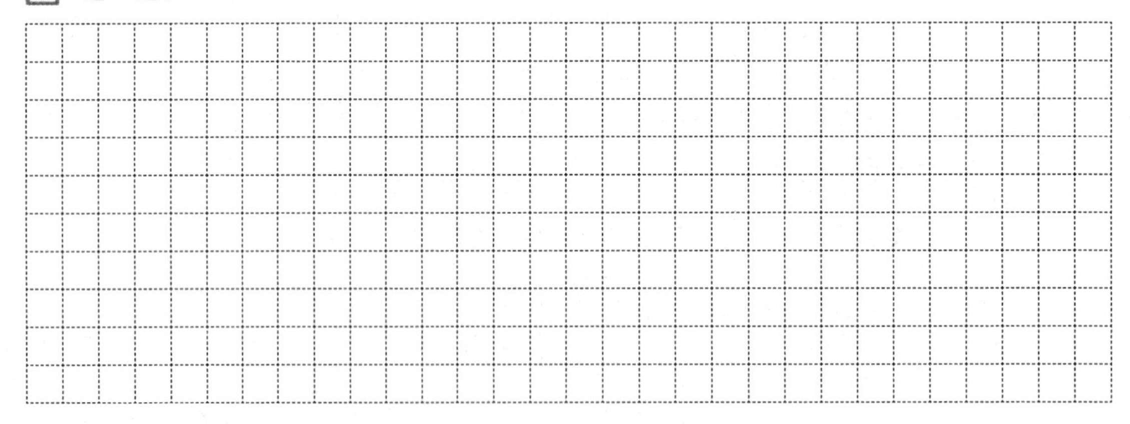

【任务实施】

下面对三相异步电动机启 – 保 – 停 PLC 控制系统的硬件电路进行设计，主电路部分与继电器控制系统的主电路相同，控制电路部分将由 PLC 程序控制取代传统继电器的控制部分。在 PLC 的控制系统中，先要对 PLC 的输入 / 输出端口进行设置即 I/O 分配，然后根据 I/O 分配完成 PLC 的硬件设计与接线图的绘制。

一、I/O 分配表

由控制要求可知 PLC 需要 3 个输入点，1 个输出点，I/O 地址分配如表 2–8 所示。

表 2-9　I/O 地址分配

输入		输出	
地址	功能	地址	功能
I0.0	启动按钮 SB1	Q0.1	交流接触器 KM1
I0.1	停止按钮 SB2		
I0.2	热继电器 FR		

二、硬件接线图

三相异步电动机启 - 保 - 停 PLC 控制系统的主电路与继电器控制系统的主电路相同，PLC 控制电路部分硬件接线图如图 2-15 所示。

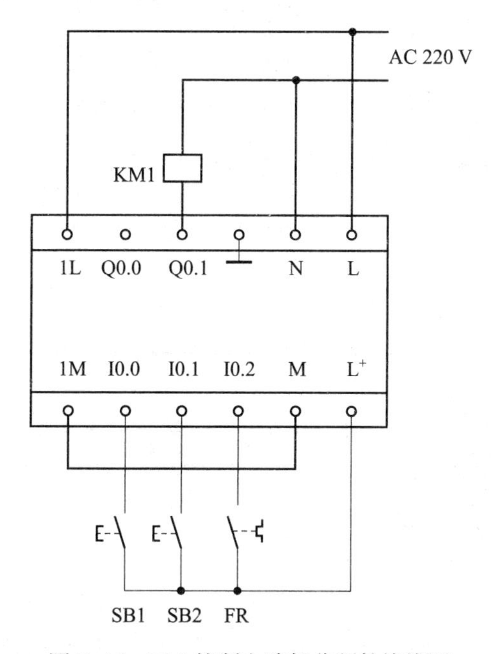

图 2-15　PLC 控制电路部分硬件接线图

【任务考核】

表 2-10　“PLC 的硬件设计与接线图的绘制”任务考核要求

姓名__________　班级__________　学号__________　总得分________

任务编号及题目		2-2　PLC 的硬件设计与接线图的绘制		考核时间		
序号	主要内容	考核要求	评分标准	配分	扣分	得分
1	I/O 分配表	根据控制要求，画出 I/O 分配表	1. I/O 点不正确或不全，每处扣 5 分； 2. I/O 点地址或功能不正确，每处扣 2 分	20		

续表

序号	主要内容	考核要求	评分标准	配分	扣分	得分
2	外部接线图	根据控制要求，绘制 PLC 的外部接线图	1. PLC 的外部接线图画法不规范，每处扣 5 分； 2. PLC 的外部接线图元件选择不规范，每处扣 5 分	20		
3	安装	按 PLC 的外部接线图接线，要求接线正确、美观	1. 接线不紧固、不美观，每根扣 2 分； 2. 接点松动，每处扣 1 分； 3. 不按接线图接线，每处扣 2 分； 4. 错接或漏接，每处扣 2 分； 5. 露铜过长，每根扣 2 分	30		
4	安全与文明生产	遵守国家相关规定，学校“6S”管理要求，具备相关职业素养	1. 未穿戴防护用品，每条扣 5 分； 2. 出现事故或人为损坏设备扣 10 分； 3. 带电操作，扣 5 分； 4. 工位不整洁，扣 5 分	30		
完成日期						
教师签名						

任务三　PLC 的程序设计与调试

【任务描述】

完成三相异步电动机启 - 保 - 停 PLC 控制系统的程序设计与调试。

【相关知识】

2.3.1　编程软件的安装

STEP 7-Micro/Win V4.0 是西门子公司专门为 SIMATIC S7-200 系列 PLC 设计的，既可用于协助用户完成应用程序的开发，又可设置 PLC 参数、加密和实时监控用户程序的执行状态。编程软件在联机状态下可以实现用户程序的上载、下载、运行、通信和实时监控等功能。在离线状态下，可以实现用户程序的编辑、编译等功能。

1. 编程软件的安装环境

1）硬件连接

为了实现 PLC 与计算机之间的通信，西门子公司为用户提供了两种硬件连接方式：一种是通过专用的 PC/PPI 电缆直接连接，另一种是通过 MPI 电缆和普通电缆连接。将计算机作为主站设备，通过 PC/PPI 电缆或 MPI 电缆与一台或多台 PLC 进行连接，从而实现主、从设备之间的通信。

本任务中需要一根 USB/PPI 电缆，即可建立计算机和 PLC 之间的通信。这是一种单主站的通信方式，不需要其他的硬件设备。典型的单主站与 PLC 直接连接如图 2–16 所示，将 USB/PPI 电缆的 USB 端连接到计算机的 COM 口，而将 USB/PPI 电缆的 PPI 端连接到 CPU 的 RS–485 通信接口即可。

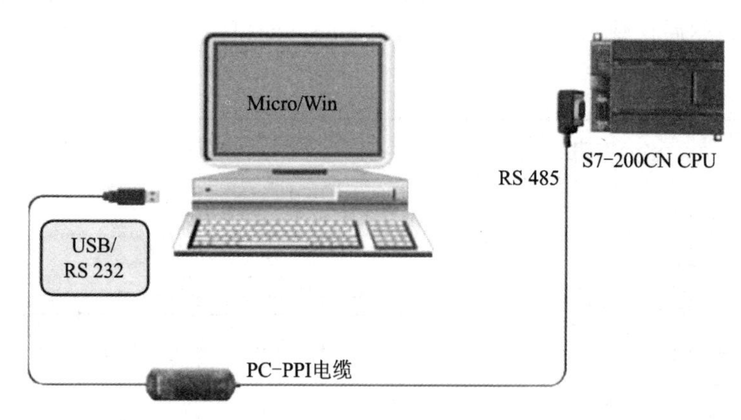

图 2–16　典型的单主站与 PLC 直接连接

2）系统要求

运行 STEP 7–Micro/Win V4.0 编程软件的计算机系统的要求如表 2–11 所示。

表 2–11　计算机系统要求

CPU	80486 以上的微处理器
内存	8 MB 以上
硬盘	50 MB 以上
操作系统	Windows2000/SP3、Windows XP、Windows 7 以上
显示器	VGA

2. 编程软件的安装步骤

STEP 7–Micro/Win V4.0 编程软件可以从西门子公司的网站上下载，也可以直接用光盘安装，安装步骤如下：

（1）将光盘插入光盘驱动器，系统就会自动进入安装向导（或在光盘目录里双击“Setup.exe”安装引导程序图标，根据相关窗口提示信息按步骤进行编程软件安装）。

（2）按照安装向导完成软件的安装，软件程序安装路径可使用默认子目录，也可以单击“浏览”按钮，弹出的对话框中的任意选择或新建一个子目录。

（3）在安装过程中，如果出现 PG/PC 接口对话框，可单击“取消”，进行下一步。

（4）在安装结束时，会出现下面的选项：

是，我现在要重新启动计算机（默认选项）；

否，我以后再启动计算机。

建议用户选择默认项，单击“完成”按钮，结束安装。

（5）编程软件的 SP 升级包（Service Pack）可以从西门子公司网站上下载，只须安装一次最新的 SP 升级包就可以将软件升级到当前最新版本。

（6）首次运行编程软件时，系统默认语言为英语，但可根据需要修改编程语言。如将英语修改为中文，其具体操作如下：运行编程软件，在主界面单击“Tools”→“Options”→“General”选项，然后在弹出的对话框中选择 Chinese 即可将 English 改为中文，操作过程如图 2-17 所示。

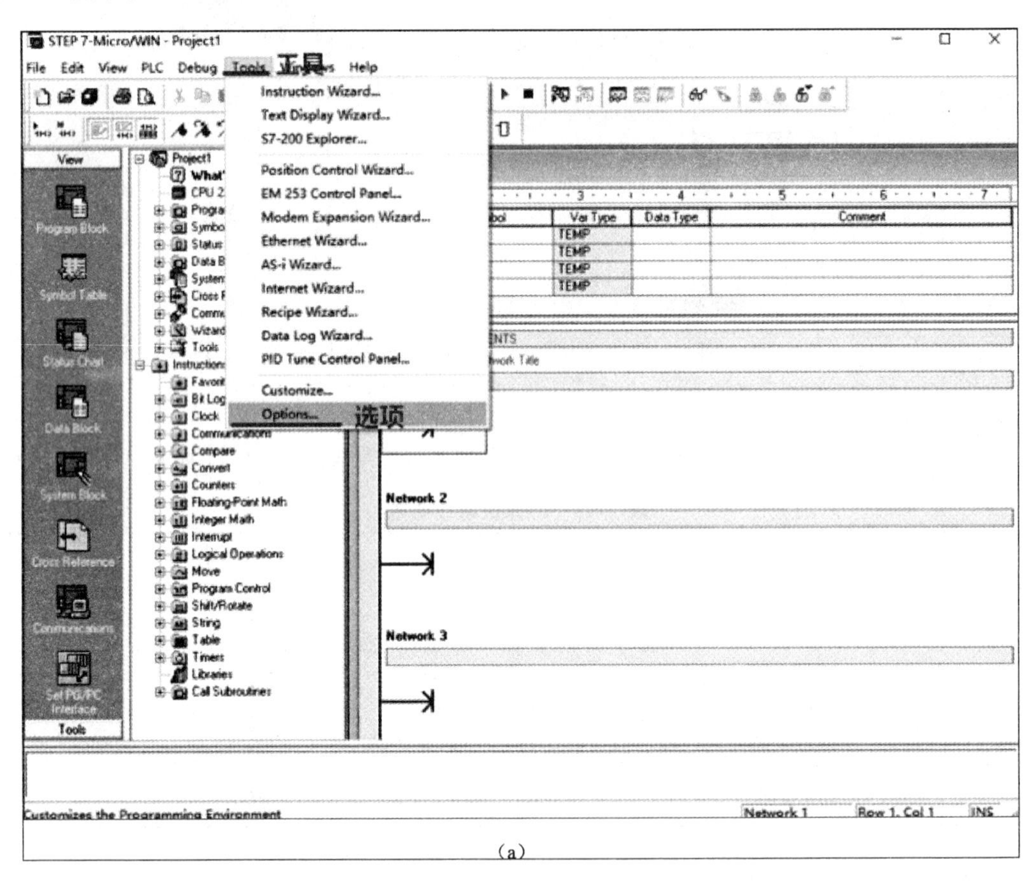

（a）

图 2-17 “Tools”→“Options”→“General”选项操作过程

（a）“Tools”→“Options”

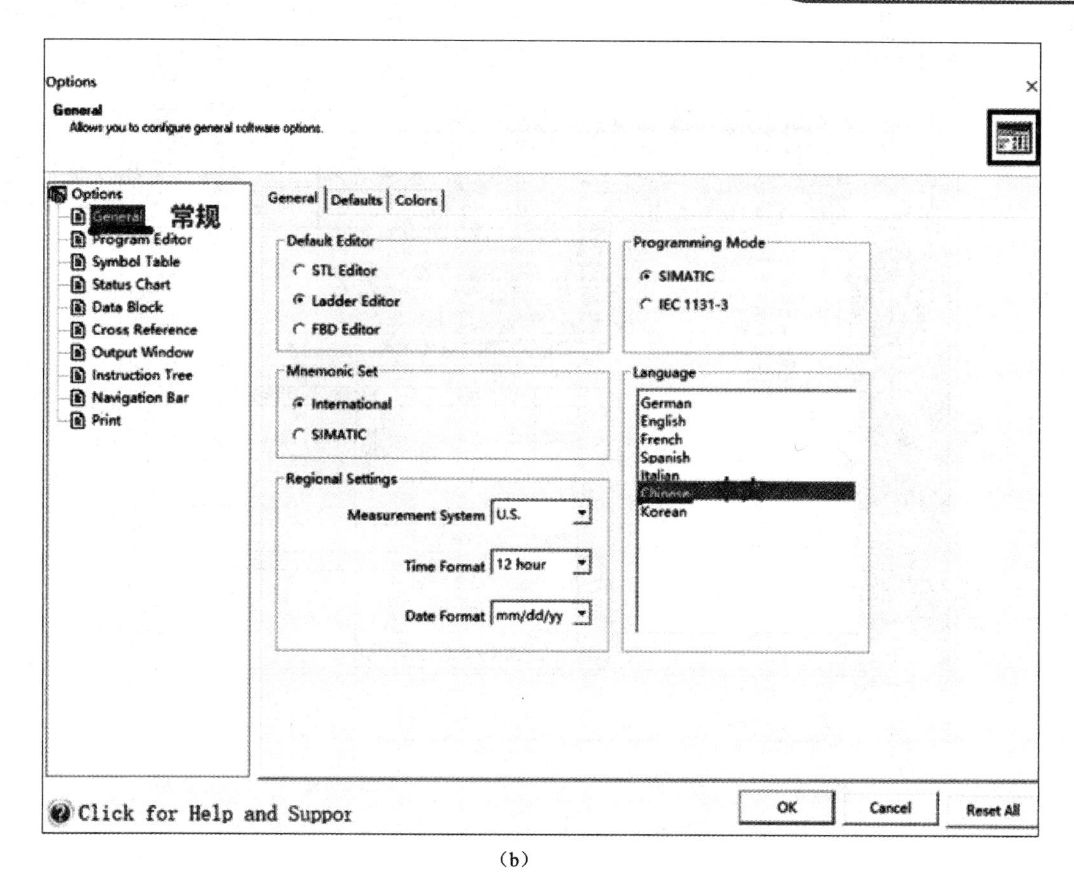

（b）

图 2-17　“Tools”→“Options”→“General”选项操作过程（续）

（b）“General”选项

记一记：

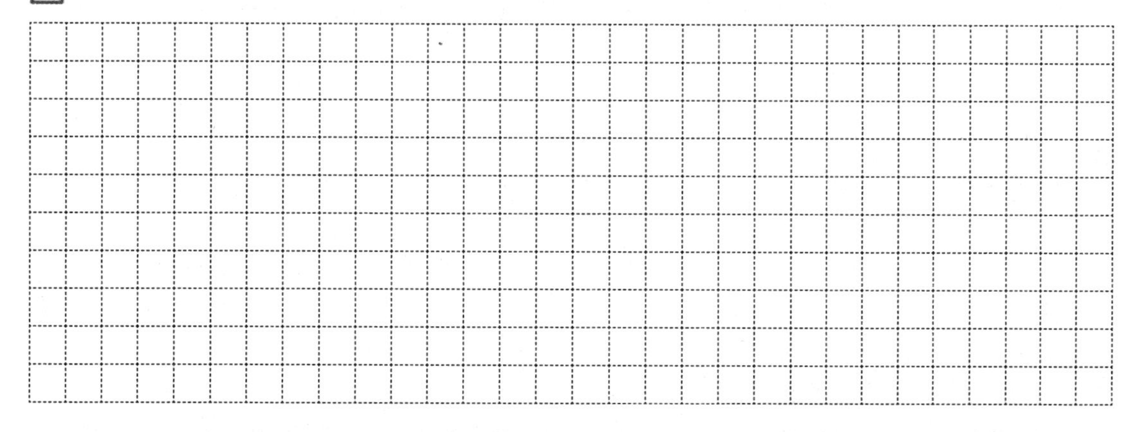

2.3.2　编程软件的使用

1. 主界面介绍

双击“STEP 7-Micro/Win”图标，运行编程软件，其主界面如图 2-18 所示。主界面主要包括菜单栏、工具栏、浏览栏、指令树、输出窗口、状态栏等。

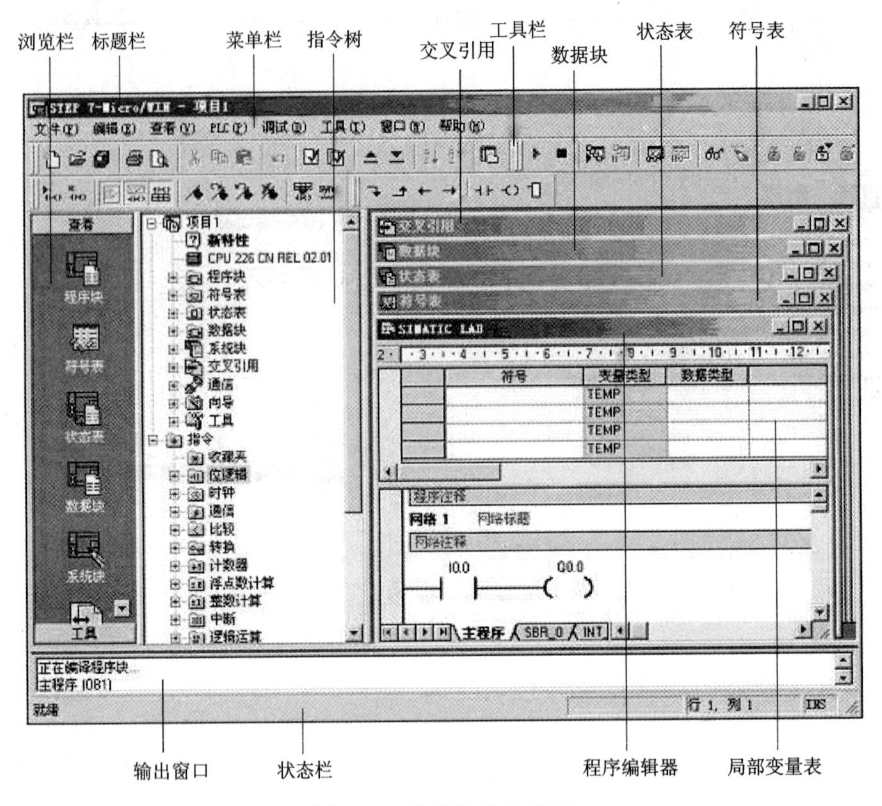

图 2-18　编辑软件主界面

1）菜单栏

菜单栏共包含 8 个主菜单选项，分别为文件、编辑、查看、PLC、调试、工具、窗口、帮助，如图 2-19 所示。允许使用鼠标或者键盘操作各种命令和工具。

文件(F)　编辑(E)　查看(V)　PLC(P)　调试(D)　工具(T)　窗口(W)　帮助(H)

图 2-19　菜单栏

编程软件主界面各主菜单的功能及其选项内容如下：

（1）文件：文件菜单可以实现对文件的操作功能，如文件的新建、打开、关闭、保存、设置密码、上传、下载等。

（2）编辑：编辑菜单提供程序、网络的编辑工具，如撤销、剪切、复制、粘贴、查找、替换等。

（3）查看：查看菜单可以设置软件开发环境的相关内容，如编程语言的转换（STL、梯形图、FBD），符号表，符合寻址等。

（4）PLC：PLC 菜单可以建立与 PLC 联机时的相关操作，也可提供离线编译的功能，如 RUN、STOP、编译、上电复位等。

（5）调试：调试菜单用于联机时的动态调试，如开始程序状态监控、开始状态表监控等。

（6）工具：工具菜单提供复杂指令向导，简化了复杂指令编程过程，如指令向导、文本显示向导、位置控制向导、EM253 控制面板、调制解调器扩展向导、以太网向导、AS-i 向导、因特网向导、配方向导、数据记录向导、PID 调节控制面板和 S7-200 Explorer。此外，还提供文本显示向导。工具菜单的自定义子菜单可以更改 STEP 7-Micro/Win V4.0 工具条的外观或内容，以及在工具菜单中增加常用工具；工具菜单的选项可以设置 3 种编辑器的参数，如编辑器语言、编程模式等。

（7）窗口：窗口菜单可以打开一个或多个窗口，不仅可以设置窗口的排放形式，还可以使窗口之间相互切换。

（8）帮助：可以通过帮助菜单的目录和索引了解几乎所有 PLC 相关的使用帮助信息。在编程过程中，如果对某条指令或某个功能的使用有疑问，可以使用在线帮助功能。在软件操作过程中任何步骤或任何位置，都可以按 F1 键来显示在线帮助，方便了用户的使用。

2）工具栏

软件最常用的操作工具以按钮的形式设定到工具栏中，提供相应的快捷操作。由标准工具栏、调试工具栏、公用工具栏和 LAD 指令工具栏等组成。可单击菜单栏的【查看】→【工具栏】选项，实现显示或隐藏标准、调试、公用和指令工具栏。

下面对标准工具栏、调试工具栏、公用工具栏和 LAD 指令工具栏的按钮选项的操作功能进行介绍。

（1）标准工具栏：标准工具栏各快捷按钮选项如图 2-20 所示。

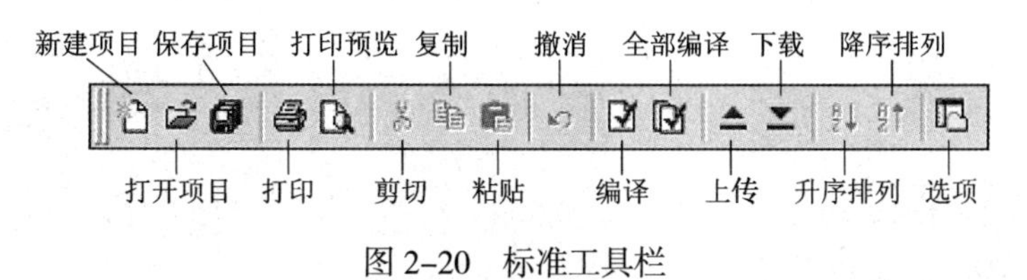

图 2-20　标准工具栏

（2）调试工具栏：调试工具栏各快捷按钮选项如图 2-21 所示。

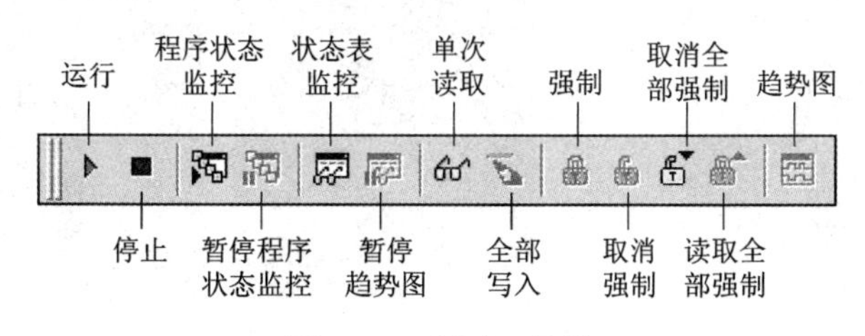

图 2-21　调试工具栏

（3）公用工具栏：公用工具栏各快捷按钮选项如图 2-22 所示。

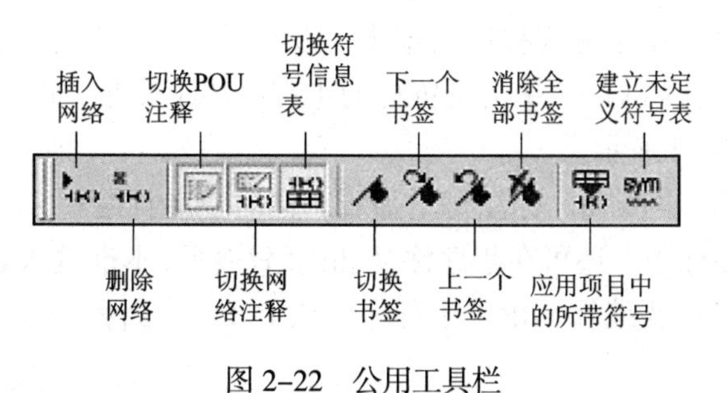

图 2-22　公用工具栏

（4）指令工具栏：指令工具栏各快捷按钮选项如图 2-23 所示。

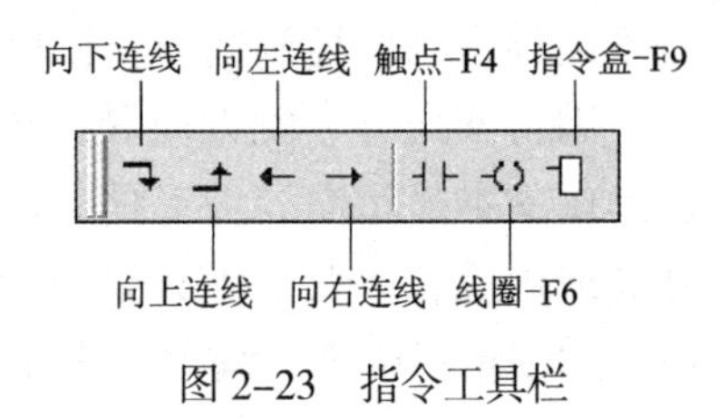

图 2-23　指令工具栏

3）浏览栏

显示常用按钮编程群组，提供按钮控制的快速窗口切换功能。在编程过程中，单击浏览栏的任意选项按钮，则从当前窗口切换成此按钮对应的窗口。浏览栏包括查看和工具两个部分，如图 2-24 所示。“查看”由程序块（Program Block）、符号表（Symbol Table）、状态表（Status Chart）、数据块（Data Block）、系统块（System Block）、交叉索引（Cross Reference）、通信（Communications）和设置 PG/PC 接口组成。“工具”的组成在菜单栏的工具菜单中已经列举。

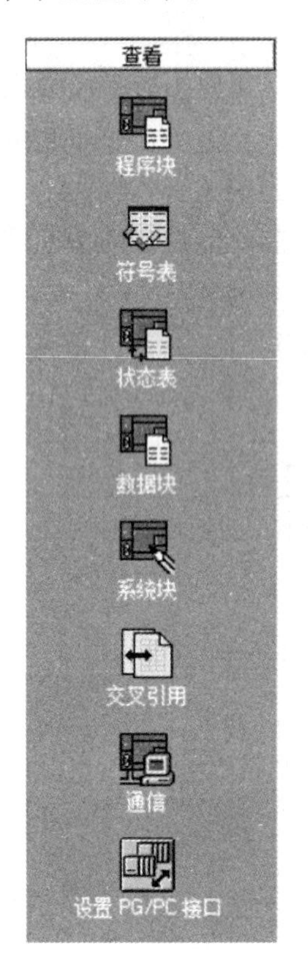

图 2-24　浏览栏

下面对“查看”部分的 8 个窗口组件进行介绍。

（1）程序块：程序块用于完成程序的编辑以及相关注释。程序包括主程序（OB1）、子程序（SBR）和中断程序（INT）。单击浏览栏的【程序块】按钮，进入程序块编辑窗口。“程序块”编辑窗口如图 2-25 所示。

梯形图编辑器中的“网络 n”标注每个梯级，同时也是标题栏，可在网络标题文本框键入标题，为本梯级加注标题。还可在程序注释和网络注释文本框键入必要的注释说明，使程序脉络清晰易懂。如果需要编辑 SBR（子程序）或 INT（中断程序），可以用编辑窗口底部的选项卡切换。

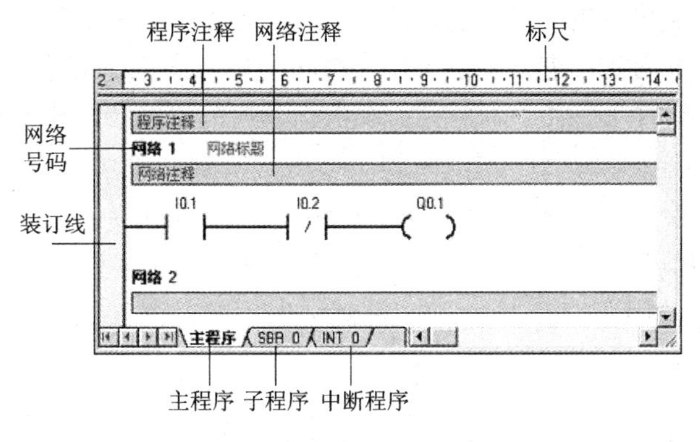

图 2–25 “程序块”编辑窗口

（2）符号表：符号表是允许用户使用符号编址的一种工具。实际编程过程中为了增加程序的可读性，可用带有实际含义的符号作为编程元件代号，而不是直接使用元件在主机中的直接地址。单击浏览栏的【符号表】按钮，进入“符号表”编辑窗口。“符号表”编辑窗口如图 2–26 所示。

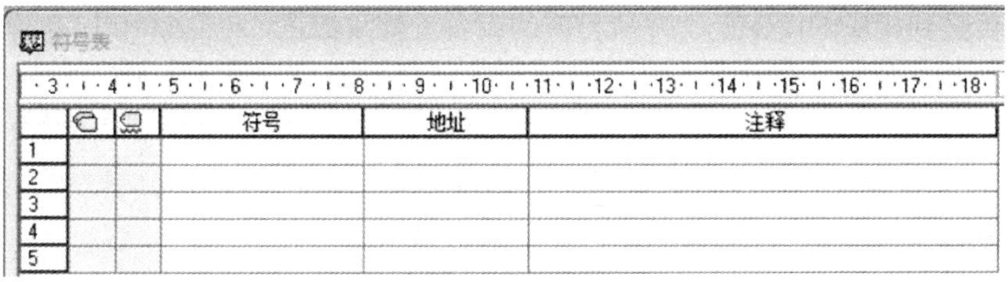

符号表

			符号	地址	注释
1					
2					
3					
4					
5					

图 2–26 “符号表”编辑窗口

（3）状态表：状态表用于联机调试时监控各变量的数值和状态。在 PLC 运行方式下，可以打开状态表窗口，在程序扫描执行时，能够连续、自动地更新状态表的数值和状态。单击浏览栏的【状态表】按钮，进入“状态表”编辑窗口。“状态表”编辑窗口如图 2–27 所示。

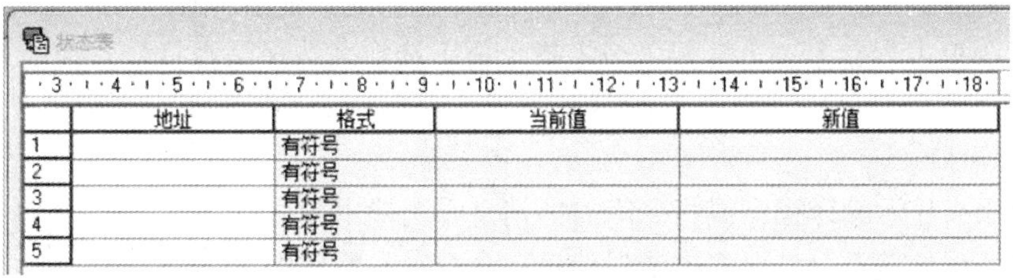

状态表

	地址	格式	当前值	新值
1		有符号		
2		有符号		
3		有符号		
4		有符号		
5		有符号		

图 2–27 “状态表”编辑窗口

（4）数据块：数据块用于设置和修改变量存储区内各种类型存储区的一个或多个变量值，并加注必要的注释说明，下载后可以使用状态表监控存储区的数据。可以使用下列方法访问数据块：单击浏览栏的【数据块】按钮；单击菜单栏的【查看】→【组件】→【数据块】；双击指令树的【数据块】，然后双击用户定义 1 图标。

（5）系统块：系统块可配置 S7–200 CPU 的参数。系统块的信息需下载到 PLC 中，为

PLC 提供系统配置。当项目的 CPU 类型和版本能够支持特定选项时，这些系统块配置选项将被启用。可以使用下列方式进入【系统块】编辑：单击浏览栏的【系统块】按钮；单击菜单栏的【查看】→【组件】→【系统块】；双击指令树的【系统块】文件夹，然后双击打开需要的配置页。

（6）交叉引用：交叉引用提供用户程序所用的 PLC 信息资源，其中包含 3 个方面的引用信息，即交叉引用信息、字节使用情况信息和位使用情况信息，使编程所用的 PLC 资源一目了然。交叉引用及用法信息不会下载到 PLC 中。单击浏览栏的【交叉引用】按钮，进入“交叉引用”编辑窗口，如图 2–28 所示。

	元素	块	位置	关联
1	RUN_SB1:I0.0	主程序 (OB1)	网络 1	-||-
2	STOP_SB2:I0.1	主程序 (OB1)	网络 1	-|/|-
3	FR:I0.2	主程序 (OB1)	网络 1	-|/|-
4	KM:Q0.0	主程序 (OB1)	网络 1	-( )
5	KM:Q0.0	主程序 (OB1)	网络 1	-||-

图 2–28 “交叉引用”编辑窗口

（7）通信：网络地址是用户为网络上每台设备指定的一个独特号码。该独特的网络地址确保将数据传送到相应的设备上，并从相应的设备上检索数据。S7–200CPU 支持 0 ~ 126 的网络地址。数据在网络中的传送速度称为波特率，波特率测量在某一特定时间内传送的数据量。S7–200 CPU 的默认波特率为 9.6 kb/s，默认网络地址为 2。如果需要为 STEP 7–Micro/Win 配置波特率和网络地址，在设置参数后，必须双击 🗘 图标，刷新通信设置，就可以看到 CPU 的型号和网络地址 2，说明通信正常。

（8）设置 PG/PC 接口：单击浏览栏的【设置 PG/PC 接口】按钮，进入 PG/PC 接口参数设置窗口，在【设置 PG/PC 接口】窗口单击【Properties】按钮，可以进行地址及通信速率的配置。

4）指令树

以树形结构提供所有项目对象和当前程序编辑器（STL、LAD、FBD）用到的所有命令和指令的快捷方式树形视图。可以在项目分支里对所编辑的项目及其包含的对象进行操作。双击指令树中的指令符，能自动在梯形图显示区光标位置插入所选的梯形图指令。指令树可用执行菜单【查看】→【框架】→【指令树】选项来选择是否打开。指令树如图 2–29 所示。

5）输出窗口

该窗口用来显示编译程序或指令库时的消息。当输出窗口罗列出程序错误的信息时，可双击错误信息，会自动在程序编辑器窗口中显示相应的错误代码和位置。输出窗口如图 2–30 所示。

6）状态栏

状态栏显示软件的执行情况，提供在编程软件中操作时的操作状态信息。在运行情况下，显示运行的状态、通信波特率、远程地址等信息。状态栏窗口如图 2–31 所示。

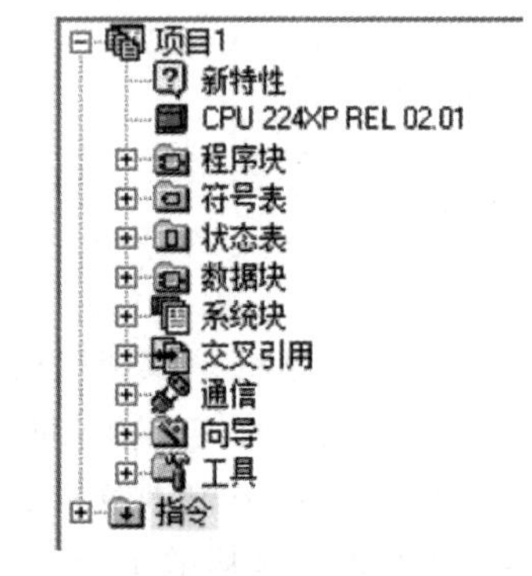

图 2–29 指令树

正在编译程序块...
主程序 (OB1)
SBR_0 (SBR0)
INT_0 (INT0)
块大小 = 26 (字节)，0个错误

图 2-30 输出窗口

就绪 网络 2 行 1, 列 1 OVR

图 2-31 状态栏窗口

介绍完编程软件的主界面，下面将对如何使用编程软件进行程序设计的操作过程进行演示，大体分为创建新项目、确定 PLC 类型、选择编程语言、设置通信参数、输入 PLC 控制程序梯形图、进行编译和调试等。

2. 创建新项目或打开已有项目

（1）可在菜单栏中单击【文件】→【新建】选项，或在工具条中单击新建项目 按钮来完成。新项目文件名系统默认为项目 1，可以通过菜单栏中的【保存】选项保存项目并重新命名。每一个项目文件包含有程序块、数据块、系统块、符号表、状态图表、交叉引用及通信等，其中程序块中包括 1 个主程序、1 个子程序（SBR_0）和 1 个中断程序（INT_0）。

（2）可在菜单栏中单击【文件】→【打开】选项，或在工具条中单击打开项目 按钮来选择已有的项目文件。

3. 确定 PLC 类型

使用 PLC 编程前，应准确地设置其型号，以防创建程序时发生编辑错误。如果指定了型号，指令树用红色标记“×”表示对当前选择的 PLC 为无效指令。设置与读取 PLC 的型号有两种方法：

（1）单击菜单栏中【PLC】→【类型】选项，在弹出的对话框中，可以选择 PLC 类型和 CPU 版本，操作过程如图 2-32 所示。

（2）双击指令树的【项目 1】，然后双击 CPU 类型选项，在弹出的对话框中进行选择。如果已经与 PLC 建立了通信连接，那么单击对话框中的【读取 PLC】按钮，STEP 7-Micro/Win 自动读取正确的数值。单击“确定”按钮，可以确定 PLC 的类型与 CPU 版本。

4. 选择编程语言

STEP 7-Micro/Win V4.0 编程软件可以使用三种编程语言，LAD（梯形图）、STL（语句表）、FBD（功能块图）三种编辑器之间可以任意切换。在程序设计过程中，单击菜单栏中【查看】→【STL（S）】或【梯形图（L）】或【FBD（F）】选项便可切换相应的编程环境，如图 2-33 所示。本书主要以 LAD（梯形图）编程为主。

S7-200 CN 系列 PLC 支持的指令集有 SIMATIC 指令集（S7-200 编程模式）和国际标准指令集（IEC61131-3 编程模式）两种，我们所选择的是 SIMATIC 指令集，单击菜单栏中【工具】→【选项】→【常规】→编辑模式中选【SIMATIC】选项来确定，如图 2-34 所示。同时，我们还可以设置默认的编辑器。选择编辑器种类，按【确定】按钮，将软件关闭，再重新打开即可。

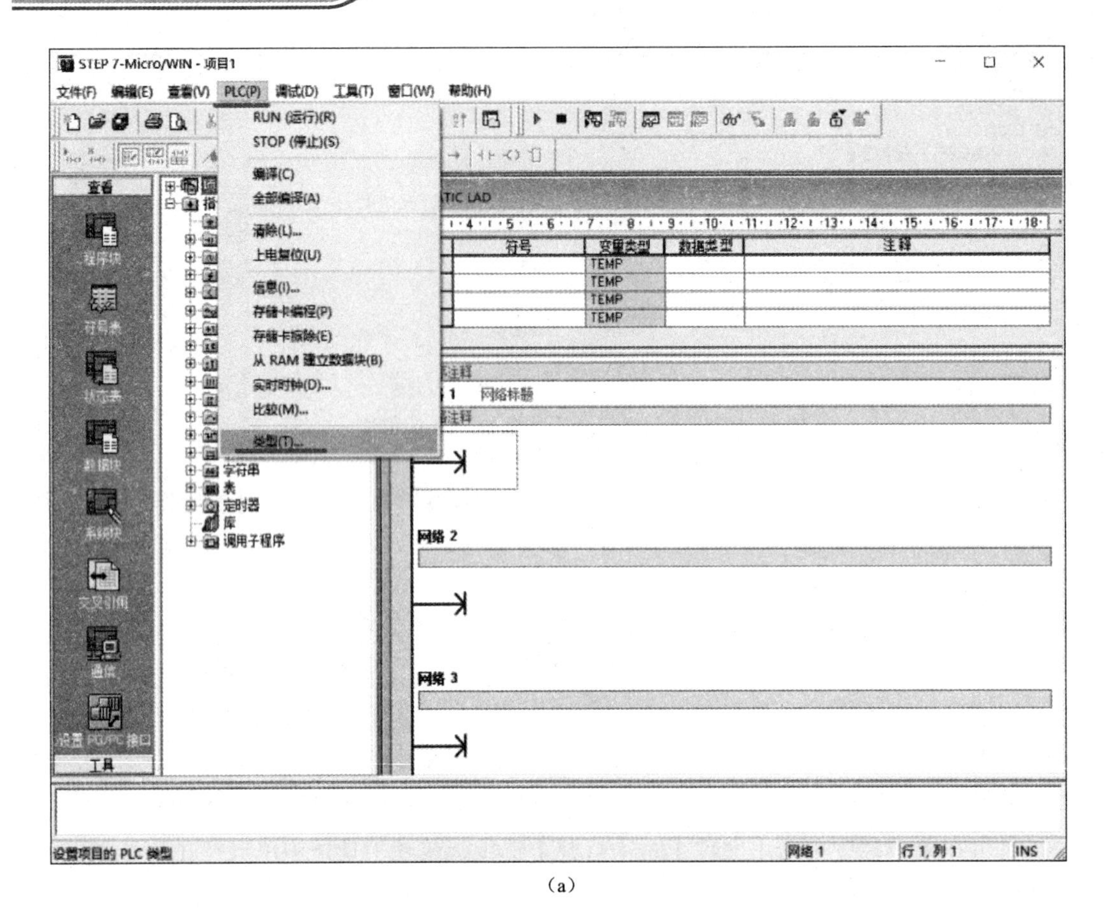

（a）

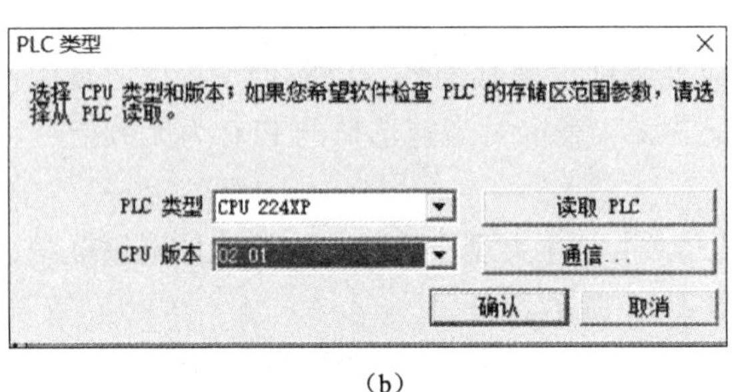

（b）

图 2-32　CPU 类型和版本的选择

（a）“PLC” → “类型”；（b）PLC 类型和 CPU 版本

5. 选择程序结构

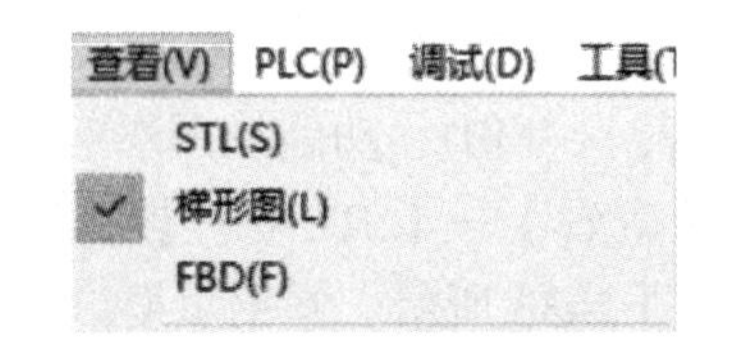

图 2-33　编程语言的选择

简单的数字量控制程序一般只有主程序，而系统较大、功能较复杂的程序除了主程序之外，还可能有子程序和中断程序。编程时可以单击编辑窗口下方的选项来切换不同的程序结构。用户程序结构选择编辑窗口如图 2-35 所示。

主程序在每个扫描周期内均被顺序执行一次。子程序的指令放在独立的程序块中，仅在被程序调用时才执行。中断程序的指令也放在独立的程序块中，用来处理预先规定的中断事件，在中断事件发生时操作系统调用中断程序。

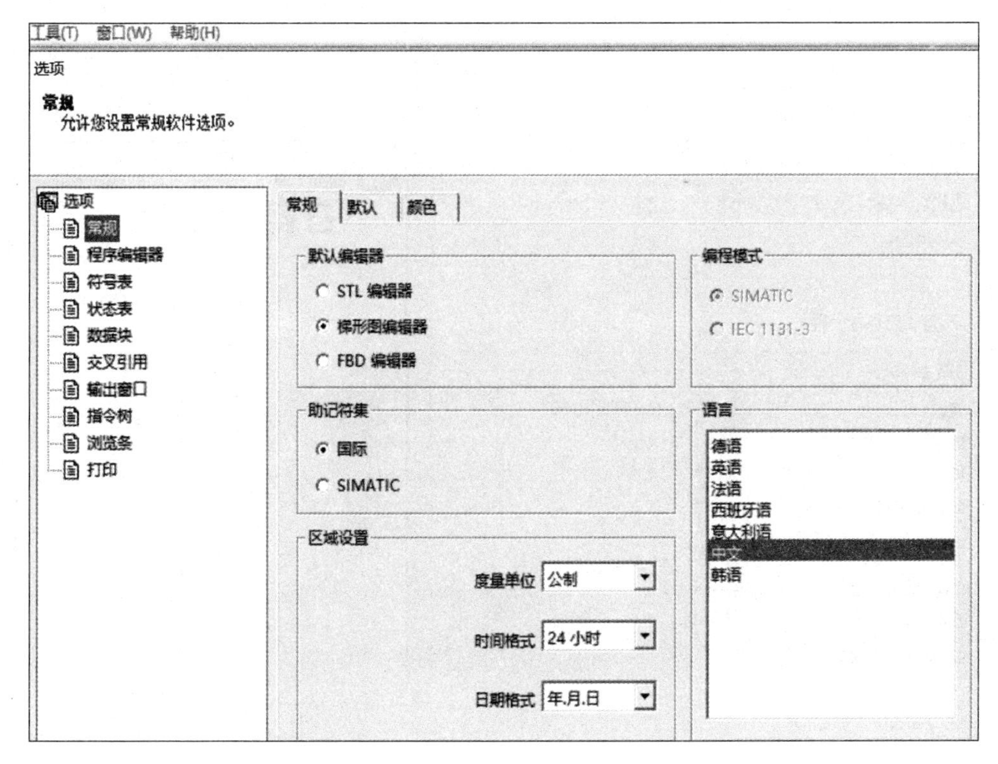

图 2-34 指令集的选择

图 2-35 用户程序结构选择编辑窗口

6. 设置通信参数

设置通信参数的内容有 S7-200 CPU 的地址、PC 端地址和接口等。

（1）单击浏览栏中【通信】按钮，弹出通信对话框，如图 2-36 所示。在弹出的对话框中，单击【设置 PG/PC 接口】按钮，弹出通信方式设置对话框，双击【PC/PPI cable.PPI.1】，如图 2-37 所示。在【PPI】中将站参数地址设置为 0，传输率为 9.6 kb/s，在【本地连接】中选择连接到所使用的通信口，通信口是根据所使用的下载电缆确定的。例如，使用计算机的 USB 接口，就选择 USB，如图 2-38 所示。

（2）双击指令树中【系统块】→【通信端口】选项，显示对话框如图 2-39 所示，检查各参数是否正确，确认无误后单击【确认】按钮。若需要修改，可修改后再单击【确认】按钮。

（3）返回到通信对话框，与 S7-200 系列 PLC 建立通信连接。双击通信对话框中右侧的【双击刷新】，开始搜索并显示所连接的 S7-200 站的 CPU 图标，选择所使用的 S7-200 站，单击【确认】按钮，如图 2-40 所示。确认 PLC 的地址设置为 2，与通信端口的参数相匹配。如果未能找到 S7-200 CPU，需要核对通信参数并重复上述步骤。

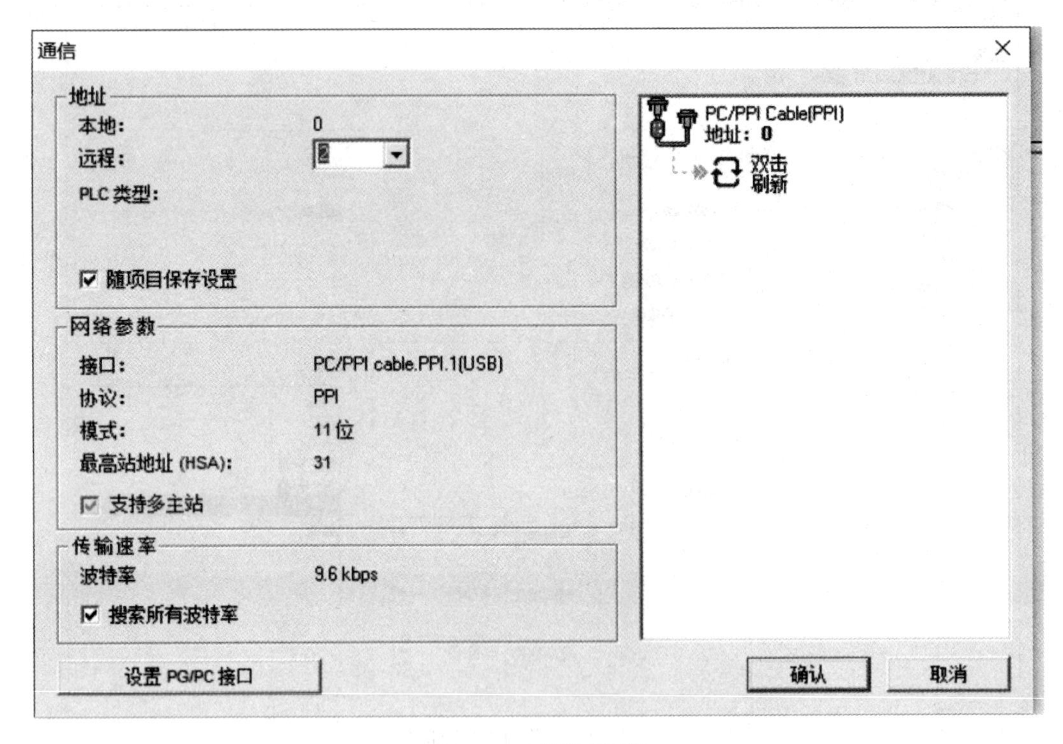

图 2-36　通信对话框

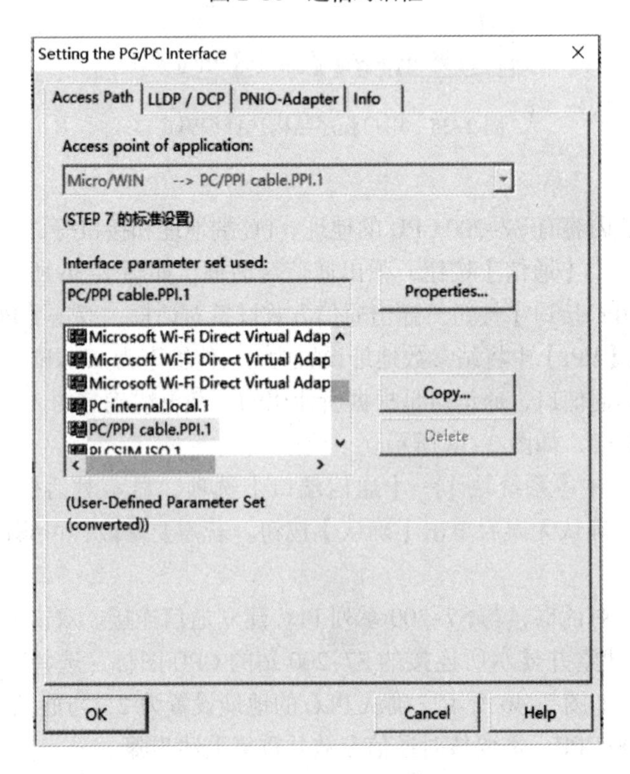

图 2-37　设置 PG/PC 接口

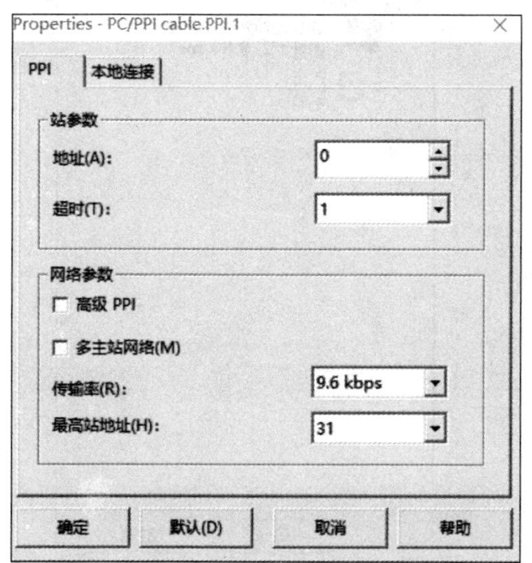

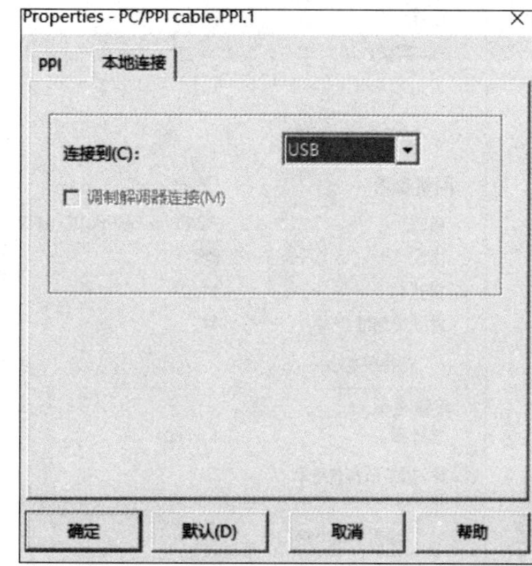

图 2-38　通信参数设置

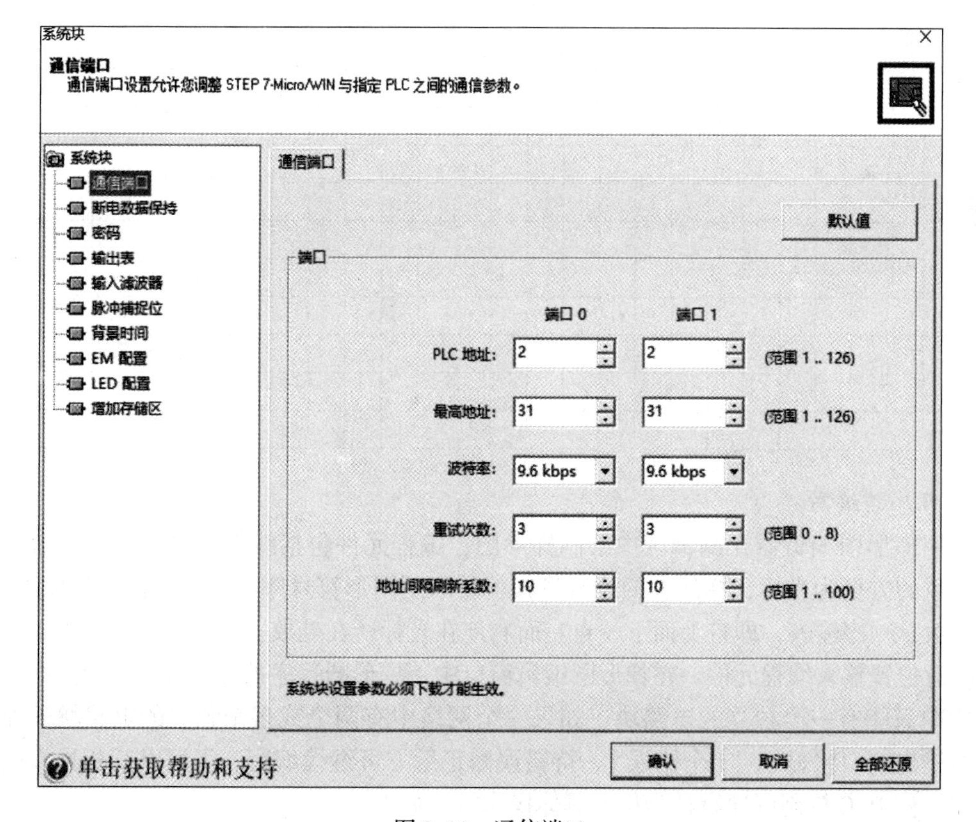

图 2-39　通信端口

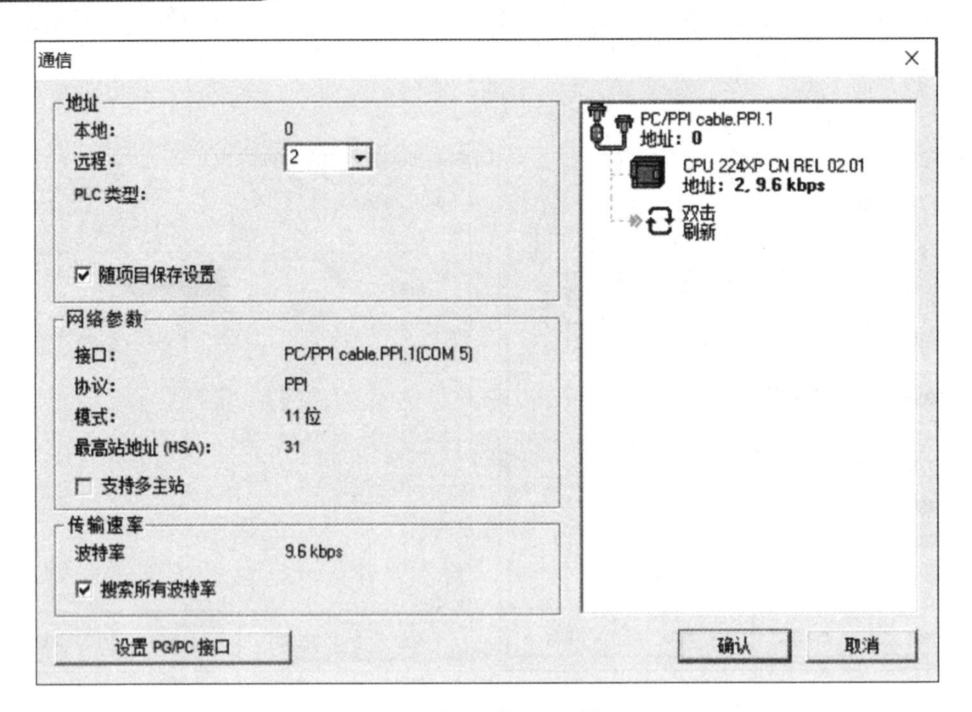

图 2-40 “通信”对话框

记一记:

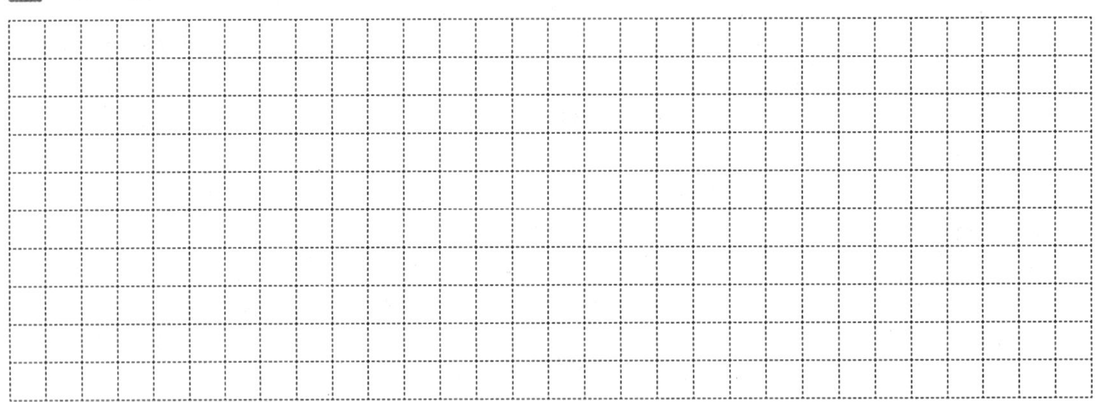

7. 程序的编写

采用梯形图编辑器在编辑区中绘制梯形图，编程元件包括线圈、触点、指令盒及导线等。黑色的方框为光标，梯形图的绘制过程就是取用图形符号库中的符号搭建程序的过程。程序一般是顺序输入，即自上而下、自左而右地在光标所在处放置编程元件，也可以移动光标在任意位置输入编程元件。在梯形图编辑窗口中，梯形图程序被划分成若干个网络，且一个网络中只能有一个独立的电路块。如果一个网络中有两个或多个独立的电路块，那么在编译时输出窗口将显示“1 个错误”，待错误修正后方可继续编写。下面以三相异步电动机启 - 保 - 停 PLC 控制程序设计为例，具体操作方式如下：

（1）单击浏览栏中【程序块】按钮，将光标放在程序编辑窗口需要输入编程元件的位置上，单击工具栏中【触点】按钮，如图 2-41 所示；从下拉菜单列出的元件中，单击要选择的【常开触点】，如图 2–42 所示；在程序编辑窗口，输入“常开触点”，如图 2–43 所示。

（2）在【常开触点】的上方键入输入地址“I0.0”，如图 2–44 所示。

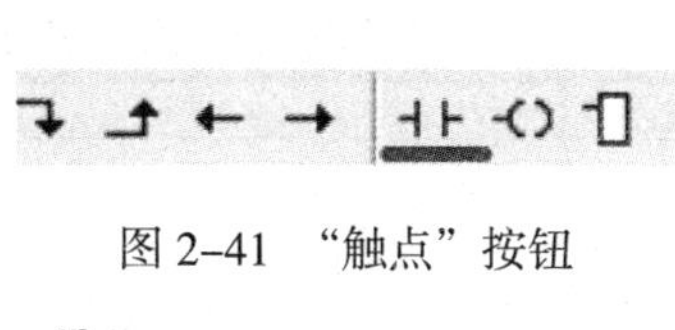

图 2–41　“触点”按钮

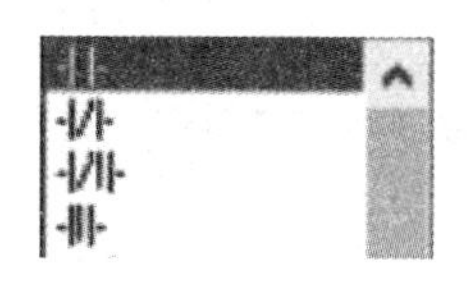

图 2–42　选择“常开触点”

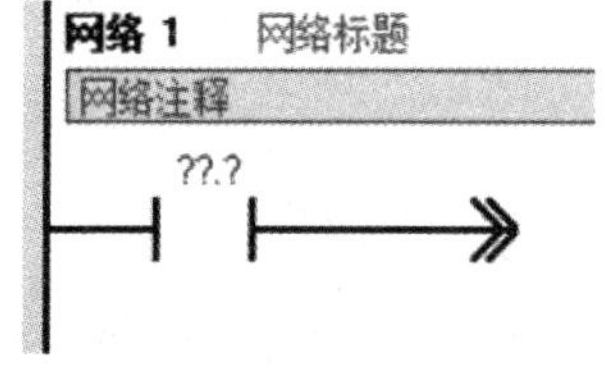

图 2–43　输入“常开触点”

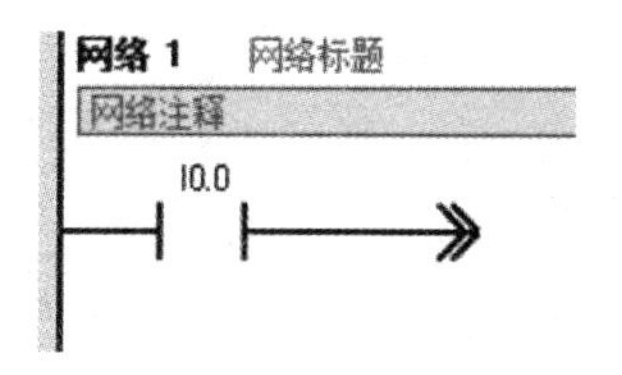

图 2–44　输入“常开触点”的地址

（3）将光标放在程序编辑窗口中常开触点的水平后面，单击工具栏中【线圈】按钮，如图 2–45 所示；从下拉菜单列出的元件中，单击要选择的【输出线圈】，如图 2–46 所示；在程序编辑窗口，输入“输出线圈”，如图 2–47 所示。

（4）在【输出线圈】的上方键入输入地址“Q0.0”，如图 2–48 所示。

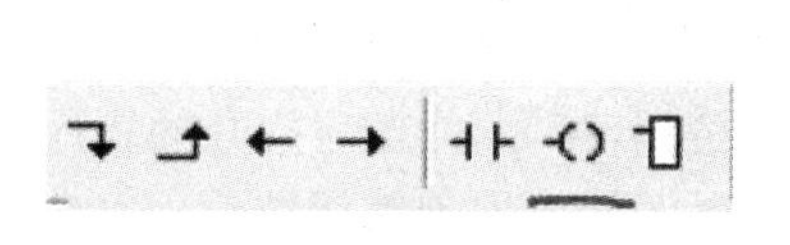

图 2–45　“线圈”按钮

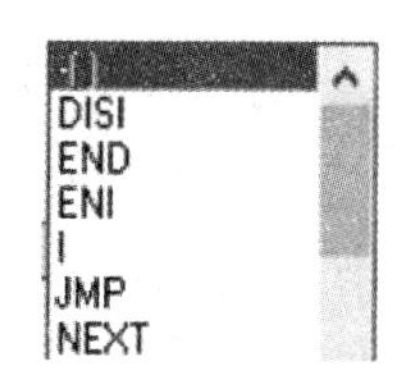

图 2–46　选择“输出线圈”

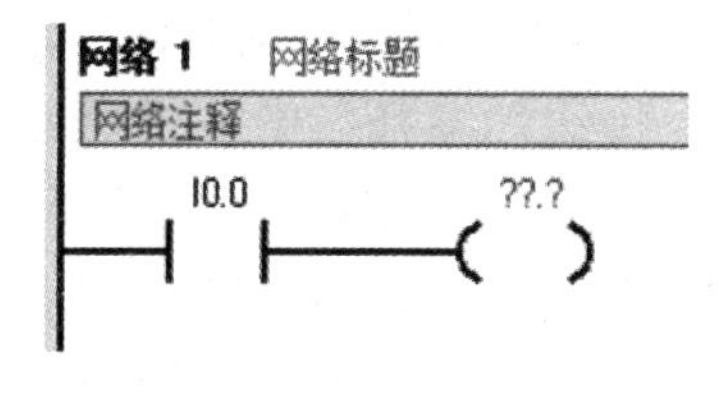

图 2–47　输入“输出线圈”

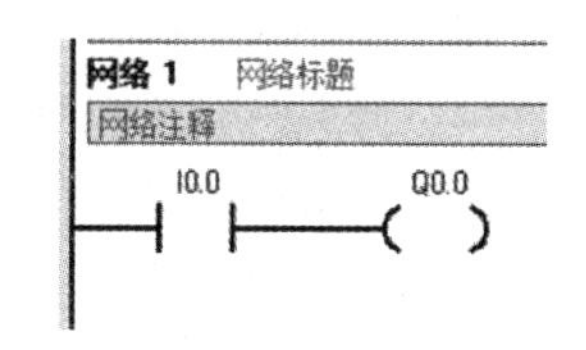

图 2–48　输入“输出线圈”的地址

编程的快捷方式：使用功能键 F4（触点）、F6（线圈）、F9（指令盒）、移位键和回车键配合键入编程元件。

编程的注意事项：正确运用语法，切忌双线圈输出。此外，无论绘制什么图形，都要将光标移到需要绘制符号的地方。删除梯形图的符号和竖线都可以利用计算机的删除键。梯形图元件及电路块的剪切、复制和粘贴等方法与其他编辑类软件操作相似。

（5）编写符号表。单击浏览栏中的【符号表】按钮，在符号列键入用户设置的符号名，在地址列中键入 I/O 地址，在注释列键入注解即可建立符号表，如图 2–49 所示。符号表创建后，单击菜单栏中【查看】→【符号寻址】选项，直接地址将转换成符号表中对应的符号名。单击菜单栏中【工具】→【选项】→【程序编辑器】→【符号寻址】选项来选择操作数显示的形式。如果选择“仅显示符号”，则对应的梯形图显示的形式如图 2-50 所示；如果选择“显示符号和地址”，则对应的梯形图显示的形式如图 2-51 所示。

			符号	地址	注释
1			RUN_SB1	I0.0	启动按钮
2			KM	Q0.0	接触器
3					
4					
5					

图 2-49 符号表

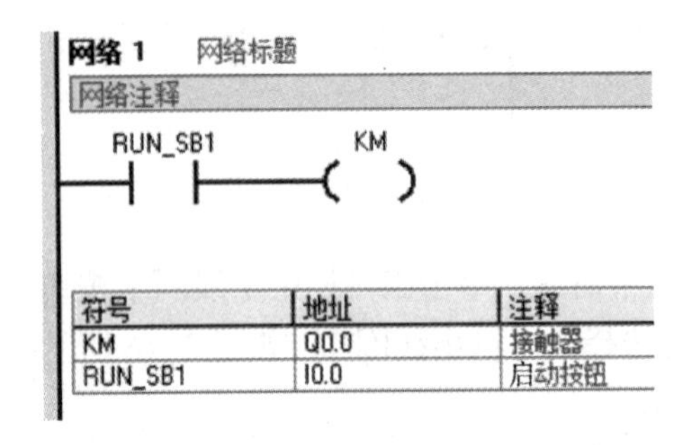

图 2-50 仅显示符号

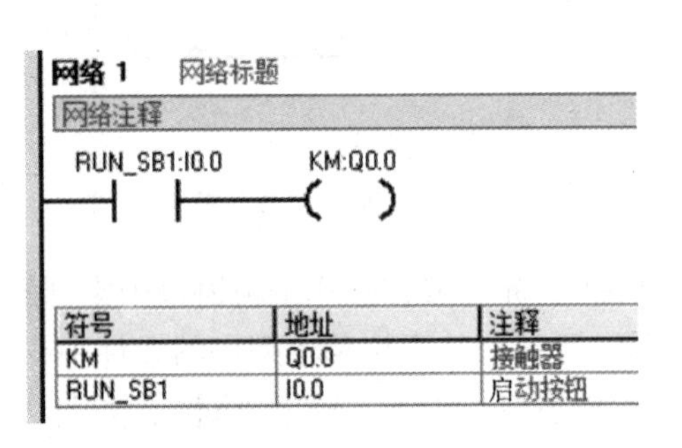

图 2-51 显示符号和地址

8. 程序的编译及上传、下载

（1）编译：用户将程序编写完成后，单击菜单栏中【PLC】→【编译】或【全部编译】选项，或者单击工具栏中的编译按钮 或全部编译按钮 ，对当前打开的程序或全部程序进行编译。编译后在输出窗口中显示程序的编译结果，如果出现编译错误，输出窗口会明确指出错误的网络段，用户可以根据错误提示对程序进行修改，然后再次编译，直至编译无误，才能下载程序。若没有对程序进行编译，在下载之前编程软件会自动对程序进行编译。

（2）上传：是将 PLC 中未加密的程序或数据向上传送到编程器中。可单击菜单栏中【文件】→【上传】选项或单击工具栏中上传按钮 或者键入“Ctrl+U”，弹出上传对话框。选择程序块、数据块、系统块等载入内容后，可在程序显示窗口载入 PLC 内部程序和数据。

（3）下载：将当前编程器中的程序写入 PLC 的存储器中。当 PLC 与计算机正常通信，用户程序编译正确无误后，即可将程序下载到 PLC 中。可单击菜单栏中【文件】→【下载】选项或单击工具栏中下载按钮 或者键入“Ctrl+D”，弹出下载对话框，选择“程序块”“数据块”“系统块”等载入内容后，单击【下载】按钮，将选中内容下载到 PLC 的存储器中，如图 2-52 所示。PLC 中每次只能存入一个程序。下载新的程序后，旧的程序就会被删除。如果 S7-200 PLC 处于运行模式，将会弹出一个对话框提示 CPU 将进入停止模式，单击对话框中的【Yes】选项，将 PLC 置于停止模式，然后进行下载操作。

9. 程序的运行状态

S7-200 PLC 有两种操作模式：运行模式和停止模式。CPU 面板上的 LED 显示当前的操作模式，运行模式绿灯亮，停止模式黄灯亮。在运行模式下，执行程序来实现控制功能。在停止模式下，CPU 不执行程序，可以用编程软件下载程序、数据和进行 CPU 系统设置。

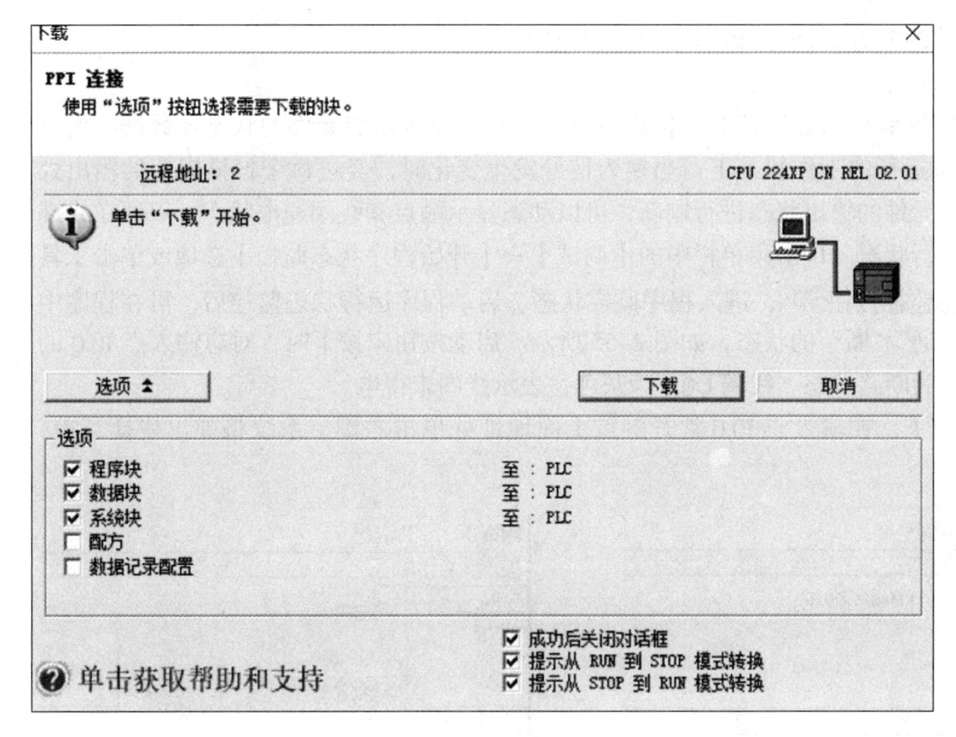

图 2–52　下载界面

程序的设计、下载及运行过程

（1）运用模式开关控制。

当 CPU 模块上的模式开关处于 RUN 位置时，电源接通后，用户程序开始运行；当处于 STOP 或 TERM 位置时，电源通电，用户程序停止运行。

（2）运用编程软件控制。

① 确保编程软件与 PLC 之间已经通信连接；

② 将 PLC 的模式方式开关置于 RUN 或 TERM 位置，单击菜单栏中【PLC】→【RUN】选项或单击工具栏中运行按钮 ，PLC 处于运行状态。单击菜单栏中【PLC】→【STOP】选项或单击工具栏中停止按钮 ，PLC 处于停止状态。

③ 在程序中插入 STOP 指令，使 PLC 由运行状态进入停止状态。

10. 程序的调试与实时监控

程序的调试与实时监控是程序开发的重要环节，很少有程序一经编制就是完整的，只有经过调试运行甚至现场运行后才能发现程序中不合理的地方，从而进行修改。STEP7-Micro/Win 编程软件提供了一系列工具，可使用户直接在软件环境下调试并监控用户程序的执行情况。在程序调试过程中，经常采用程序状态监控、状态表监控和趋势图监控三种方式反映程序的运行状态，如图 2–53 所示。但是在程序设计完成后，可以先通过软件的强制按钮，对程序进行调试，如图 2–54 所示。

程序的调试与实时监控

图 2–53　监控按钮

图 2–54　强制按钮

下面结合图 2-51 中的程序介绍调试与实时监控的操作方法。

1）程序状态监控

程序状态监控是在 PLC 运行时监控程序执行的过程及各组成元件的状态及数据。换言之，在 PLC 处于运行的工作状态下，当输入信号发生变化时，经过每个扫描周期的输出处理阶段，将各个元件的输出状态进行刷新，可以动态显示触点和线圈通电状态，以便在线观察程序的实时运行状况。单击菜单栏中的【调试】→【开始程序状态监控】选项或单击工具栏中的程序状态监控按钮 ，进入程序监控状态。启动程序运行状态监控后，可在程序中观察到触点的“通”“断”的状态，如图 2-55 所示。启动按钮未按下时，对应输入点 I0.0 的常开触点断开，为断路状态。线圈 Q0.0 为灰色，表示线圈未得电。

在监控状态下，在输入点 I0.0 常开触点上面地址处单击右键，系统将弹出快捷菜单，如图 2-56 所示。

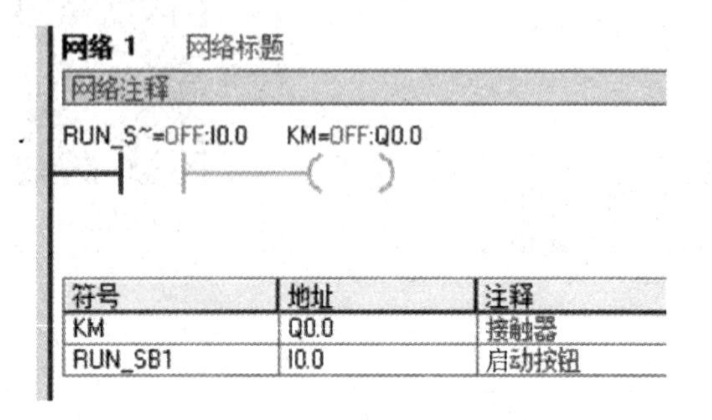

图 2-55 程序状态监控

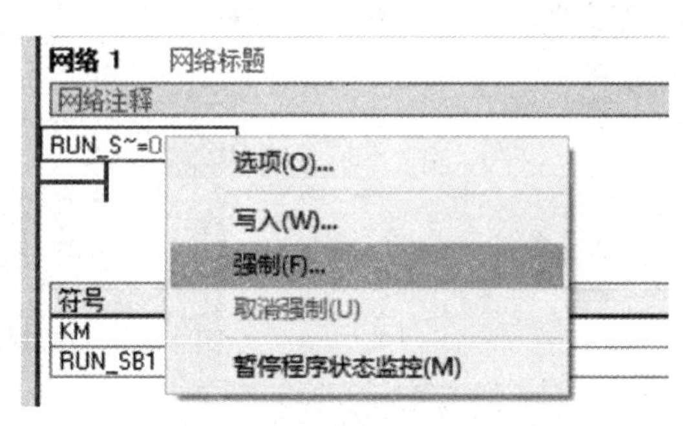

图 2-56 强制功能

单击【强制】后，系统将弹出对话框，如图 2-57 所示。将输入映像寄存器 I0.0 置 1，程序中对应的常开触点闭合，电路导通，线圈 Q0.0 得电，此时闭合触点和通电线圈内部颜色变蓝，如图 2-58 所示。此时可以看到，在 I0.0 的一侧有一个小锁标识，表示强制状态。需要注意的是，由于 PLC 没有外围硬件，此时 PLC 的输入端 I0.0 的指示灯是不亮的。

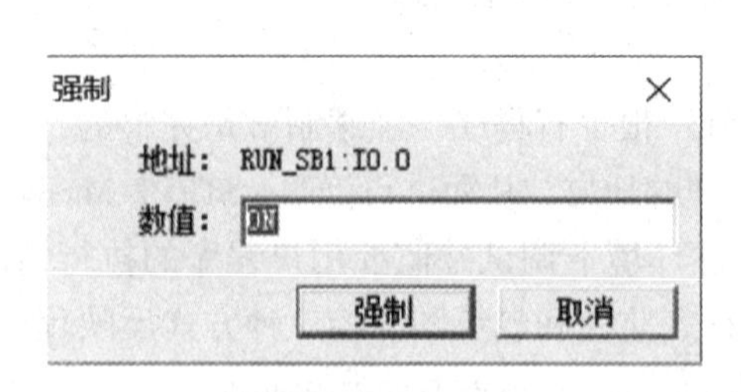

图 2-57 强制对话框

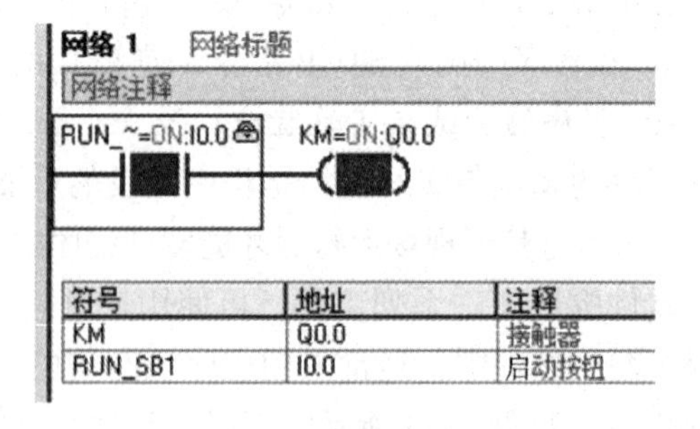

图 2-58 强制启动

监控状态下，在输入端 I0.0 上方地址处再次单击右键，系统将弹出快捷菜单，如图 2-59 所示。单击【取消强制】，输出线圈 Q0.0 断开，此时在 I0.0 一侧的小锁标识消失了。

2）状态表监控

状态表监控 PLC 运行时各组成元件的状态及数据，也可以采用强制表的操作方式修改用户程序的变量。单击菜单栏中的【查看】→【组件】→【状态表】选项或单击浏览栏中的【状态表】按钮，进入状态表监控窗口，如图 2–60 所示。

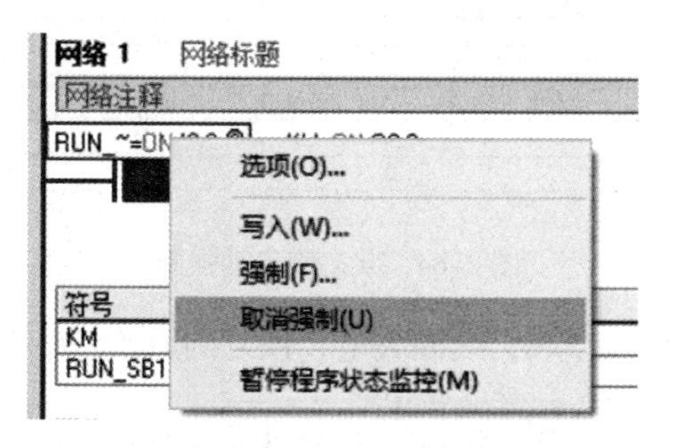

图 2–59 强制取消

	地址	格式	当前值	新值
1		有符号		
2		有符号		
3		有符号		
4		有符号		
5		有符号		

图 2–60 状态表监控窗口

在窗口中输入要监控的输入点和输出点，如图 2–61 所示。

	地址	格式	当前值	新值
1	I0.0	位		
2	Q0.0	位		
3		有符号		
4		有符号		
5		有符号		

图 2–61 输入要监控的信号

如果要监控程序所包含的所有信号，就在装订线处选中程序段，右键单击，在弹出的菜单中选择【创建状态表】选项，能够生成一个包含所选程序段中各元件的新表格，如图 2–62 所示。

	地址	格式	当前值	新值
1	RUN_SB1:I0.0	位		
2	KM:Q0.0	位		

图 2–62 自动生成全部监控信号

单击【状态表监控】按钮，可以看到监控的输入点和输出点的当前值，如图 2–63 所示。

	地址	格式	当前值	新值
1	RUN_SB1:I0.0	位	2#0	
2	KM:Q0.0	位	2#0	

图 2–63 监控信号的当前值

在启动按钮一行的“新值”处输入 1，然后单击【强制】。将信号写到输入映像寄存器 I0.0 中，可以看到输出 Q0.0 变为 1，线圈得电，如图 2-64 所示。

	地址	格式	当前值	新值
1	RUN_SB1:I0.0	位	2#1	
2	KM:Q0.0	位	2#1	

图 2-64　状态表启动强制

取消强制后，线圈 Q0.0 变为 0，线圈失电，恢复到原始状态，如图 2-63 所示。

3）趋势图监控

趋势图监控是采用编程元件的状态及数值大小随时间变化的模式进行监控。单击工具栏中的趋势图按钮，将状态表监控切换为趋势图监控。

结合程序监控的动态显示和数据分析，以及影响程序运行的因素，退出程序运行和监控状态，将对程序重新进行修改编写、编译、下载及运行监控，进行多次修改调试，直至得出正确的运行结果。

记一记：

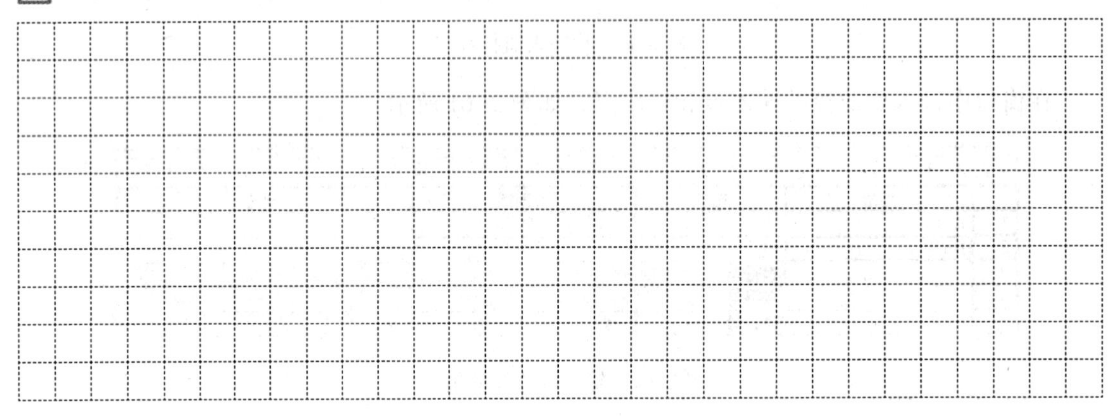

2.3.3　程序设计基础

1. 编程语言

IEC 61131-3 中详细地说明了句法、语法和 5 种 PLC 的编程语言。编程语言分别为顺序功能图、梯形图、功能块图、指令表和结构文本。标准中指出，梯形图和功能块图是两种图形语言；指令表和结构文本是两种文字语言；顺序功能图可以认为是一种结构块控制程序流程图。S7-200 系列 PLC 常用的编程语言有梯形图（LAD）、语句表（STL）和功能块图（FBD）。其中，梯形图（LAD）和语句表（STL）是 PLC 最基本的编程语言。虽然梯形图和语句表的指令格式不同，但两者之间有着严格的对应关系，可单独使用也可以相互转换。下面简要介绍这 5 种 PLC 的编程语言。

1）顺序功能图编程语言（SFC）

顺序功能图编程语言是一种位于其他编程语言之上的图形语言，用来编写顺序控制程序，逻辑性强，思路清晰。顺序功能图提供了一种组织程序的图形方法，步、转换和动作是顺序功能图中的三种主要元件。

2）梯形图编程语言（LAD）

梯形图编程语言简称梯形图，是最常用的指令格式。它是在继电器控制电路图的基础上演变而来的，编程元件包括触点、线圈和地址符等，具有直观、易懂、形象和实用等特点，很容易被熟悉继电器控制的技术人员所掌握。借助继电器控制电路图的分析方法，在梯形图的左右两边有两条提供"电源"的垂直线，称为起始、终止母线，又称左、右母线，但是 S7 系列 PLC 梯形图程序中最右边的母线通常被省略。我们认为电流从左母线流向右母线形成回路。在左、右母线之间是触点的逻辑连接和线圈的输出。在梯形图中，触点代表逻辑"输入"条件，线圈代表逻辑"输出"结果。

梯形图为阶梯形结构，由多个梯形行组成，相当于继电器控制电路图，可以拆分成多个独立回路输出，每个或多个输出回路构成一个逻辑网络。每个网络由触点和线圈的符号以及直接位地址两部分组成。含有直接位地址的指令又称为位操作指令，操作数的范围是 I、Q、M、T、C、V 等。

3）功能块图编程语言（FBD）

功能块图编程语言类似于数学逻辑运算的编程方式，如果具备数字电路基础，对其理解和掌握更加容易。该编程语言运用了类似于与门、或门等逻辑门电路来表示逻辑运算关系。

4）语句表编程语言（STL）

语句表编程语言是一种类似于计算机汇编语言的助记符编程方式，由操作码和操作数组成。其工作原理是将控制流程描述出来，通过编程装置传输到 PLC 中并执行。语句表的程序指令是以文本格式显示，将它转化为图形显示形式即为梯形图程序。语句步是语句的顺序号，一般由编程装置自动给出，实际上是程序存放的地址代码。操作码用助记符（一般为英文名称的缩写字母）来表示，用来阐述要执行的功能，例如用"LD"代表装载触点的状态，"A"代表"与"触点的状态等。操作数是指操作对象，即操作的地址，由寄存器元件和地址两部分组成。例如"LD I0.0"，其中 LD 是指令操作码，I0.0 是位操作数，代表装载寄存器 I 中 0 号字节中第 0 位。

5）结构文本编程语言（ST）

结构文本编程语言是为 IEC 61131-3 标准创建的一种专用的高级编程语言，与梯形图相比，它能完成复杂的数学逻辑运算，程序编写更加简洁、紧凑。

2. 程序的组成结构

西门子 S7-200 系列 PLC 的程序设计由主程序、子程序和中断程序组成。

1）主程序

主程序是程序的主体。每个项目中只能含有一个主程序。在主程序中可以调用子程序和中断程序。主程序中包含控制系统应用的指令，S7-200 系列 PLC 在每一个扫描周期中都要扫描一次主程序，并且按顺序执行主程序中的指令。主程序也被表示为 OB1。

2）子程序

子程序是程序设计中的可选组成部分，只有在被主程序、中断服务程序或者其他子程序调用时才会执行。因此，当需要重复执行某项功能时，子程序的作用是非常显著的。与其在主程序中的不同位置多次使用相同的程序编写，不如将这段程序设计在子程序中，然后在主程序中需要的地方调用。

3）中断程序

中断程序是程序设计中的可选组成部分，可以为一个预先定义好的中断事件设计一个中断程序，当特定的事件发生时，S7–200 系列 PLC 会执行中断程序。中断程序不会被主程序调用。只有当中断程序与一个中断事件相关联，且在该中断事件发生时，S7–200 系列 PLC 才会执行中断服务程序。

因为各个程序都存放在独立的程序块中，各个程序结束时不需要加入无条件结束或无条件返回指令。在程序中还包含其他组成部分，其他块中也包含了 S7–200 系列 PLC 的相关内容。当下载程序时，可以选择同时下载这些块，系统块允许为 S7–200 系列 PLC 配置不同的硬件参数；数据块存储应用程序中所使用的不同变量值，可以用数据块输入数据的初始值。

3. 数据存储区

1）输入 / 输出映像寄存器

（1）输入映像寄存器。

输入映像寄存器，因该区域可以进行位操作，故又称输入继电器，用符号 I 表示。输入继电器的线圈由输入接线端子接入的控制信号驱动，输入接线端子可以接常开或常闭触点，也可多个触点串并联。其作用是存放 CPU 在输入扫描阶段采样输入接线端子的结果。

（2）输出映像寄存器。

输出映像寄存器又称输出继电器，用符号 Q 表示，用于存放 CPU 执行程序的结果，并在输出扫描阶段，将 PLC 的输出信号传递给负载，完成相应的控制要求。

2）变量存储器

变量存储器用符号 V 表示，用于存储用户程序执行过程中逻辑运算的中间结果，以及与控制要求相关的其他数据。

3）内部标志位存储器

内部标志位存储器又称中间继电器，用符号 M 表示，用于存储中间操作数据或状态，以及其他控制信息。其作用相当于继电器控制系统中的中间继电器。

4）顺序控制继电器存储区

顺序控制继电器存储区又称状态元件，用符号 S 表示，与顺序控制继电器指令配合使用，用于组织设备的顺序操作，以实现顺序控制和步进操作。顺序控制继电器存储区可以按位、字节、字或双字来存取数据。

5）特殊标志位存储器

特殊标志位存储器用符号 SM 表示，用于 CPU 与用户之间交换信息，其特殊存储器位提供大量的状态和控制功能。

（1）SMB0 为状态位字节，在每次扫描循环结尾，由 S7–200 CPU 更新，定义如下：

SM0.0：RUN 状态监控，PLC 处于运行状态，SM0.0 总为 1。

SM0.1：首次扫描时为 1，PLC 由 STOP 转为 RUN 时，SM0.1 接通一个扫描周期，用于程序的初始化。

SM0.2：在 RAM 中数据丢失时，该位在一个扫描周期中为 1，用于出错处理。

SM0.3：PLC 上电进入 RUN 方式时，SM0.3 接通一个扫描周期。

SM0.4：分脉冲，该位输出一个占空比为 50% 的分时钟脉冲，用作时间基准或简易延时。

SM0.5；秒脉冲，该位输出一个占空比为 50%、周期为 1 s 的脉冲，可用作时间基准。

SM0.6：扫描时钟，一个扫描周期为高电平，另一个为低电平循环交替。

SM0.7：工作方式开关位置指示，0 为 TERM 位置，1 为 RUN 位置。为 1 时，自由端通信方式有效。

（2）SMB1 为指令状态位字节，常用于表及数学操作，部分位定义如下：

SM1.0：零标志，运算结果为 0 时，该位置 1。

SM1.1：溢出标志，运算结果溢出或查出非法数值时，该位置 1。

SM1.2：负数标志，数学运算结果为负时，该位为 1。

6）局部存储器

局部存储器用符号 L 表示，用来存放局部变量。它和变量存储器 V 很相似，主要区别在于全局变量是全局有效，即同一个变量可以被任何程序访问，而局部变量只在局部有效，即变量只和特定的程序相关联。局部存储器容量为 64 个字节，其中 60 个字节可以用作暂时存储器或者给子程序传递参数，最后 4 个字节为系统保留字节。

7）高速计数器

高速计数器用符号 HC 表示，用来累计比 CPU 的扫描速率更快的事件，计数过程与扫描周期无关。CPU22X 提供了 6 个高速计数器 HC0 ~ HC5，每个计数器最高频率为 30 kHz。高速计数器的当前值为双字长的符号整数。

8）累加器

累加器用符号 AC 表示，是用来暂存数据的寄存器，可以用来存放运算数据、中间数据和结果。S7-200 系列 PLC 提供了 4 个 32 位的累加器，支持以字节（B）、字（W）和双字（D）的进行存取。

9）定时器

定时器用符号 T 表示，相当于继电器控制系统中的时间继电器。S7-200 CPU 中的定时器用作对内部时钟累计时间增量，用于延时控制。

10）计数器

计数器用符号 C 表示，用来累计输入端接收到的脉冲个数。有 16 位预设值和当前值寄存器各一个，以及 1 位状态位。当前值寄存器用以累计脉冲个数，计数器当前值大于或等于预设值时，状态位置 1。S7-200 CPU 有三种计数器：加计数器、减计数器、加减计数器。

11）模拟量输入 / 输出映像寄存器

（1）模拟量输入寄存器。

模拟量输入寄存器用符号 AI 表示，S7-200 的模拟量输入电路将外部输入的模拟量（如温度、电压）等转换成 1 个字长（16 位）的数字量，存入模拟量输入映像寄存器区域，其编址范围 AIW0 ~ AIW62，起始地址定义为偶数字节地址，共有 32 个模拟量输入。

（2）模拟量输出寄存器。

模拟量输出寄存器用符号 AQ 表示，S7-200 模拟量输出电路用来将模拟量输出映像寄存器区域的 1 个字长（16 位）数字值，该值经过模拟量输出模块（D/A）转换为现场所需要的标准电压或电流信号进行输出。其编址范围 AQW0 ~ AQW62，起始地址定义为偶数字节地址，共有 32 个模拟量输入。

综上所述，S7-200 系列 PLC 的数据存储区的编址范围，如表 2-12 所示。

表 2-12　基本数据的数据类型、字长与范围

技术规范	CPU222 CN	CPU224 CN	CPU224XP CN	CPU226 CN
用户程序大小 带运行模式下 不带运行模式下	4 KB 4 KB	8 KB 12 KB	12 KB 16 KB	16 KB 24 KB
用户数据大小	2 KB	8 KB	10 KB	10 KB
输入映像寄存器	I0.0 ~ I15.7	I0.0 ~ I15.7	I0.0 ~ I15.7	I0.0 ~ I15.7
输出映像寄存器	Q0.0 ~ Q15.7	Q0.0 ~ Q15.7	Q0.0 ~ Q15.7	Q0.0 ~ Q15.7
变量存储器（V）	VB0 ~ VB2047	VB0 ~ VB8191	VB0 ~ VB10239	VB0 ~ VB10239
位存储器（M）	M0.0 ~ M31.7	M0.0 ~ M31.7	M0.0 ~ M31.7	M0.0 ~ M31.7
顺序控制状态 继电器（S）	S0.0 ~ S31.7	S0.0 ~ S31.7	S0.0 ~ S31.7	S0.0 ~ S31.7
特殊存储器（SM） 只读	SM0.0 ~ SM299.7 SM0.0 ~ SM29.7	SM0.0 ~ SM549.7 SM0.0 ~ SM29.7	SM0.0 ~ SM549.7 SM0.0 ~ SM29.7	SM0.0 ~ SM549.7 SM0.0 ~ SM29.7
局部变量 存储器（L）	LB0 ~ LB63	LB0 ~ LB63	LB0 ~ LB63	LB0 ~ LB63
高速读数器	HC0 ~ HC5	HC0 ~ HC5	HC0 ~ HC5	HC0 ~ HC5
累加器	AC0 ~ AC3	AC0 ~ AC3	AC0 ~ AC3	AC0 ~ AC3
定时器	T0 ~ T255	T0 ~ T255	T0 ~ T255	T0 ~ T255
计数器	C0 ~ C255	C0 ~ C255	C0 ~ C255	C0 ~ C255
模拟量输入 寄存器（只读）	AIW0 ~ AIW30	AIW0 ~ AIW62	AIW0 ~ AIW62	AIW0 ~ AIW62
模拟量输出 寄存器（只写）	AQW0 ~ AQW30	AQW0 ~ AQW62	AQW0 ~ AQW62	AQW0 ~ AQW62

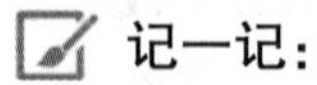

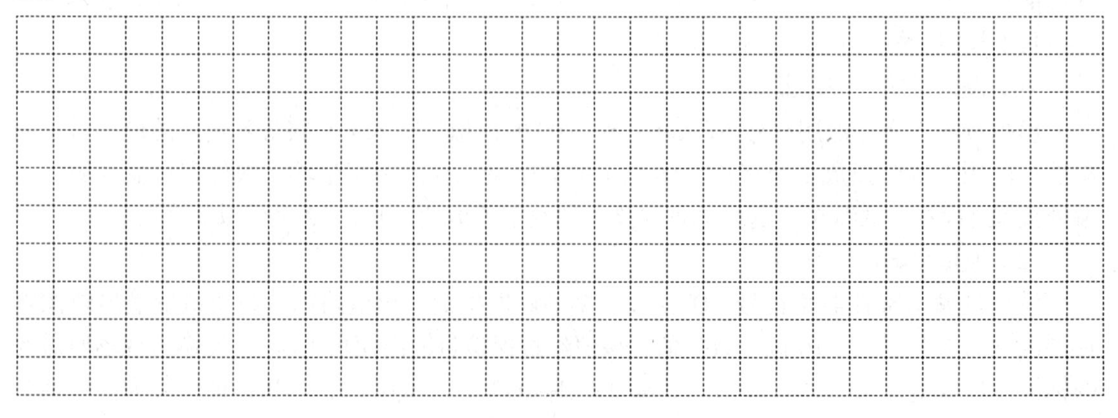

4. 数据类型

S7-200 系列 PLC 程序设计时，进行数学运算、设定定时器时间、设定计数器数值等，都需要使用各种数据。

程序设计中的各种数据包括常数、浮点数、十六进制数、时间、数组等，都必须是 PLC 允许的数据类型与规定的格式，所以 PLC 对数据有“类型”和“格式”两方面的标准。

S7-200 PLC 根据数据的字长，允许使用的数据类型有基本数据、复合数据和参数三大类。

1）基本数据

基本数据是指字长在 2 个字（32 位）以下的数据，包括二进制位、字节、字、双字、ASCII 字符、整数、双字长整数等。

基本数据在 PLC 存储器中有固定的长度。如：一个二进制位为 1 位，一个字节为 8 位，一个字为 16 位，一个双字为 32 位等。

S7-200 系列 PLC基本数据的数据类型、字长与值域范围如表 2-13 所示。

表 2-13　基本数据的数据类型、字长与值域范围

数据名称	数据类型	字长 / 位	值域范围
二进制位	BOOL	1	0 或 1
字节	BYTE	8	0 ~ 255
字	WORD	16	0 ~ 65 535
有符号整数	INT	16	–32 768 ~ +32 767
双字	DWORD	32	0 ~（232–1）
无符号整数	DINT	32	–231 ~ +（231–1）
8 位整型	SINT	8	–128 ~ 127
实数（浮点数）	REAL	32	-3.4×10^{38} ~ 3.4×10^{38}
字符	CHAR	8	见 ASCII 字码
IEC 时间	TIME	32	
IEC 日期	DATE	16	
实时时间	TIME–OF–DAYTOD	32	

表 2-11 中所说的 ASCII（American Standard Code for Information Interchange，美国信息交换标准编码）是利用 7 位或 8 位二进制来表示 128 或 256 种可能的字符。标准 ASCII 码也叫基础 ASCII 码，使用 7 位二进制数（00 ~ 7F），剩下的 1 位二进制为 0，用来表示所有的大写和小写字母、数字 0 ~ 9、标点符号，以及在美式英语中使用的特殊控制字符。ASCII 码如表 2-14 所示。

表 2–14　ASCII 码表

高4位 低4位	0H	1H	2H	3H	4H	5H	6H	7H
0H	NUL	DLE	（SPACE）	0	@	P	‘	p
1H	SOH	DC1	!	1	A	Q	a	q
2H	STX	DC2	"	2	B	R	b	r
3H	ETX	DC3	#	3	C	S	c	s
4H	EOT	DC4	$	4	D	T	d	t
5H	ENQ	NAK	%	5	E	U	e	u
6H	ACK	SYN	&	6	F	V	f	v
7H	BEL	ETB	'	7	G	W	g	w
8H	BS	CAN	(	8	H	X	h	x
9H	HT	EM	)	9	I	Y	i	y
AH	LF	SUB	*	:	J	Z	j	Z
BH	VT	ESC	+	;	K	[	k	{
CH	FF	FS	,	<	L	\	l	|
DH	CR	GS	–	=	M	]	m	}
EH	SO	RS	.	>	N	^	n	–
FH	SI	US	/	?	O	_	o	DEL

2）复合数据

复合数据是指字长大于 2 个字（32 位）的数据，数据可以通过基本数据组合而成。S7–200 系列 PLC 可以使用的复合数据包括以下几类：

（1）数组（ARRAY）：数组就是将同类型的基本数据组合在一起而形成的单元数据。

（2）结构（STRUCT）：结构就是将不同类型的基本数据进行组合而形成的单元数据。

（3）字符串（STRING）：字符串就是多个相同或不同字符（如 ASCII 码）的组合。字符串默认含有 256 字符，其中 2 个字符用于存放字头，实际字符最大可以为 254 个。

（4）日期与时间（DATE–AND–TIME）：日期与时间用于存储年、月、日、时、分、秒、毫秒和星期的数据，占用 8 个字节，BCD 编码。星期天代码为 1，星期一至星期六代码分别是 2 ~ 7。其中，年、月、日、时、分、秒各为占 1 个字节；毫秒占 1.5 个字节。

（5）用户定义的数据类型（User–Defined Data Type，UDT）：由用户将基本数据类型和复合数据类型组合在一起形成的数据类型。可以在数据块 DB 和变量声明表中定义复合数据类型。

3）参数

在 S7–200 系列 PLC 中，在逻辑块之间传递的数据称为参数。参数分为“形式参数”与

“实际参数”两类。

在结构化编程时，为了能够让某功能块成为可以在 PLC 程序中多次被调用的通用功能块，其所使用的信号与数据不可以是“绝对地址”或“绝对数值”，从而只能以“符号地址”或“符号数据”的形式出现。在每次调用同一功能块时，可以通过对“符号地址”或“符号数据”的不同赋值，产生不同的效果。其中被调用的功能块中所使用的“符号”称为形式参数，而在调用块中对“符号”所赋予的实际地址或实际数值称为实际参数。

5. 编址与寻址方式

1）编址方式

存储器的单位可以是位（bit）、字节（Byte）、字（Word）、双字（Double Word），所以是对位、字节、字、双字进行编址。存储单元的地址由区域标识符、字节地址和位地址组成，如表 2–15 所示。

表 2–15　位、字节、字和双字的编址

按位编址 V1.2	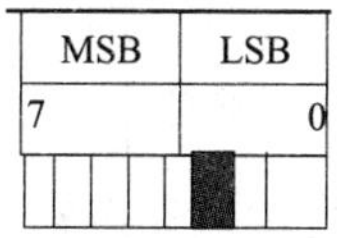 MSB LSB 7 0	V1.2—— 位地址 字节地址 区域标志
按字节编址 VB100	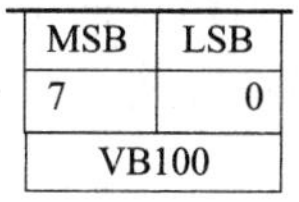 MSB LSB 7 0 VB100	VB100—— 字节地址 按字节编址 区域标识
按字编址 VW100	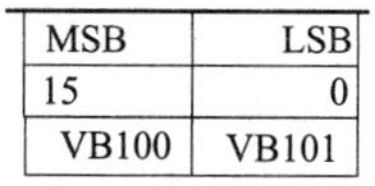 MSB LSB 15 0 VB100 VB101	VW100—— 起始字节址号 按字编址 区域标识
按双字编址 VD100	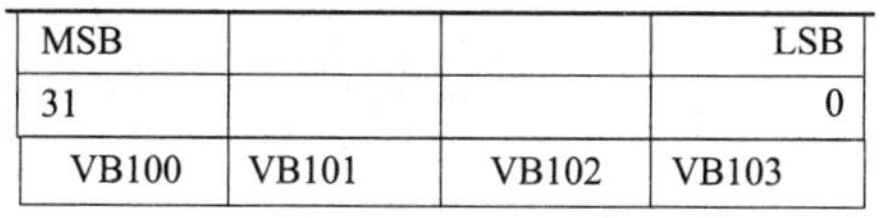 MSB LSB 31 0 VB100 VB101 VB102 VB103	VD100—— 起始字节址号 按双字编址 区域标识

位编址：寄存器标识符 + 字节地址 . 位地址，如 I0.0、Q0.0、M0.0 等。

字节编址：寄存器标识符 + 字节长度 B+ 字节号，如 IB1、QB1、VB1 等。

字编址：寄存器标识符 + 字长度 W+ 起始字节号，如 VW2 表示 VB2 和 VB3 这 2 个字节组成的字。

双字编址：寄存器标识符 + 双字长度 D+ 起始字节号，如 VD4 表示从 VB4 到 VB7 这 4 个字节组成的双字。

2）寻址方式

在 PLC 程序设计时，会使用寄存器的某一位，或某一个字节，或某一个字，或某一个双字。通过位、字节、字、双字寻址的方法，使用标准的指令规则，准确地找到相应的数据信息。S7–200 系列 PLC 指令系统的数据寻址方式有立即数寻址、直接寻址和间接寻址三大类。

（1）立即数寻址：对立即数直接进行读写操作的寻址方式称为立即数寻址。

二进制格式：用二进制数，数据前加 2# 表示，如 2#1011；

十进制格式：直接用十进制数表示，如 1011；

十六进制格式：用十六进制数，数据前加 16# 表示，如 16#1011。

（2）直接寻址方式：S7-200 PLC 将信息存储在存储器中，存储单元按字节进行编址，无论寻址的数据是什么数据类型，通常指它所在的存储区域内的字节地址。每个单元都有唯一的地址，这种直接指出元件名称的寻址方式称为直接寻址。按位寻址时的格式为：Ix.y，使用时必须指定存储器类型表示符、字节地址和位号，如图 2-65 所示。

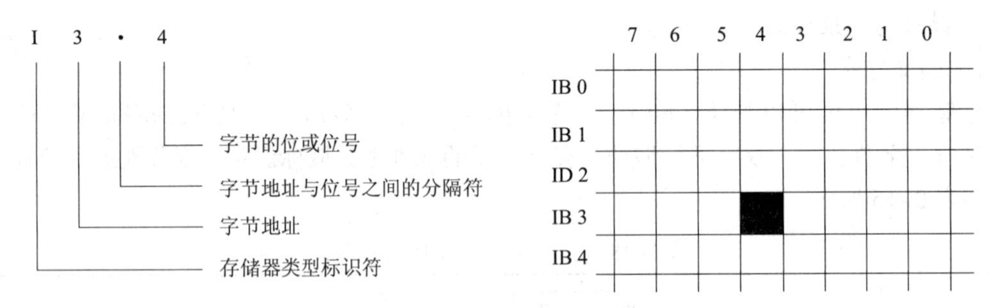

图 2-65　直接寻址方式

（3）间接寻址：间接寻址时操作数不提供直接数据位置，而是通过使用地址指针来存取存储器中的数据。在 S7-200 系列 PLC 中允许使用指针对 I、Q、M、V、S、T（仅当前值）、C（仅当前值）寄存器进行间接寻址。使用间接寻址前，要先创建指向该位置的指针，指针建立好后，利用指针存取数据，如图 2-66 所示。

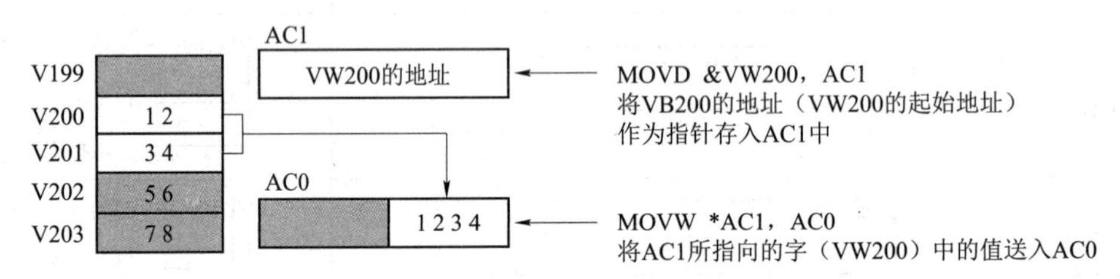

图 2-66　间接寻址方式

6. 位逻辑指令

位逻辑指令仅使用两个数字，即“1”和“0”。这两个数字构成了二进制数字系统的基础。“1”和“0”称为二进制数字或二进制位。对触点与线圈而言，“1”表示动作或通电，“0”表示未动作或未通电。位逻辑指令解释信号状态 1 和 0，并根据布尔逻辑对它们进行组合。这些组合产生结果 1 或 0，称为“逻辑运算结果”（RLO）。

位逻辑指令是 PLC 最常用的基本指令，梯形图指令有触点和线圈两大类，触点又分为常开触点（动合触点）和常闭触点（动断触点），位逻辑指令能够实现基本位逻辑运算和控制。

1）触点指令

（1）指令的格式及其功能。

触点指令代表 CPU 对存储器的读操作，常开触点和存储器的位状态保持一致，常闭触点和存储器的位状态则相反。当 PLC 输入端子接通时，信号传送到输入映像寄存器，对应的存储器地址位为 1，相应的常开触点闭合，常闭触点断开。同理，当 PLC 输入端子断开时，信号传送到输入映像寄存器，对应存储器地址位为 0，相应的常开触点断开，常闭触点闭合。由于计算机读操作次数不受限制，所以用户程序中同一触点可以多次使用。触点指令的格式及其功能如表 2–16 所示。

表 2–16　触点指令的格式及其功能

指令名称	梯形图 LAD	语句表		功能
		操作码	操作数	
载入常开触点	address |-| |-	LD	bit	用于与母线连接的常开触点
串联常开触点	-| |-	A	bit	用于单个常开触点的串联连接
并联常开触点	(并联常开触点)	O	bit	用于单个常开触点的并联连接
载入常闭触点	|-|/|-	LDN	bit	用于与母线连接的常闭触点
串联常闭触点	-|/|-	AN	bit	用于单个常闭触点的串联连接
并联常闭触点	(并联常闭触点) /	ON	bit	用于单个常闭触点的并联连接

对于触点指令的梯形图参数说明如表 2–17 所示。

表 2–17　触点指令的梯形图参数说明

参数	说明	数据类型	内存区域
<bit>	选中的位	BOOL	I、Q、M、SM、T、C、V、S、L

（2）触点指令说明。

梯形图程序的触点指令有常开和常闭触点两类，类似于继电器控制系统的电气接点，可自由地进行串、并联。语句表程序的触点指令由操作码和操作数组成。在语句表程序中，控制逻辑的执行是通过 CPU 中的一个逻辑堆栈来实现的，这个堆栈有 9 层深度，每层只有 1 位宽度。语句表程序的触点指令运算全部都在栈顶进行。表中操作数 bit 是寄存器 I、Q、M、SM、T、C、V、S、L 的位值。

2）线圈指令

（1）指令的格式及其功能。

输出线圈指令代表 CPU 对存储器的写操作，若线圈左侧的逻辑运算结果为“1”，表示能流能够达到线圈，CPU 将该线圈所对应的存储器的位写入“1”，若线圈左侧的逻辑运算结果为“0”，表示能流不能够达到线圈，CPU 将该线圈所对应的存储器的位写入“0”。在同一程序中，同一线圈一般只能使用一次。线圈指令的格式及其功能如表 2-18 所示。

表 2-18　线圈指令的格式及其功能

指令名称	梯形图 LAD	语句表		功能
		操作码	操作数	
线圈输出	—(　　)	=	bit	将输出位的新数值写入过程映象寄存器，驱动线圈输出

对于线圈指令的梯形图参数说明如表 2-19 所示。

表 2-19　线圈指令的梯形图参数说明

参数	说明	数据类型	内存区域
<bit>	分配位	BOOL	I、Q、M、SM、T、C、V、S、L

（2）线圈指令说明。

输出线圈指令的操作数 bit 是寄存器 I、Q、M、SM、T、C、V、S、L 的位值。输出线圈指令对同一元件（操作数）一般只能使用一次。

输出指令与线圈相对应。驱动线圈的触点电路接通时，线圈流过“能流”，指定位对应的映像寄存器为 1，反之则为 0。执行输出指令时，将栈顶值复制到对应的映像寄存器。

记一记：

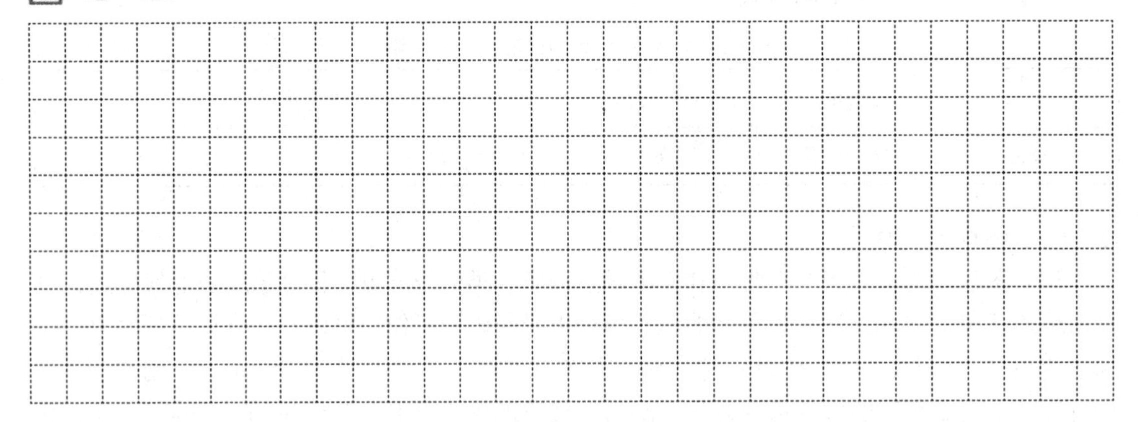

【任务实施】

下面对三相异步电动机启 - 保 - 停 PLC 控制系统的控制程序进行设计。

一、创建符号表

打开编程软件，创建符号表，如图 2-67 所示。

	符号	地址	注释
1	RUN_SB1	I0.0	启动按钮
2	STOP_SB2	I0.1	停止按钮
3	FR	I0.2	热继电器
4	KM1	Q0.1	交流接触器

图 2–67　I/O 地址分配

二、设计梯形图程序

在主程序的编写区域内，进行程序设计，如图 2–68 所示。

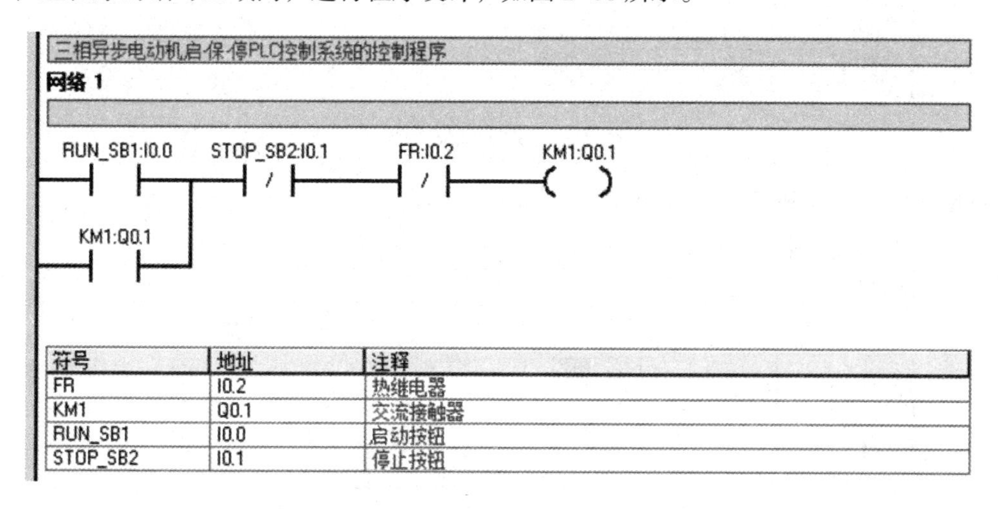

图 2–68　三相异步电动机启 – 保 – 停 PLC 控制系统的控制程序

三、调试程序

程序编译无误后，通电下载到 PLC 中进行监控调试。可使用程序状态监控或状态表监控，实时监控程序的运行状态，分析程序运行结果。结合项目的性质及 I/O 点数量，采用程序状态监控方式。

启动程序状态监控，将输入点 I0.0 强制置 1，程序状态如图 2–69 所示。

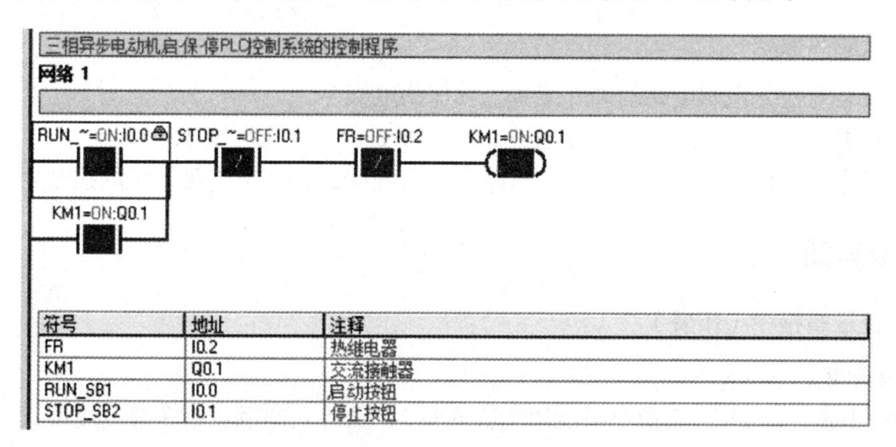

图 2–69　强制 I0.0

将输入点 I0.0 取消强制，程序状态如图 2-70 所示。

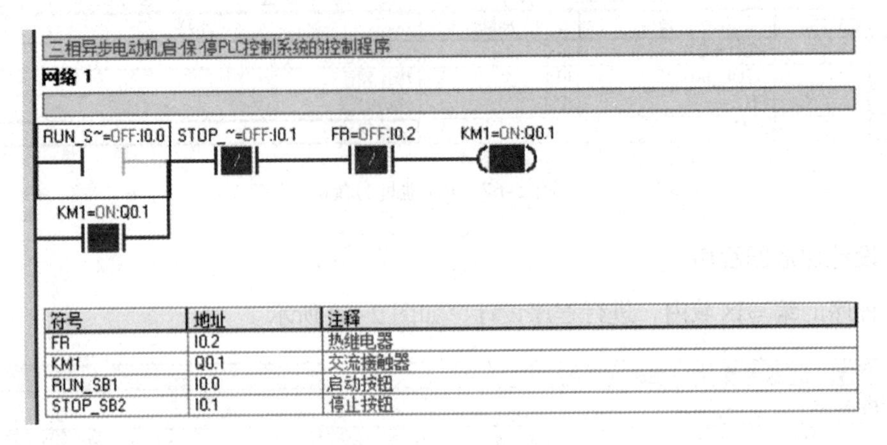

图 2-70　取消强制 I0.0

将输入点 I0.1 强制置 1，程序状态如图 2-71 所示。

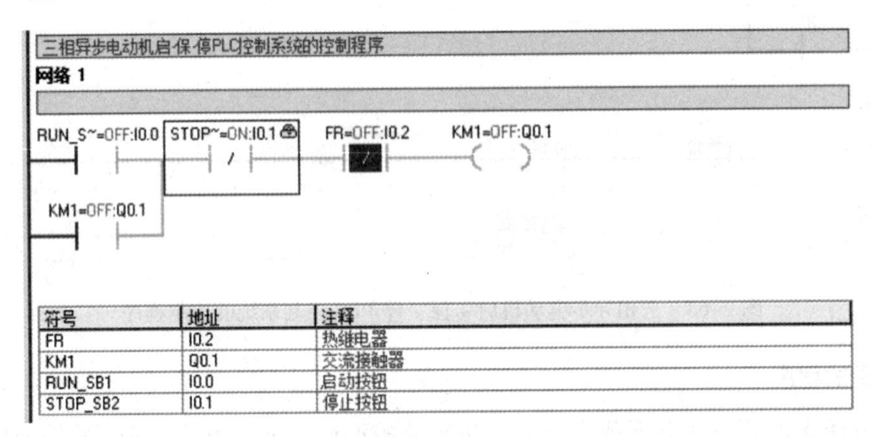

图 2-71　强制 I0.1

将输入点 I0.1 取消强制后，系统返回初始状态。也可以强制热继电器触点 I0.2，进行程序状态监控，步骤同输入点 I0.1。分析程序运行结果是否符合控制要求。

四、安装与调试

（1）安装并检查控制电路的硬件接线，确保用电安全。

（2）将 PLC 接入控制电路，分析程序运行结果是否达到任务要求。

（3）程序符合控制要求后，接入主电路进行系统调试，直至满足系统的控制要求为止。

【拓展知识】

一、位逻辑指令（拓展）

1. 触点指令（拓展）

立即（Immediate）触点指令只能用于输入量 I，执行立即触点指令时，立即读入物理输入点的值，根据该值决定触点的接通 / 断开状态，但是并不更新该物理输入点对应的输入过程映像寄存器。立即触点不依赖 PLC 的扫描周期进行更新，而是会立即更新。除了表 2–14 所示的触点指令外，还包含以下触点指令，如表 2–20 所示。

表 2–20　触点指令（拓展）的格式及其功能

指令名称	梯形图 LAD	语句表		功能
		操作码	操作数	
立即载入常开触点	┣┫I┣━	LDI	bit	用于与母线连接的立即常开触点
串联立即常开触点	─┤I├─	AI	bit	用于单个立即常开触点的串联连接
并联立即常开触点	┤I├（并联）	OI	bit	用于单个立即常开触点的并联连接
载入立即常闭触点	┣┫/I┣━	LDNI	bit	用于与母线连接的立即常闭触点
串联立即常闭触点	─┤/I├─	ANI	bit	用于单个立即常闭触点的串联连接
并联立即常闭触点	┤/I├（并联）	ONI	bit	用于单个立即常闭触点的并联连接
改变使能位输入状态	─┤NOT├─	NOT	bit	将存放在堆栈顶部的左边电路的逻辑运算结果取反，运行结果若为 1 则变为 0，为 0 则变为 1，该指令没有操作数。在梯形图中，能流到达该触点时即停止；若能流未到达该触点，该触点给右侧供给能流

2. 线圈指令（扩展）

执行立即输出指令时，将栈顶值立即写入指定的物理输出位和对应的输出过程映像寄存器，该指令只能用于输出位（Q）。除了表 2–18 所示的线圈输出指令外，还有立即线圈输出指令，如表 2–21 所示。

表 2–21　立即线圈输出指令的格式及其功能

指令名称	梯形图 LAD	语句表		功能
		操作码	操作数	
立即线圈输出	—(I)	=I	bit	将新值写入实际输出和对应的过程映像寄存器位置，同时驱动立即线圈输出

【任务考核】

表 2-22 “PLC 的程序设计与调试”任务考核要求

姓名__________ 班级__________ 学号__________ 总得分________

任务编号及题目		2-3 PLC 的程序设计与调试		考核时间		
序号	主要内容	考核要求	评分标准	配分	扣分	得分
1	程序设计	能够正确地进行程序设计，编译后下载到 PLC 中	1. 梯形图表达不正确，每处扣 5 分； 2. 梯形图画法不规范，每处扣 5 分	30		
2	系统调试	接入主电路按动作要求进行调试，达到控制要求	1. 第一次试车不成功，扣 5 分； 2. 第二次试车不成功，扣 10 分； 3. 第三次试车不成功，扣 20 分	20		
3	安全与文明生产	遵守国家相关规定，学校“6S”管理要求，具备相关职业素养	1. 未穿戴防护用品，每条扣 5 分； 2. 出现事故或人为损坏设备扣 10 分； 3. 带电操作，扣 5 分； 4. 工位不整洁，扣 5 分	30		
4	故障分析与排除	能够排查运行中出现的电气故障，并能够正确分析和排除	1. 不能查出故障点，每处扣 10 分； 2. 查出故障点，但不能排除，每处扣 5 分	20		
完成日期						
教师签名						

【项目二考核】

表 2-23 “PLC 技术入门”项目考核要求

姓名＿＿＿＿＿＿　班级＿＿＿＿＿＿　学号＿＿＿＿＿＿　总得分＿＿＿＿

考核内容	考核标准		标准分值	得分
学生自评	结合自己在整个项目实施过程中的角色的重要性、学习态度、工作态度、团结协作能力等表现，给出自评成绩		10	
学生互评	根据该同学在整个项目实施过程中的项目参与度、角色的重要性、学习态度、工作态度、团结协作能力等表现，给出互评成绩		10	
项目成果评价	总体设计	1. 任务分工是否明确； 2. 方案设计是否合理； 3. 软件和硬件功能划分是否合理	6	
	硬件电路设计与接线图绘制	1. 继电器控制系统电路原理图是否正确、合理； 2. PLC 选型是否正确、合理； 3. PLC 控制电路接线图设计是否正确、合理	12	
	程序设计	1. 流程图设计是否正确、合理； 2. 程序结构设计是否正确、合理； 3. 编程是否正确、有独到见解	12	
	安装与调试	1. 接线是否正确； 2. 能否熟练排除故障； 3. 调试后运行是否正确	14	
	学生工作页	1. 书写是否规范整齐； 2. 内容是否翔实具体； 3. 图形绘制是否完整、正确	6	
	答辩情况	结合该组同学在项目答辩过程中回答问题是否准确，思路是否清晰，对该项目工作流程了解是否深入等表现，给出答辩成绩	10	
教师评价	该学生在整个项目实施过程中的出勤率、日常表现情况、学习态度、工作态度、团结协作能力、爱岗敬业精神以及职业道德等方面		20	
考评教师				
考评日期				

【知识训练】

一、填空题

1. PLC 的输入 / 输出继电器采用______进制进行编号。

2. PLC 的输出指令 OUT 是对继电器的______进行驱动的指令，但它不能用于______。

3. PLC 用户程序的完成分为______、______、______三个阶段。这三个阶段是采用______工作方式分时完成的。

4. PLC 的编程语言有______、______、______、______和______。

5. PLC 的存储器按数据存取方式可分为______、______和______。

二、选择题

1. 下列哪项属于双字寻址？（　　）

A. QW1　　B. V10　　C. IB0　　D. MD28

2. 只能使用字寻址方式来存取信息的寄存器是（　　）。

A. S　　B. I　　C. HC　　D. AI

3. SM 是哪个存储器的标识符？（　　）

A. 高速计数器　　B. 累加器

C. 内部辅助寄存器　　D. 特殊辅助寄存器

4. 指令的脉宽值设定寄存器是（　　）。

A. SMW80　　B. SMW78　　C. SMW68　　D. SMW70

5. 顺序控制段开始指令的操作码是（　　）。

A. SCR　　B. SCRP　　C. SCRE　　D. SCRT

6. S7-200 系列 PLC 继电器输出时的每点电流值为（　　）。

A. 1 A　　B. 2 A　　C. 3 A　　D. 4 A

7. PLC 的系统程序不包括（　　）。

A. 管理程序　　B. 供系统调用的标准程序模块

C. 用户指令解释程序　　D. 开关量逻辑控制程序

8. 并行数据通信是指以（　　）为单位的数据传输方式

A. 位或双字　　B. 位或字　　C. 字或双字　　D. 字节或字

9. RS-232 串行通信接口适合于数据传输速率在（　　）范围内的串行通信。

A. 0 ~ 20 000 b/s　　B. 0 ~ 2 000 b/s　　C. 0 ~ 30 000 b/s　　D. 0 ~ 3 000 b/s

10. 当数据发送指令的使能端为（　　）时将执行该指令。

A. 1　　B. 0　　C. 由 1 变 0　　D. 由 0 变 1

11. 对通信协议进行设定的是（　　）。

A. SMB30.7、6　　B. SM30.4、3、2　　C. SM30.0、1　　D. SMB3.5、4

12. 若波特率为 1 200，每个字符有 12 位二进制数，则每秒钟传送的字符数为（　　）个。

A. 120　　B. 100　　C. 1 000　　D. 1 200

13. EM231 模拟量输入模块最多可连接（　　）个模拟量输入信号。

A. 4　　B. 5　　C. 6　　D. 3

14. 字取反指令梯形图的操作码为（　　）。

A. INV-B　　B. INV-W　　C. INV-D　　D. INV-X

15. PLC 的工作方式是（　　）。

A. 等待工作方式　　B. 中断工作方式

C. 扫描工作方式　　D. 循环扫描工作方式

三、判断题

1. PLC 中的存储器是一些具有记忆功能的半导体电路。（　　）
2. PLC 可以向扩展模块提供 24 V 直流电源。（　　）
3. 系统程序是由 PLC 生产厂家编写的，固化到 RAM 中。（　　）
4. 并行数据通信是指以字节或字为单位的数据传输方式。（　　）
5. EM232 模拟量输出模块是将模拟量输出寄存器 AQW 中的数字量转换为模拟量。（　　）
6. RS-232 串行通信接口使用的是负逻辑。（　　）
7. PLC 处于自由端口通信模式时可以与可编程设备通信。（　　）
8. PLC 的工作方式是等待扫描的工作方式。（　　）
9. 在数据通信的总线型结构中，当某一站点发生故障时，整个系统就会立即瘫痪。（　　）
10. 如果要实现两个 PLC 之间的自由口通信主要是通过设置控制字节 SMB30 的方式。（　　）
11. S7-200 系列 PLC 的点对点通信网络使用 PPI 协议进行通信。（　　）
12. EM231 模拟量输入模块的单极性数据格式为 -32 000 ~ + 32 000。（　　）
13. PLC 扫描周期主要取决于程序的长短。（　　）
14. 提供一个周期是 1 s，占空比是 50% 的特殊存储器位是 SM0.4。（　　）
15. 用来累计比 CPU 扫描速率还要快的事件的是高速计数器。（　　）

四、简答题

1. 什么是 PLC 的扫描周期？在一个扫描周期中，如果在程序执行阶段，输入状态发生变化是否会对输出刷新阶段的结果产生影响？

2. PLC 处于运行状态时，输入端状态的变化将在何时存入输入映像寄存器？输出锁存器中所存放的内容是否会随用户程序的执行而变化？为什么？

项目三

三相异步电动机PLC控制

【项目描述】

三相异步电动机 PLC 控制和继电器控制相比，具有更高的可靠性、稳定性和抗干扰能力。在项目二的基础上，通过学习三相异步电动机启－保－停 PLC 控制系统的设计流程，可以完成 PLC 控制系统的选型、硬件设计与接线图绘制、程序设计与调试等

本项目通过使用 PLC 实现三相异步电动机正、反转控制、Y－△降压启动控制和顺序启动、逆向停止控制，能够掌握 PLC 指令的编程方法和编程技巧，同时能够梳理程序设计的逻辑思路。

【项目目标】

（1）了解梯形图编程的注意事项；

（2）掌握 PLC 指令的格式、功能和使用方法；

（3）掌握三相异步电动机 PLC 控制系统的设计流程；

（4）掌握置位、复位指令的功能并进行控制程序设计；

（5）掌握定时器指令的功能和使用方法；

（6）培养安全意识、质量意识和操作规范等职业素养。

任务一　三相异步电动机正、反转 PLC 控制

【任务描述】

在工业生产过程中，从事生产的机械设备（如电葫芦、龙门起重机等）具备上、下、前、后等相反方向的运动，这就要求电动机能够进行正、反转运行。三相异步电动机正、反

转继电器控制系统的电路如图 3–1 所示，现在需要改用 PLC 来控制，以提高其稳定性和可靠性。结合三相异步电动机启 – 保 – 停 PLC 控制系统的设计流程，对其控制系统进行设计。

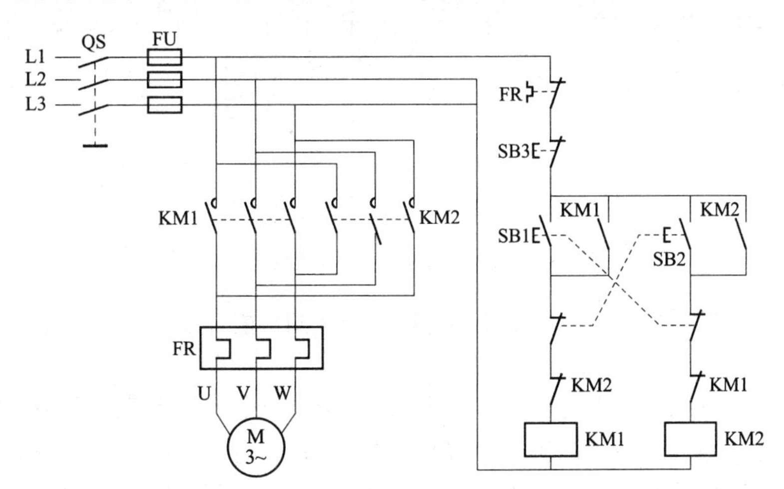

图 3–1　三相异步电动机正、反转继电器控制系统的电路

具体控制要求：按下正转启动按钮 SB1 时，电动机正向连续运行；按下停止按钮 SB3 或当热继电器 FR 动作时，电动机停止运行；按下反转启动按钮 SB2，电动机反向连续运行；最后按下停止按钮 SB3 或当热继电器 FR 动作时，电动机停止运行。上述动作可以循环操作。

3.1.1　梯形图编程的注意事项

尽管梯形图与继电器控制电路图在结构、元件符号及逻辑功能等方面类似，但也存在诸多不同，梯形图具有自己的编程规则。

（1）使用梯形图编程语言进行程序设计时，要按程序执行的顺序从左至右、自上而下的原则和对输出线圈的控制回路来绘制。每一行程序始于左母线，添加执行的逻辑条件（由常开触点、常闭触点或前两者的组合触点构成），通过输出线圈，终止于右母线（右母线省略）。

（2）合理安排编程顺序，既可以简化程序又可以缩短程序执行的周期。

① 多个串联回路相并联时，要将触点多的串联回路放在梯形图的最上面，如图 3–2 所示。

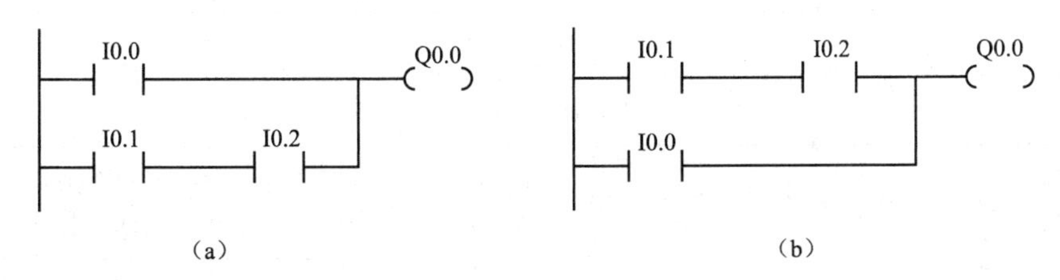

图 3–2　触点多的串联回路放在梯形图的最上面

（a）电路安排不合理；（b）电路安排合理

② 多个并联回路相串联时，要将触点多的并联回路放在梯形图的最左面，如图 3–3 所示。

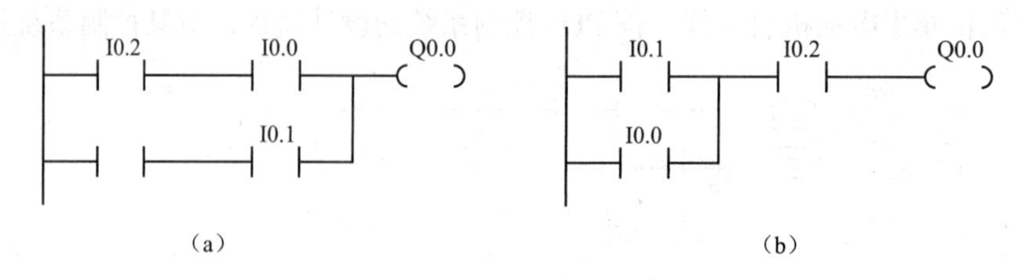

图 3–3　触点多的并联回路放在梯形图的最左面

（a）电路安排不合理；（b）电路安排合理

（3）梯形图中的触点可以任意串联或并联，但线圈只能并联而不能串联，并且不能将触点画到线圈的右边。

（4）触点应画在水平分支线上，不能画在垂直分支线上，其使用次数不受限制。

（5）线圈不能直接与左母线相连。如果需要无条件执行，可根据实际情况在线圈与左母线之间使用特殊存储器 SM0.0 或 SM0.1，也可以使用未定义的常闭触点。

（6）一般情况下，运用梯形图编写程序时，同一线圈只能出现一次。如果在程序中，同一线圈使用了两次或多次，称为“双线圈输出”。对于“双线圈输出”，有些 PLC 将其视为语法错误，绝对不允许；有些 PLC 则将前面的输出视为无效，只有最后一次输出有效。应尽量避免双线圈输出。不同的输出线圈可以并行输出。

（7）输入继电器的线圈是由现场中所产生的外部信号驱动的，不能在程序中有所体现，但它的触点可以使用。

（8）运用梯形图编写程序时，触点最好全部设置为常开，便于硬件设计与接线，不易出错。建议用户尽可能用输入设备的常开触点与 PLC 输入端连接，如果某些信号只能用常闭输入，可先按输入设备为常开来设计，然后将梯形图中对应的输入触点取反。

3.1.2　边沿触发指令

1. 指令的格式及其功能

边沿触发指令

S7–200CN 系列 PLC 的边沿触发指令包括上升沿触发指令和下降沿触发指令，是将输入脉冲的边沿作为触发信号。当信号从 0 变为 1 时，将产生一个上升沿；而从 1 变为 0 时，则产生一个下降沿。常用于启动和断开条件的判定，以及配合功能指令完成逻辑控制。其指令的格式及其功能如表 3–1 所示。

表 3–1　边沿触发指令的格式及其功能

指令名称	梯形图 LAD	语句表 STL		功能
		操作码	操作数	
上升沿触发指令	─┤ P ├─	EU	无	检测到上升沿时，使输出产生一个宽度为一个扫描周期的脉冲
下降沿触发指令	─┤ N ├─	ED	无	检测到下降沿时，使输出产生一个宽度为一个扫描周期的脉冲

【**例 3–1**】边沿触发指令的应用举例如图 3–4 所示。

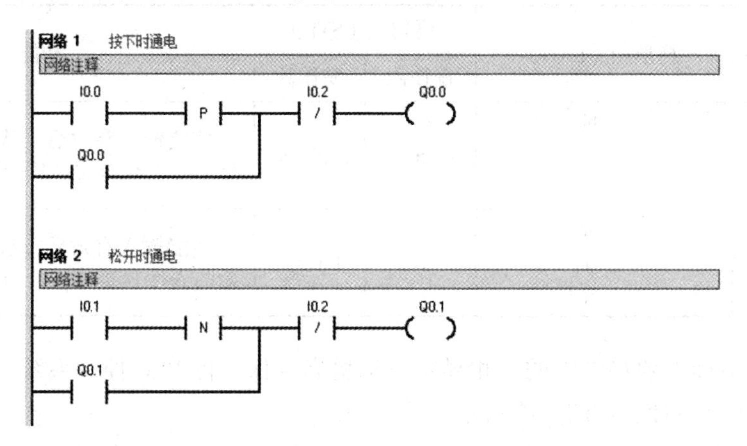

图 3–4　边沿触发指令的应用举例

程序及运行结果分析如下：

I0.0 的上升沿，经触点 EU 产生一个宽度为一个扫描周期的脉冲，驱动输出线圈 Q0.0，并保持。

I0.1 的下降沿，经触点 ED 产生一个宽度为一个扫描周期的脉冲，驱动输出线圈 Q0.1，并保持。

2. 边沿触发指令使用说明

（1）EU、ED 指令使用次数无限制。

（2）EU、ED 指令无操作数。

（3）EU、ED 指令只有在输入状态改变的时候。

（4）对于开机时就为接通状态的输入条件，EU 指令不执行，其输出产生一个宽度为一个扫描周期的脉冲。

记一记：

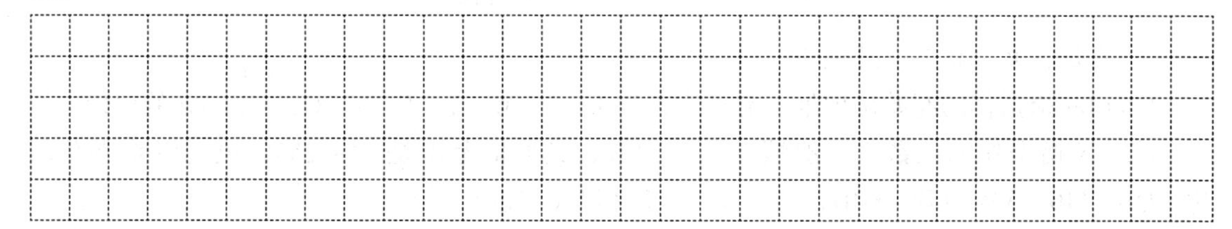

3.1.3　置位、复位指令

置位、复位指令

1. 指令的格式及其功能

置位、复位指令可以直接对指定的寄存器位进行置“1”或清“0”的操作并保持。其指令的格式及其功能如表 3–2 所示。

置位、复位指令与输出线圈指令的区别在于输出线圈指令不具备锁存功能，即前面逻辑运算结果是“0”，则输出就是“0”，前面逻辑运算结果是“1”，则输出就是“1”；而置位、复位指令具有锁存功能，即某寄存器位被置“1”后就一直保持，直至使用复位指令对其进行复位。

表 3-2　置位、复位指令的格式及其功能

指令名称	梯形图（LAD）	语句表（STL）		功能
		操作码	操作数	
置位指令	bit —(S) N	S	bit，N	使能输入有效后，从指定 bit 地址开始的 N 个位被置“1”并保持
复位指令	bit —(R) N	R	bit，N	使能输入有效后，从指定 bit 地址开始的 N 个位被清“0”并保持

【例 3-2】下面将项目二中的三相异步电动机启 - 保 - 停 PLC 控制系统的控制程序用置位、复位指令进行设计，如图 3-5 所示。

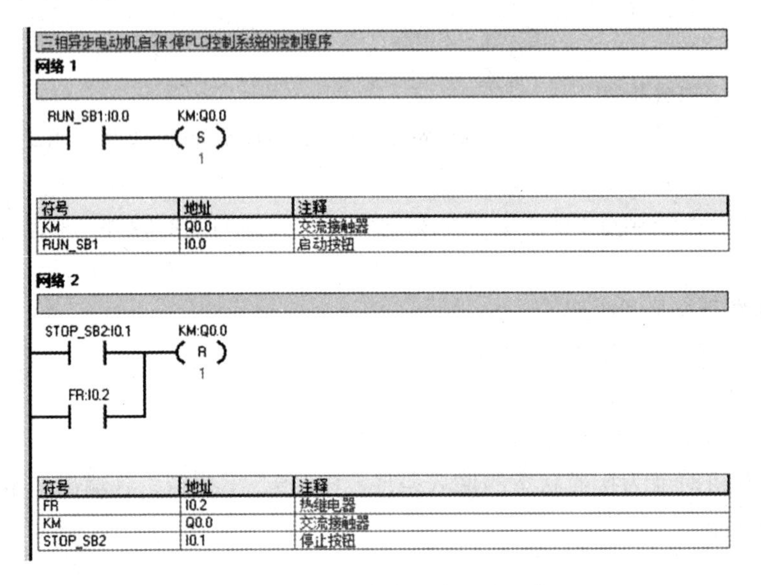

图 3-5　置位、复位指令设计程序

2. 置位、复位指令使用说明

（1）bit 指操作的起始位地址，寻址寄存器 I、Q、M、V、L、T、C、S 和 SM 的位值。

（2）N 指操作的位数，一般情况下为常数，其取值范围是 1 ~ 255，也可以是寄存器 IB、QB、MB、VB、LB、SMB、SB、AC、VD 和 LD 寻址。

（3）置位、复位指令具有“记忆”功能，当被置位时，其线圈保持通电状态；当被复位时，其线圈保持断电状态。

（4）置位、复位指令通常是成对使用的，也可以单独使用或与其他指令配合使用，对于同一元件可以多次使用置位、复位指令。

（5）对同一位地址进行置位、复位指令操作时，由于 PLC 采用扫描工作方式，当置位、复位指令同时有效时，写在后面的指令被有效执行。

（6）对定时器或计数器进行复位时，只是当前值被清零。

（7）为了使程序能够稳定运行，S、R 指令的驱动通常采用短信号脉冲。

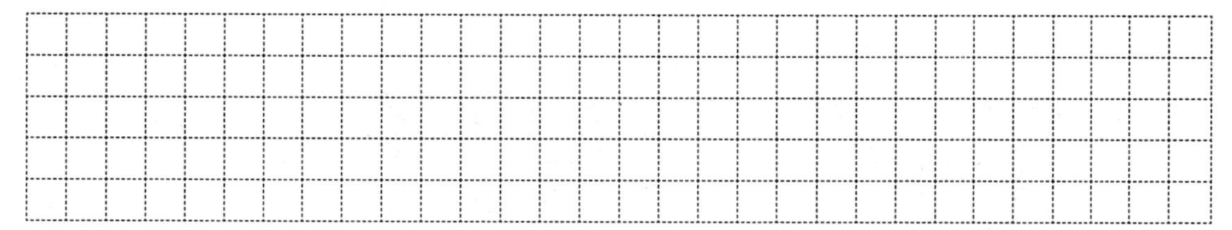

【任务实施】

一、控制要点分析

在程序设计过程中，要保证电动机能够正常工作，避免发生电源短路事故。因此，在电动机正、反转控制的两个接触器线圈电互相串联接入一个对方的动断触点，形成互锁控制。

二、I/O 分配表

由控制要求可知 PLC 需要 4 个输入点、2 个输出点，I/O 地址分配如表 3-3 所示。

表 3-3　I/O 分配表

输入		输出	
地址	功能	地址	功能
I0.0	正转启动按钮 SB1	Q0.1	交流接触器 KM1
I0.1	反转启动按钮 SB2	Q0.2	交流接触器 KM2
I0.2	停止按钮 SB3		
I0.3	热继电器 FR		

三、硬件接线图

三相异步电动机正、反转 PLC 控制系统的硬件设计与接线如图 3-6 所示。

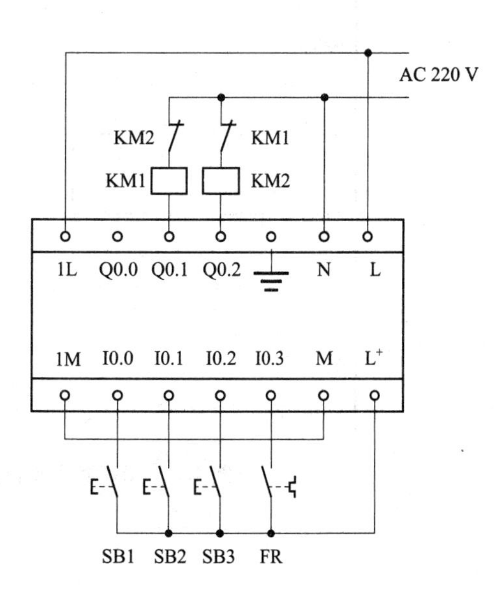

图 3-6　三相异步电动机正、反转 PLC 控制电路硬件接线图

四、设计梯形图程序

（1）打开编程软件，创建符号表，如图 3-7 所示。

（2）在主程序的编写区域内，运用基本逻辑指令和边沿触发指令进行控制程序设计，如图 3-8 所示。

（3）在主程序的编写区域内，运用置位、复位指令进行控制程序设计，如图 3-9 所示。

五、调试程序

以运用基本逻辑指令和边沿触发指令的控制程序设计为例，在程序编译无误后，通电下载到 PLC 中进行监控调试，采用程序状态监控方式。

	符号	地址	注释
1	Z_SB1	I0.0	正转启动按钮
2	F_SB2	I0.1	反转启动按钮
3	STOP_SB3	I0.2	停止按钮
4	FR	I0.3	热继电器
5	KM1	Q0.1	正转交流接触器
6	KM2	Q0.2	反转交流接触器

图 3-7　符号表

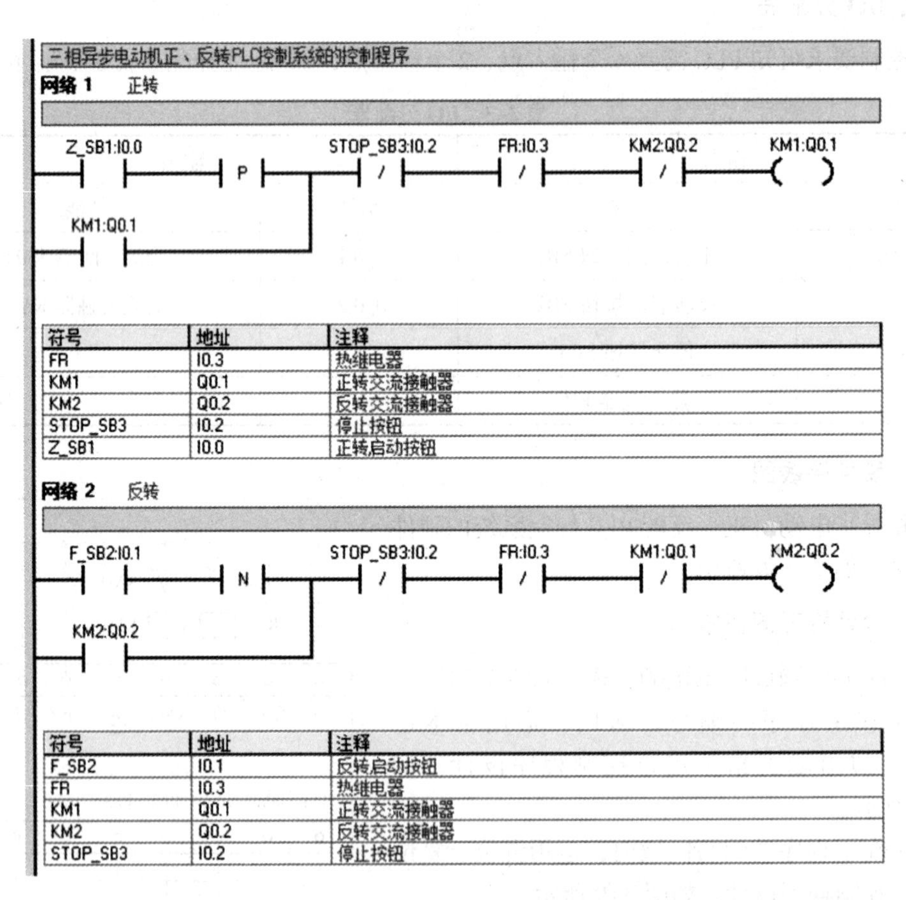

符号	地址	注释
FR	I0.3	热继电器
KM1	Q0.1	正转交流接触器
KM2	Q0.2	反转交流接触器
STOP_SB3	I0.2	停止按钮
Z_SB1	I0.0	正转启动按钮

符号	地址	注释
F_SB2	I0.1	反转启动按钮
FR	I0.3	热继电器
KM1	Q0.1	正转交流接触器
KM2	Q0.2	反转交流接触器
STOP_SB3	I0.2	停止按钮

图 3-8　运用基本逻辑指令和边沿触发指令编写的控制程序

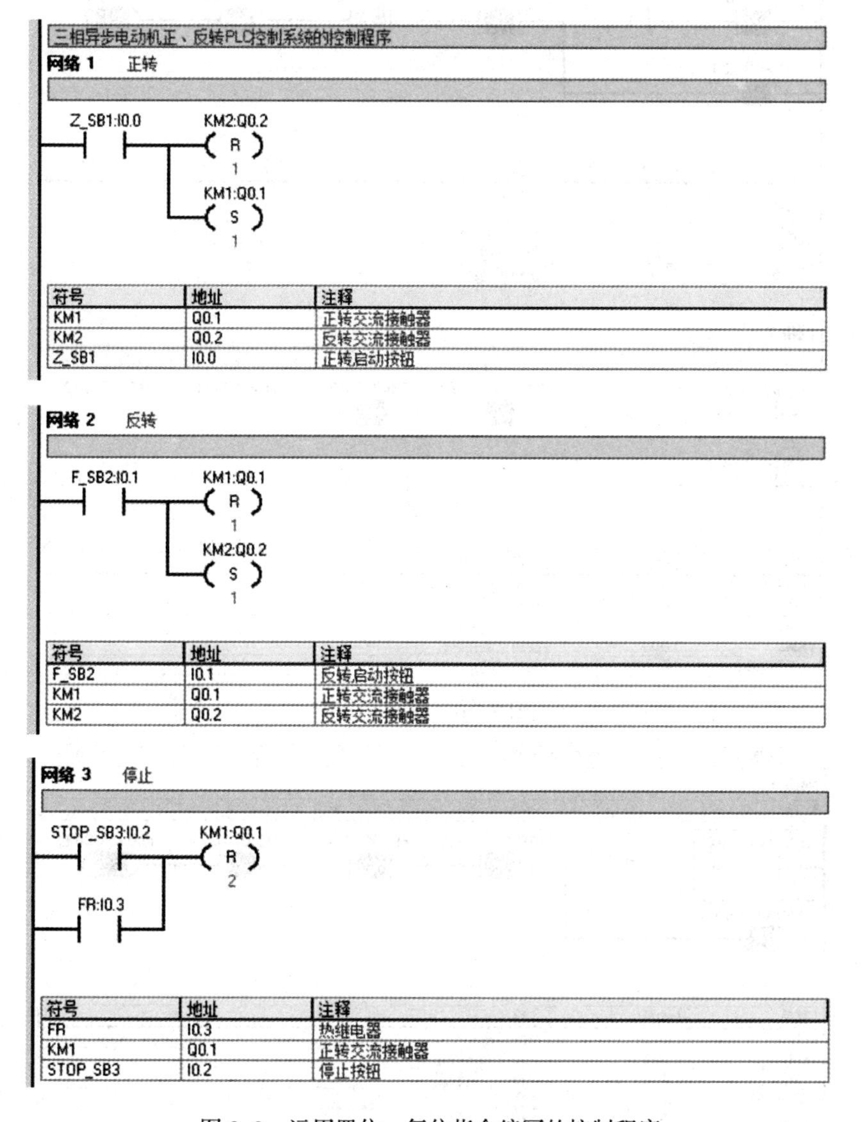

符号	地址	注释
KM1	Q0.1	正转交流接触器
KM2	Q0.2	反转交流接触器
Z_SB1	I0.0	正转启动按钮

符号	地址	注释
F_SB2	I0.1	反转启动按钮
KM1	Q0.1	正转交流接触器
KM2	Q0.2	反转交流接触器

符号	地址	注释
FR	I0.3	热继电器
KM1	Q0.1	正转交流接触器
STOP_SB3	I0.2	停止按钮

图 3-9　运用置位、复位指令编写的控制程序

启动程序状态监控，将输入点 I0.0 强制置 1，程序状态如图 3-10 所示。

将输入点 I0.0 取消强制，程序状态如图 3-11 所示。

将输入点 I0.2 强制置 1，程序状态如图 3-12 所示。

将输入点 I0.2 取消强制后，系统返回初始状态。

将输入点 I0.1 强制置 1，程序状态如图 3-13 所示。

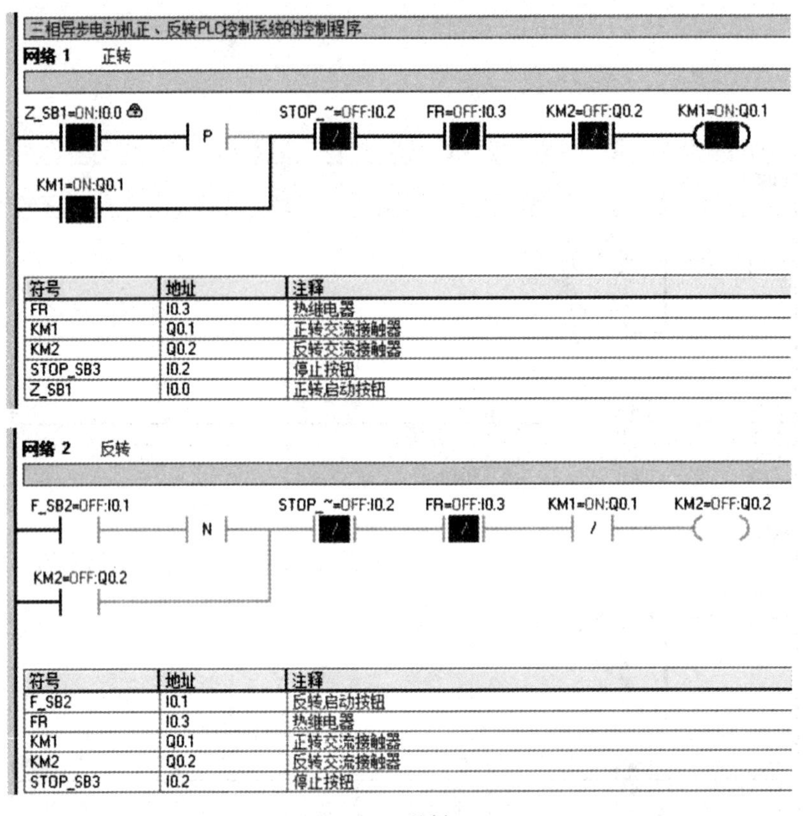

图 3-10 强制 I0.0

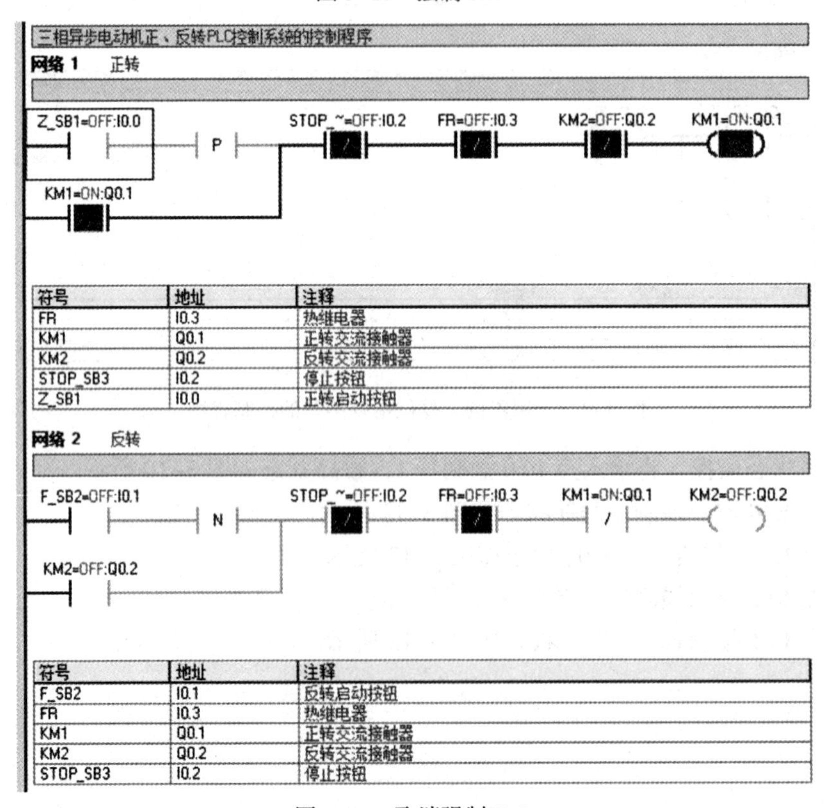

图 3-11 取消强制 I0.0

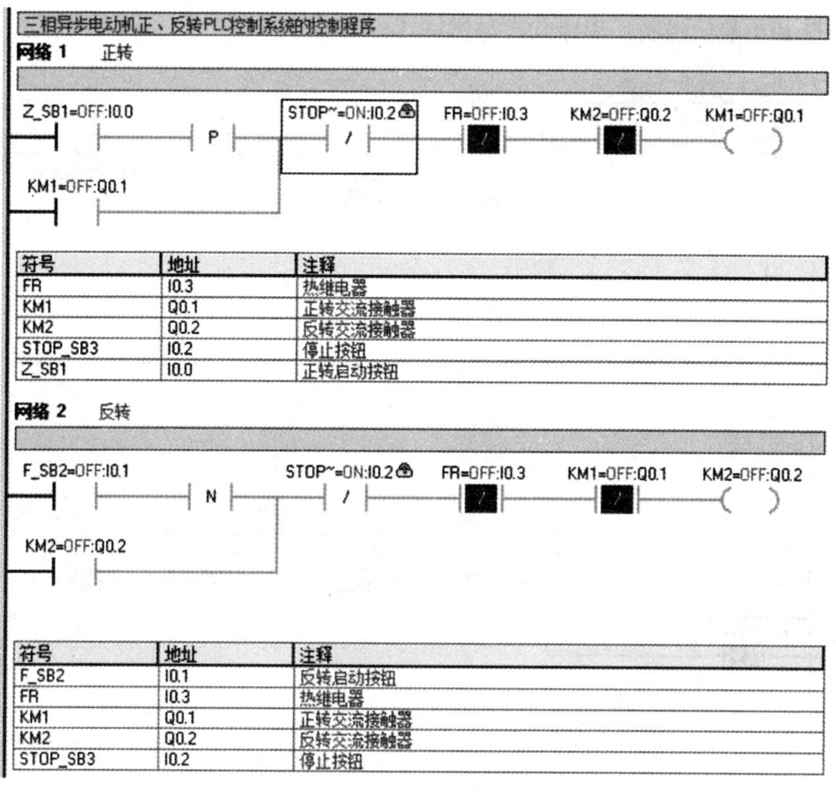

符号	地址	注释
FR	I0.3	热继电器
KM1	Q0.1	正转交流接触器
KM2	Q0.2	反转交流接触器
STOP_SB3	I0.2	停止按钮
Z_SB1	I0.0	正转启动按钮

符号	地址	注释
F_SB2	I0.1	反转启动按钮
FR	I0.3	热继电器
KM1	Q0.1	正转交流接触器
KM2	Q0.2	反转交流接触器
STOP_SB3	I0.2	停止按钮

图 3-12　强制 I0.2

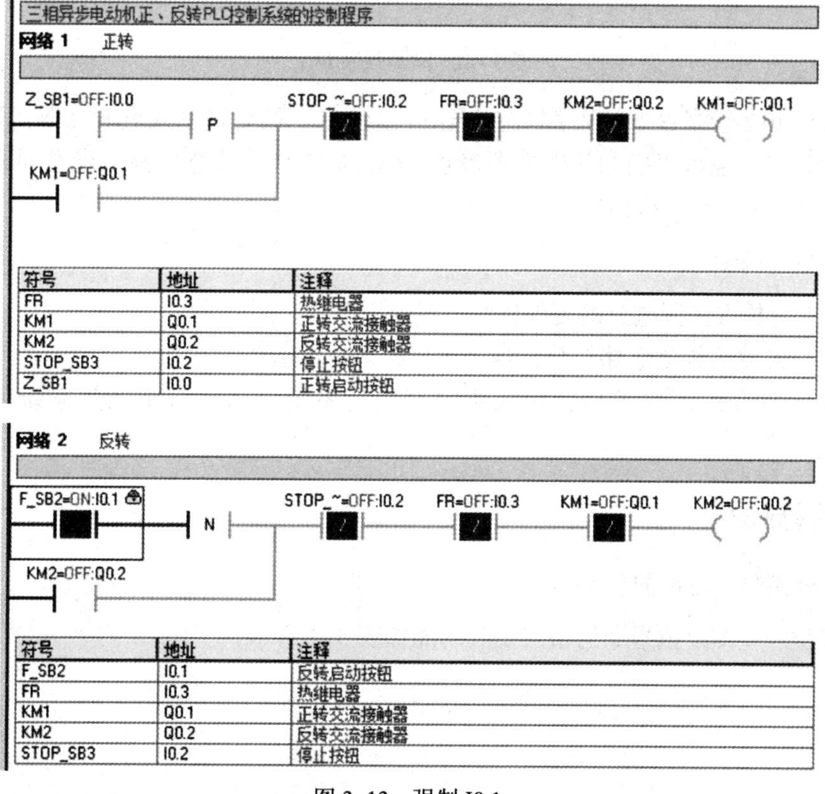

符号	地址	注释
FR	I0.3	热继电器
KM1	Q0.1	正转交流接触器
KM2	Q0.2	反转交流接触器
STOP_SB3	I0.2	停止按钮
Z_SB1	I0.0	正转启动按钮

符号	地址	注释
F_SB2	I0.1	反转启动按钮
FR	I0.3	热继电器
KM1	Q0.1	正转交流接触器
KM2	Q0.2	反转交流接触器
STOP_SB3	I0.2	停止按钮

图 3-13　强制 I0.1

将输入点 I0.1 取消强制，程序状态如图 3-14 所示。

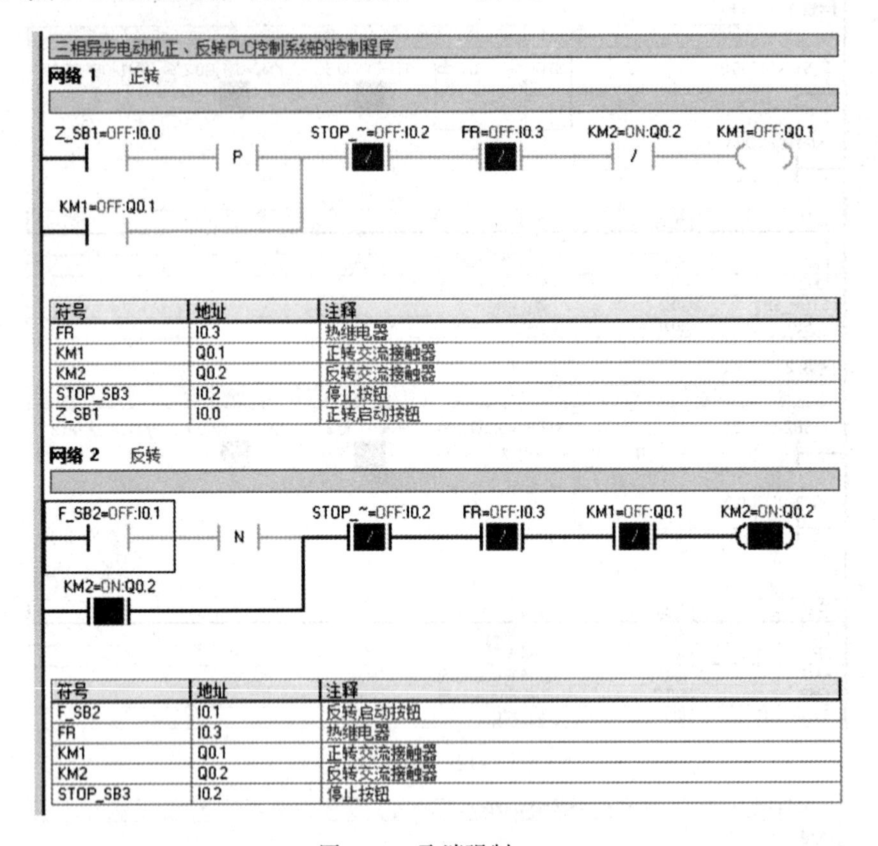

图 3-14　取消强制 I0.1

将输入点 I0.2 强制置 1，程序状态如图 3-12 所示。然后将输入点 I0.2 取消强制后，系统返回初始状态。也可以强制热继电器触点 I0.3，进行程序状态监控，步骤同输入点 I0.2。分析程序运行结果是否符合控制要求。

六、安装与调试

（1）安装并检查控制电路的硬件接线，确保用电安全。

（2）将 PLC 接入控制电路，分析程序运行结果是否达到任务要求。

（3）程序符合控制要求后，接入主电路进行系统调试，直至满足系统的控制要求为止。

【拓展知识】

一、立即置位、立即复位指令

立即置位、立即复位指令的格式及其功能如表 3-4 所示。

表 3-4　立即置位、立即复位指令的格式及其功能

指令名称	梯形图（LAD）	语句表（STL）		功能
		操作码	操作数	
立即置位指令	bit —(SI) N	SI	bit，N	执行立即置位（Set Immediate，SI）或立即复位（Reset Immediate，RI）指令时，从指定位地址开始的 N 个连续的物理输出点将被立即置位或复位，N=1 ~ 128。线圈中的 I 表示立即。该指令只能用于输出量（Q），新值被同时写入对应的物理输出点和输出过程映像寄存器
立即复位指令	bit —(RI) N	RI	bit，N	

【任务考核】

表 3-5　“三相异步电动机正、反转 PLC 控制”任务考核要求

姓名________　班级________　学号________　总得分______

任务编号及题目		3-1　三相异步电动机正、反转 PLC 控制		考核时间		
序号	主要内容	考核要求	评分标准	配分	扣分	得分
1	方案设计	根据控制要求，画出 I/O 分配表，并绘制 PLC 的外部接线图	1. I/O 点不正确或不全，每处扣 2 分； 2. PLC 的外部接线图画法不规范，每处扣 2 分； 3. PLC 的外部接线图元件选择不规范，每处扣 2 分	20		
2	程序设计与调试	能够正确地进行程序设计，编译后下载到 PLC 中，按动作要求进行调试，达到控制要求	1. 梯形图表达不正确，每处扣 2 分； 2. 梯形图画法不规范，每处扣 2 分； 3. 第一次试车不成功扣 5 分，第二次试车不成功扣 10 分，第三次试车不成功扣 20 分	30		
3	安装与调试	按 PLC 的外部接线图接线，要求接线正确、美观	1. 接线不紧固、不美观，每根扣 2 分； 2. 接点松动，每处扣 1 分； 3. 不按接线图接线，每处扣 2 分； 4. 错接或漏接，每处扣 2 分； 5. 露铜过长，每根扣 2 分	30		
4	安全与文明生产	遵守国家相关规定，学校“6S”管理要求，具备相关职业素养	1. 未穿戴防护用品，每条扣 5 分； 2. 出现事故或人为损坏设备扣 10 分； 3. 带电操作，扣 5 分； 4. 工位不整洁，扣 2 分	10		
5	故障分析与排除	能够排查运行中出现的电气故障，并能够正确分析和排除	1. 不能查出故障点，每处扣 5 分； 2. 查出故障点，但不能排除，每处扣 3 分	10		
完成日期						
教师签名						

任务二　三相异步电动机Y-△降压启动 PLC 控制

【任务描述】

因为三相交流异步电动机直接启动时，启动电流会达到额定值的 4 ~ 7 倍，电动机的功率越大，电网电压的波动率也就越大，对电动机及机械设备产生的危害也就越大。因此对大容量的电动机采用降压启动来限制启动电流，三相异步电动机Y-△降压启动是最常见的启动方式，它的继电器控制系统的电路如图 3-15 所示。现在需要改用 PLC 来控制，使用编程软件中的定时器来进行延时控制。

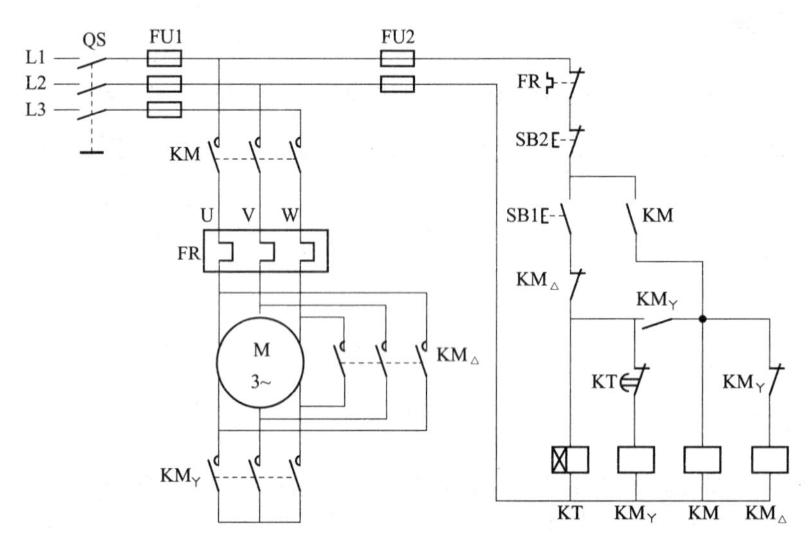

图 3-15　三相异步电动机Y-△降压启动继电器控制的电路图

具体控制要求：按下启动按钮 SB1，主接触器 KM1 线圈得电，1 s 后，接触器 KM2 线圈得电，电动机以Y连接启动；再过 6 s 后，接触器 KM2 线圈失电；再过 0.5 s 后，接触器 KM3 线圈得电，电动机以△连接运转。按下停止按钮 SB2 或当热继电器 FR 动作时，电动机停止运转。

【相关知识】

3.2.1　定时器指令

S7-200 CN 系列 PLC 提供了 256 个可供使用的定时器，即用户可用的定时器号为 T0 ~ T255。定时器分为 3 种类型，分别是接通延时定时器（TON）、断开延时定时器（TOF）和有记忆的接通延时定时器（TONR）。

定时器的主要参数有时间预设值、分辨率和状态位。其中，定时器的分辨率（时基）有 3 种，分别为 1 ms、10 ms 和 100 ms，取决于定时器号，决定了每个时间间隔的长短。不同分辨率（1 ms、10 ms 和 100 ms）的定时器按以下规律刷新：

1 ms：1 ms 分辨率的定时器，定时器位和当前值的更新不与扫描周期同步。对于大于 1 ms 的程序扫描周期，在一个扫描周期内，定时器位和当前值刷新多次。

10 ms：10 ms 分辨率的定时器，定时器位和当前值在每个程序扫描周期的开始刷新。定时器位和当前值在整个扫描周期过程中为常数。在每个扫描周期的开始会将一个扫描累计的时间间隔加到定时器的当前值上。

100 ms：100 ms 分辨率的定时器，定时器位和当前值在指令执行时刷新。因此为了保证正确的定时值，要确保在一个程序扫描周期中，只执行一次 100 ms 定时器指令。

定时器对时间间隔进行计数，其定时时间等于分辨率与设定值的乘积。当定时器的当前值等于或大于预设值时，状态位变为“1”，此时梯形图中代表状态位的触点动作，常开触点闭合，常闭触点断开。定时器的预设值和当前值均为 16 位的有符号整数（INT），允许的最大值为 32 767。

1. 接通延时定时器（TON）

接通延时定时器用于定时单个时间间隔，其指令格式及其功能如表 3-6 所示。

表 3-6　接通延时定时器指令的格式及其功能

指令名称	梯形图 LAD	语句表 STL		功能
		操作码	操作数	
接通延时定时器指令	TXXX IN　TON PT　??? ms	TON	TXXX，PT	接通延时定时器的使能输入端 IN 为“1”时，定时器开始计时；当定时器的当前值等于或大于预设值 PT 时，定时器位置为“1”；当定时器的使能输入端 IN 由“1”变为“0”时，定时器复位

对于接通延时定时器的梯形图参数说明如表 3-7 所示。

表 3-7　接通延时定时器的梯形图参数说明

参数	说明	数据类型	内存区域
<Txxx>	定时器编号或当前值	字	常数（T0 ~ T255）
<IN>	定时器触发	布尔	输入的是一个位逻辑信号，起使能作用
<PT>	预设时间	整数	IW、QW、MW、VW、SW、SMW、T、C、AC、LW、AIW、常数、*VD、*LD、*AC

对于接通延时定时器的分辨率和编号说明如表 3-8 所示。

表 3-8　定时器的分辨率和编号

定时器类型	分辨率 /ms	最大定时范围 /s	定时器编号
TON（不可保持）	1	32.767	T32，T96
	10	327.67	T33 ~ T36，T97 ~ T100
	100	3276.7	T37 ~ T63，T101 ~ T255

【例 3–3】接通延时定时器指令的应用举例如图 3–16 所示。

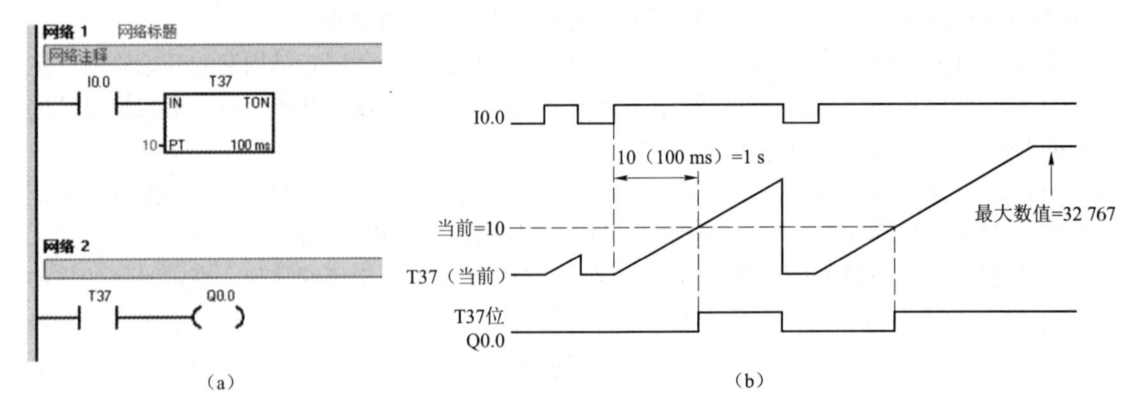

图 3–16　接通延时定时器指令的应用举例

（a）梯形图；（b）时序图

程序及运行结果分析如下：

接通延时定时器 T37 是 100 ms 分辨率的定时器，设定值为 10，则实际定时时间为

$$T=10\times100\ \text{ms}=1\ \text{s}$$

当输入端 I0.0 接通时，定时器 T37 开始计时，当定时器的当前值等于或大于预设值 1 s 时，定时器位置为“1”，输出端 Q0.0 接通。定时器累计值达到设定时间后，仍一直计时到最大值 32 767。当输入端信号断开时，接通延时定时器复位，即定时器的当前值为 0，定时器位为“0”，输出端 Q0.0 断开。

2. 断开延时定时器（TOF）

断开延时定时器用于在输入信号为 OFF（或 FALSE）条件下，延长一定时间间隔，输出端动作，例如冷却电动机的延时。其指令格式及其功能如表 3–9 所示。

表 3–9　断开延时定时器指令的格式及其功能

指令名称	梯形图 LAD	语句表 STL		功能
		操作码	操作数	
断开延时定时器指令	TXXX IN　TOF PT　??? ms	TOF	TXXX，PT	断开延时定时器的使能输入端 IN 为“1”时，定时器位置为“1”，当前值被清零；当定时器的使能输入端 IN 为“0”时，定时器开始计时；当定时器的当前值等于预设值 PT 时，定时器位由“1”变为“0”

对定时时间的要求，对于 TON 定时器而言，连接定时器 IN 端信号触点接通的时间必须大于或等于其设定值，TON 定时器才会被触发；对于 TOF 定时器而言，连接定时器 IN 端信号触点的断开时间必须大于或等于其设定值，TOF 定时器才会被触发。如果 TOF 定时器输入关闭的时间短于预设数值，则定时器位仍保持在打开状态。TOF 定时器指令必须要遇到从“打开”到“关闭”的状态转换才能开始计时。如果 TOF 定时器位于 SCR 区域内部，并且 SCR 区域处于非现用状态，则当前值被设为 0，计时器位被关闭，而且当前值不计时。

对于断开延时定时器的梯形图参数说明同接通延时定时器一样，如表 3–7 所示。对于断开延时定时器的分辨率和编号说明如表 3–10 所示。

表 3–10　定时器的分辨率和编号说明

定时器类型	分辨率 /ms	最大定时范围 /s	定时器编号
TOF（不可保持）	1	32.767	T32，T96
	10	327.67	T33 ～ T36，T97 ～ T100
	100	3 276.7	T37 ～ T63，T101 ～ T255

【例 3–4】断开延时定时器指令的应用举例如图 3–17 所示。

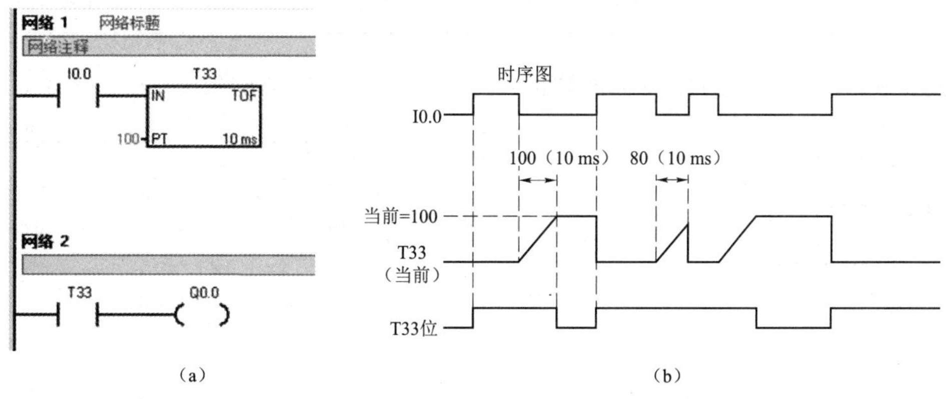

图 3–17　断开延时定时器指令的应用举例

（a）梯形图；（b）时序图

程序及运行结果分析如下：

断开延时定时器 T33 是 10 ms 分辨率的定时器，设定值为 100，则实际定时时间为

$$T=100 \times 10\ \text{ms}=1\ \text{s}$$

当输入端 I0.0 接通时，定时器位置为“1”，但定时器不计时，输出端 Q0.0 接通。当输入端信号断开时，定时器 T33 开始计时，当定时器的当前值等于预设值 1 s 时，定时器位变为“0”，并停止计时，输出端 Q0.0 断开。

3. 有记忆的接通延时定时器（TONR）

有记忆的接通延时定时器利用其时间记忆功能，用于累计多个定时时间间隔的时间值。TONR 定时器的复位只能用复位指令来实现。其指令格式及其功能如表 3–11 所示。

表 3–11　有记忆的接通延时定时器指令的格式及其功能

指令名称	梯形图（LAD）	语句表（STL）		功能
		操作码	操作数	
有记忆的接通延时定时器指令	TXXX IN　TONR PT　??? ms	TONR	TXXX，PT	有记忆的接通延时定时器的使能输入端 IN 为“1”时，定时器开始计时；当定时器的使能输入端 IN 由“1”变为“0”时，定时器暂停计时，但保持当前值不变；当定时器的当前值等于预设值 PT 时，状态位置为“1”。使用复位指令（R）清除定时器的当前值

对于有记忆的接通延时定时器的梯形图参数说明同接通延时定时器、断开延时定时器一样，如表 3–7 所示。对于有记忆的接通延时定时器的分辨率和编号说明如表 3–12 所示。

表 3–12　定时器的分辨率和编号说明

定时器类型	分辨率 /ms	最大定时范围 /s	定时器编号
TONR（可保持）	1	32.767	T0，T64
	10	327.67	T1 ~ T4，T65 ~ 68
	100	3 276.7	T5 ~ T31，T69 ~ T95

【**例 3–5**】有记忆的接通延时定时器指令的应用举例如图 3–18 所示。

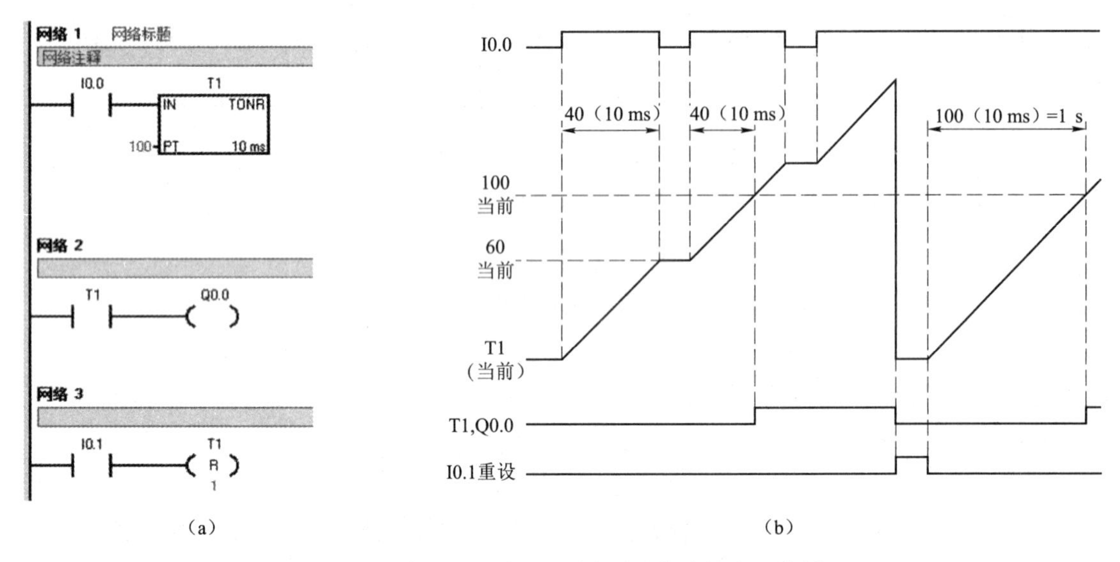

（a）　　（b）

图 3–18　有记忆的接通延时定时器指令的应用举例

（a）梯形图；（b）时序图

程序及运行结果分析如下：

有记忆的接通延时定时器 T1 是 10 ms 分辨率的定时器，设定值为 100，则实际定时时间为 T=10 × 100 ms=1 s。

当输入端 I0.0 接通时，有记忆的接通延时定时器 T1 开始计时。当输入端信号断开时，定时器当前值保持不变，定时器位不变。当输入端 I0.0 再次接通时，定时器从原来保持值开始继续计时，因此可以累计多个定时时间间隔。当定时器的当前值等于或大于预设值 1 s 时，定时器位置为“1”，输出端 Q0.0 接通，定时器累计值达到设定时间后，仍一直计时到最大值 32 767。当输入端 I0.1 接通时，利用复位指令 R 清除定时器当前值，定时器位变为“0”，输出端 Q0.0 断开。

4. 开始间隔时间和计算间隔时间

开始间隔时间和计算间隔时间的指令格式及其功能如表 3–13 所示。

表 3–13　开始间隔时间和计算间隔时间的指令格式及其功能

指令名称	梯形图 LAD	语句表 STL		功能
		操作码	操作数	
开始间隔时间指令	BGN_ITIME EN　ENO OUT	BITIM	OUT	读取内置 1 ms 定时器的当前值，并将该值存储于 OUT。双字毫秒值的最大计时间隔为 2^{32}，即 49.7 日
计算间隔时间指令	CAL_ITIME EN　ENO IN　OUT	CITIM	IN、OUT	计算当前时间与 IN 所提供时间的时差，将该时差值存储于 OUT，取决于 BGN_ITIME 指令的执行时间。CAL_ITIME 指令将自动处理发生在最大间隔内的 1 ms 定时器

对于开始间隔时间指令和计算间隔时间指令的梯形图参数说明如表 3–14 所示。

表 3–14　开始间隔时间指令和计算间隔时间指令的梯形图参数说明

参数	说明	数据类型	存储区
<IN>	输入值	双字	ID、QD、MD、VD、SD、SMD、AC、LD、*VD、*LD、*AC
<OUT>	输出值	双字	ID、QD、MD、VD、SD、SMD、AC、LD、*VD、*LD、*AC

【**例 3–6**】开始间隔时间指令和计算间隔时间指令的应用举例如图 3–19 所示。

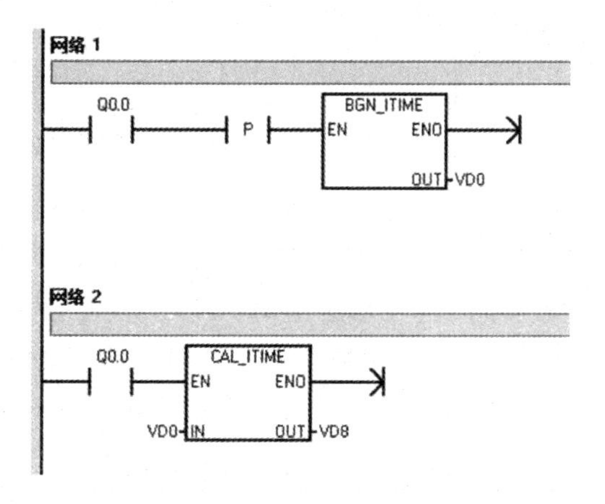

图 3–19　开始间隔时间指令和计算间隔时间指令的应用举例

程序及运行结果分析如下：

当输入端 Q0.0 的上升沿，经触点 EU 产生一个宽度为一个扫描周期的脉冲，输出给开始间隔时间指令使能信号，开始间隔时间指令读取内置 1 ms 定时器的当前值，并将该值存储于 OUT（VD0）。

当输入端 Q0.0 接通时，计算间隔时间指令接通，计算当前时间与 VD0 存储的时间的时差，将该时差值存储于 OUT（VD8）。

记一记：

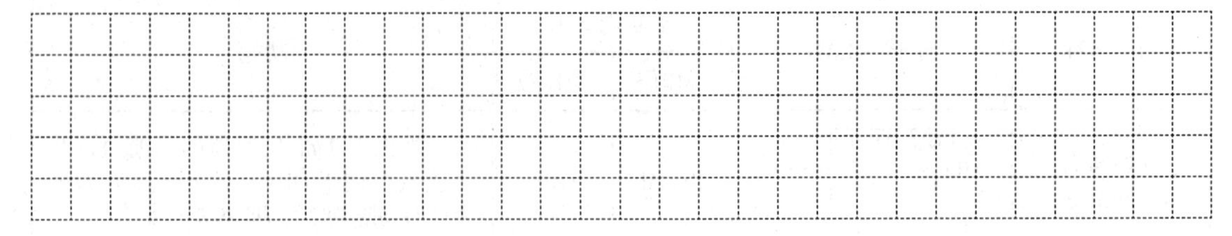

3.2.2 计数器指令

S7-200 CN 系列 PLC 提供 3 种类型计数器，分别是加计数器（CTU）、减计数器（CTD）和加减计数器（CTUD）。在 CPU 的用户存储器中，有为计数器保留的存储区，该存储区为每个计数器地址保留一个 16 位字。计数器指令是仅有的可访问计数器存储区的函数。

计数器的作用是对输入脉冲的次数进行计数。使用计数器指令对输入脉冲的上升沿进行脉冲个数的累计。其结构与定时器类似，是由一个预设值寄存器、一个当前值寄存器和状态位组成，预设值和当前值均为 16 位的有符号整数（INT），允许的最大值为 32 767。当前值寄存器用于存储累计脉冲的个数，当大于或等于预设值时，状态位置“1”。

1. 加计数器（CTU）

加计数器指令的格式及其功能如表 3-15 所示。

表 3-15 加计数器指令的格式及其功能

指令名称	梯形图（LAD）	语句表（STL）		功能
		操作码	操作数	
加计数器指令	CXXX CD CTU R PV	CTU	CXXX，PV	对输入 CU 的上升沿进行检测并加计数，当计数器的当前值等于或大于预设值 PV 时，计数器位置为“1”；当计数器的复位输入 R 为“1”时，计数器被复位，计数器当前值被清零，计数器位置为“0”

由表 3-15 可知，加计数器的编号 CXXX 在 0 ~ 255 范围内选择。计数器可以通过复位指令为其进行复位操作。CU 为计数器的计数脉冲；R 为计数器的复位；PV 为计数器的预设值，取值范围在 1 ~ 32 767。对于加计数器的梯形图参数说明如表 3-16 所示。

表 3-16 加计数器的梯形图参数说明

参数	说明	数据类型	内存区域
<Cxxx>	计数器编号或当前值	字	常数（C0 ~ C255）
CU	脉冲输入	布尔	输入的是一个位逻辑信号，起使能作用
<PV>	预设值	整数	IW、QW、MW、VW、SW、SMW、T、C、AC、LW、AIW、常数、*VD、*LD、*AC
R	复位	布尔	输入的是一个位逻辑信号，起使能作用

【例 3–7】加计数器指令的应用举例如图 3–20 所示。

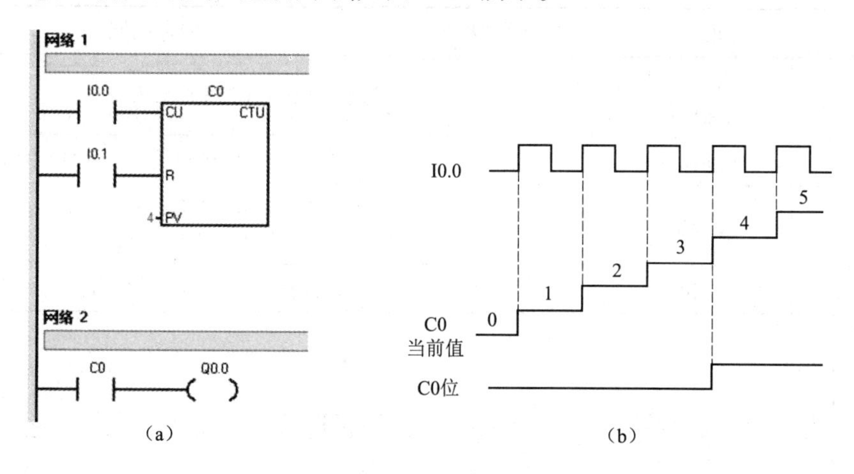

图 3–20　加计数器指令的应用举例

（a）梯形图；（b）时序图

程序及运行结果分析如下：

当输入端 I0.0 由断开到闭合，产生上升沿信号，计数器 C0 中的计数器输入端 CU 接收到脉冲信号，加计数器启动，计数值加 1，做递增计数，计数到最大值 32 767 为止。当计数器的当前值等于或大于预设值 4 时，计数器位置为“1”，输出端 Q0.0 接通。当复位输入端 R 有效时，计数器复位，计数器位为“0”，当前值被清零，也可以使用复位指令对计数器进行复位操作。

2. 减计数器（CTD）

减计数器指令的格式及其功能如表 3–17 所示。

表 3–17　减计数器指令的格式及其功能

指令名称	梯形图（LAD）	语句表（STL）		功能
		操作码	操作数	
减计数器指令	CXXX CD　CTD LD PV	CTD	CXXX，PV	减计数器是对输入 CD 的上升沿进行检测并减计数，当计数器的当前值等于 0 时，计数器位置为“1”，停止计数；当计数器装载 LD 置为“1”时，计数器的当前值恢复为预设值，计数器位置为“0”

由表 3–17 可知，减计数器和加计数器的编号相同。CD 为计数器的计数脉冲；LD 为计数器的装载端；PV 为计数器的预设值，取值范围在 1 ~ 32 767。对于减计数器的梯形图参数说明如表 3–18 所示。

【例 3–8】减计数器指令的应用举例如图 3–21 所示。

程序及运行结果分析如下：

表 3-18　减计数器的梯形图参数说明

参数	说明	数据类型	内存区域
<Cxxx>	计数器编号或当前值	字	常数（C0 ~ C255）
CD	脉冲输入	布尔	输入的是一个位逻辑信号，起使能作用
<PV>	预设值	整数	IW、QW、MW、VW、SW、SMW、T、C、AC、LW、AIW、常数、*VD、*LD、*AC
LD	复位	布尔	输入的是一个位逻辑信号，起使能作用

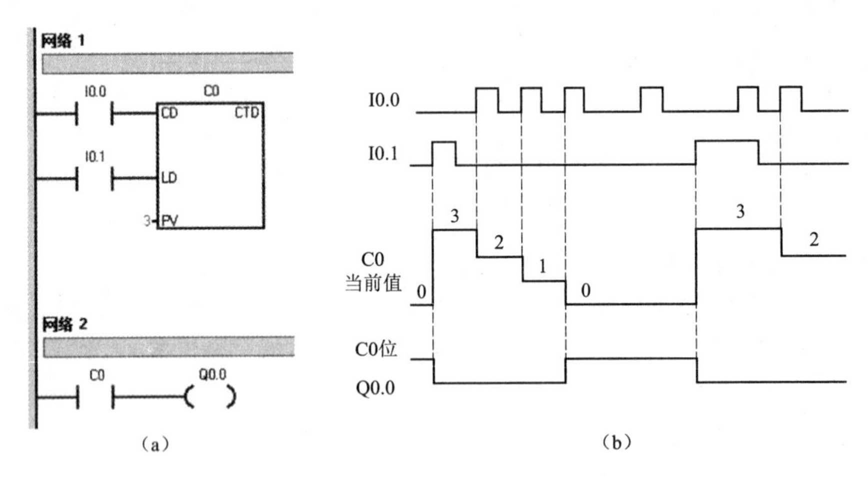

图 3-21　减计数器指令的应用举例

（a）梯形图；（b）时序图

当输入端 I0.0 由断开到闭合，产生上升沿信号，计数器 C0 中的计数器输入端 CD 接收到脉冲信号，减计数器启动，计数值减 1，做递减计数，直至为 0，停止计数。与此同时，计数器位置为“1”，输出端 Q0.0 接通。因减计数器无复位端，它是在装载输入端接通时，使计数器复位，同时把预设值 3 装入当前值寄存器中。

3. 加减计数器（CTUD）

加减计数器指令的格式及其功能如表 3-19 所示。

表 3-19　加减计数器指令的格式及其功能

指令名称	梯形图（LAD）	语句表（STL）		功能
		操作码	操作数	
加减计数器指令	CXXX CU　CTUD CD R PV	CTUD	CXXX，PV	加减计数器是对输入 CU 的上升沿进行检测并加计数，计数器的当前值加 1，输入 CD 的上升沿进行检测并减计数，计数器的当前值减 1，当计数器的当前值等于或大于预设值 PV 时，计数器位置为“1”；当计数器的复位输入 R 为“1”时，计数器被复位，计数器当前值被清零，计数器位置为“0”

由表 3–19 可知，加减计数器和加计数器、减计数器的编号相同。加减计数器可以通过复位指令为其进行复位操作。CU 为计数器的加计数脉冲；CD 为计数器的减计数脉冲；R 为计数器的复位；PV 为计数器的预设值，取值范围在 1 ～ 32 767。当计数器的当前值达到最大计数值 32 767 后，下一个 CU 上升沿将使计数器当前值变为最小值 –32 768；同样在当前计数值达到最小计数值 –32 768 后，下一个 CD 输入上升沿将使当前计数值变为最大值 32 767。对于加减计数器的梯形图参数说明如表 3–20 所示。

表 3–20　加减计数器的梯形图参数说明

参数	说明	数据类型	内存区域
<Cxxx>	计数器编号或当前值	字	常数（C0 ～ C255）
CU	脉冲输入	布尔	输入的是一个位逻辑信号，起使能作用
CD	脉冲输入	布尔	输入的是一个位逻辑信号，起使能作用
<PV>	预设值	整数	IW、QW、MW、VW、SW、SMW、T、C、AC、LW、AIW、常数、*VD、*LD、*AC
R	复位	布尔	输入的是一个位逻辑信号，起使能作用

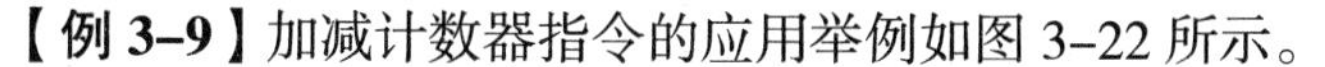
【例 3–9】加减计数器指令的应用举例如图 3–22 所示。

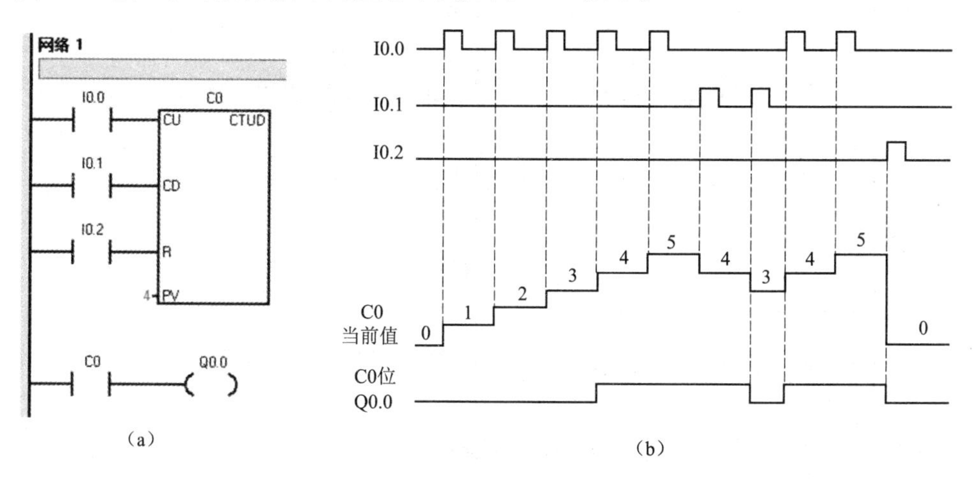

（a）

（b）

图 3–22　加减计数器指令的应用举例

（a）梯形图；（b）时序图

程序及运行结果分析如下：

当输入端 I0.0 由断开到闭合，产生上升沿信号，计数器 C0 中的计数器输入端 CU 接收到脉冲信号，加计数器启动，计数值加 1，做递增计数。当计数器的当前值等于或大于预设值 4 时，计数器位置“1”，输出端 Q0.0 接通。计数器的当前值等于 5 时，输入端 I0.1 由断开到闭合，产生上升沿信号，计数器 C0 中的计数器输入端 CD 接收到脉冲信号，减计数器启动，计数值减 1，做递减计数。当计数器的当前值小于预设值 4 时，计数器位置为“0”，输出端 Q0.0 断开。当复位输入端 R 有效时，计数器复位，计数器位为“0”，当前值被清零。也可以使用复位指令对计数器进行复位操作。

记一记：

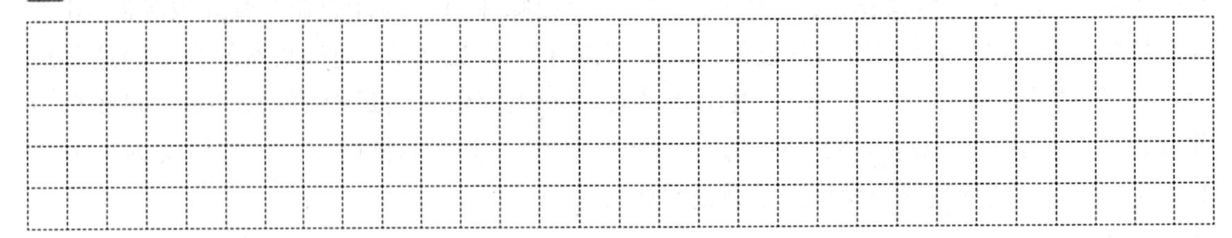

3.2.3 长延时程序设计

S7-200 系列 PLC 定时器的最长定时时间为 3 276.7 s，如果需要更长的定时时间，可以采用以下方法。

1. 多个定时器组合使用

【例 3-10】运用定时器指令编写 2 h 长延时。

根据题意可知，2 h=7 200 s，程序设计如图 3-23 所示。

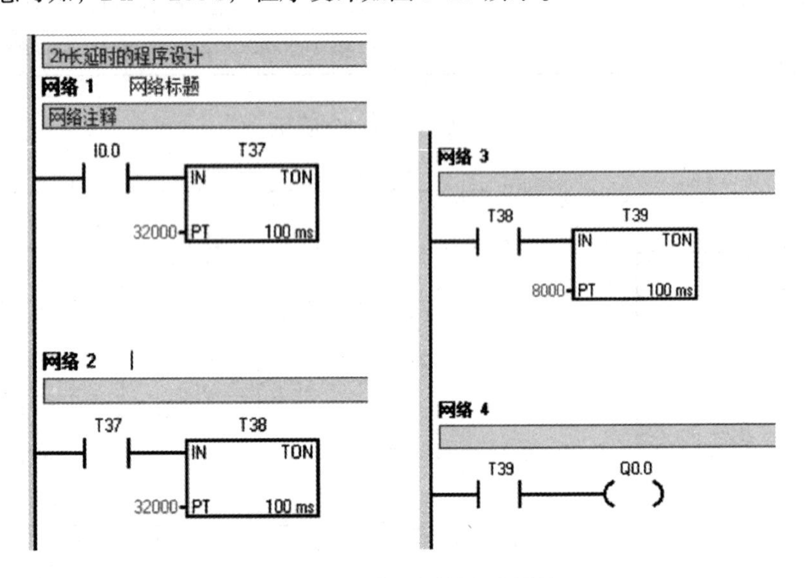

图 3-23　2 h 长延时的程序设计

程序及运行结果分析如下：

当常开触点 I0.0 接通时，定时器 T37 得电并开始计时；当计时到 3 200 s 时，T37 的常开触点闭合，又使定时器 T38 得电并开始计时；当计时到 3 200 s 时，T38 的常开触点闭合，又使定时器 T39 得电并开始计时；当计时到 800 s 时，T39 的常开触点闭合，输出线圈 Q0.0 接通。此过程，从 I0.0 接通开始到 Q0.0 得电共延时 7 200 s。

2. 定时器与计数器组合使用

【例 3-11】运用定时器与计数器指令编写 10 h 长延时。

根据题意可知，10 h=36 000 s，程序设计如图 3-24 所示。

程序及运行结果分析如下：

当常开触点 I0.0 接通时，定时器 T37 得电并开始计时，当计时到 1 800 s 时，T37 的常开触点闭合，产生上升沿信号，计数器 C0 中的计数器输入端 CU 接收到脉冲信号，加计数器启动，计数值加 1，做递增计数；T37 的常闭触点断开，定时器 T37 失电，重新开始计时，循环往复。当计数器 C0 的当前值等于预设值 20 时，计数器位置“1”，输出线圈 Q0.0 接通。此过程，从 I0.0 接通开始到 Q0.0 得电共延时 36 000 s。

3. 特殊标志位存储器 SM 和计数器组合使用

【例 3–12】运用特殊标志位存储器 SM 和计数器指令编写 8 h 长延时。

根据题意可知，8 h=28 800 s，程序设计如图 3–25 所示。

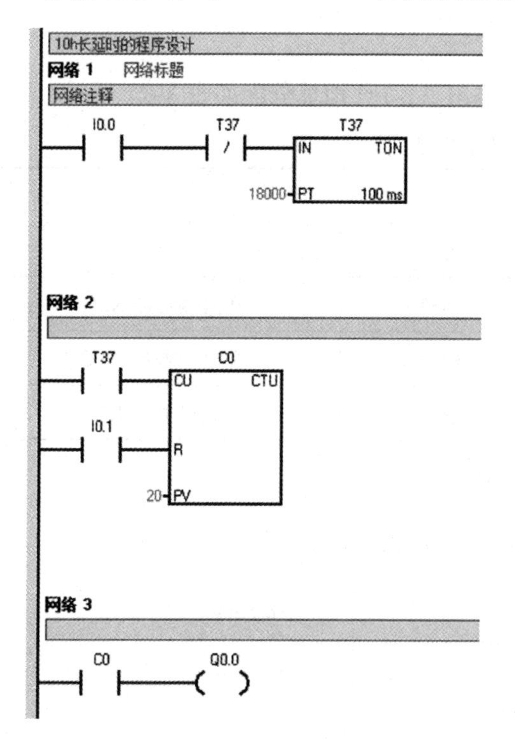

图 3–24　10 h 长延时的程序设计

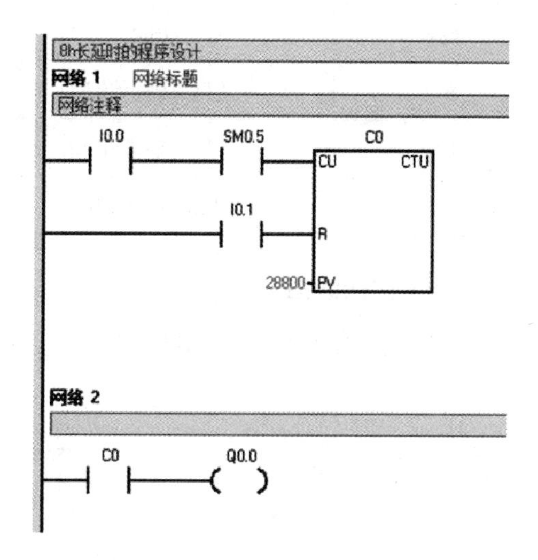

图 3–25　8 h 长延时的程序设计

程序及运行结果分析如下：

特殊标志位存储器 SM0.5，该位输出一个占空比为 50%，周期为 1 s 的脉冲，可作为输入脉冲信号。当常开触点 I0.0 接通时，SM0.5 以周期为 1 s 产生脉冲信号，计数器 C0 中的计数器输入端 CU 接收到脉冲信号，加计数器启动，计数值加 1，做递增计数，当计数器 C0 的当前值等于预设值 28 800 时，计数器位置“1”，输出线圈 Q0.0 接通。此过程，从 I0.0 接通开始到 Q0.0 得电共延时 28 800 s。

记一记：

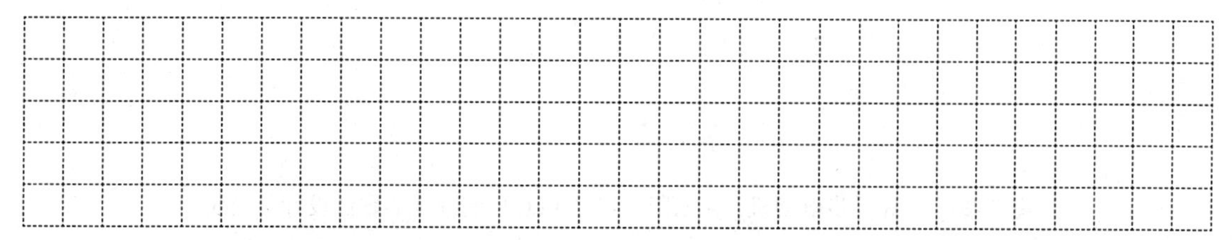

【任务实施】

一、控制要点分析

在程序设计过程中，要保证电动机能够正常工作，避免发生电源短路事故。因此，电动机 Y 控制接触器 KM2 和电动机△控制接触器 KM3 不能同时得电，可以互相串联接入一个对方的动断触点，形成电气互锁控制。也可以采用软件互锁，通过程序设计接触器 KM2 断电 0.5 s 后，接触器 KM3 才得电，确保前者断电后，后者才能接通。

二、I/O 分配表

由控制要求可知 PLC 需要 3 个输入点和 3 个输出点，I/O 地址分配如表 3-21 所示。

表 3-21　I/O 地址分配

输入		输出	
地址	功能	地址	功能
I0.1	启动按钮 SB1	Q0.1	交流接触器 KM1
I0.2	停止按钮 SB2	Q0.2	交流接触器 KM2
I0.3	热继电器 FR	Q0.3	交流接触器 KM3

三、硬件接线图

三相异步电动机 Y - △降压启动 PLC 控制系统的硬件设计与接线如图 3-26 所示。

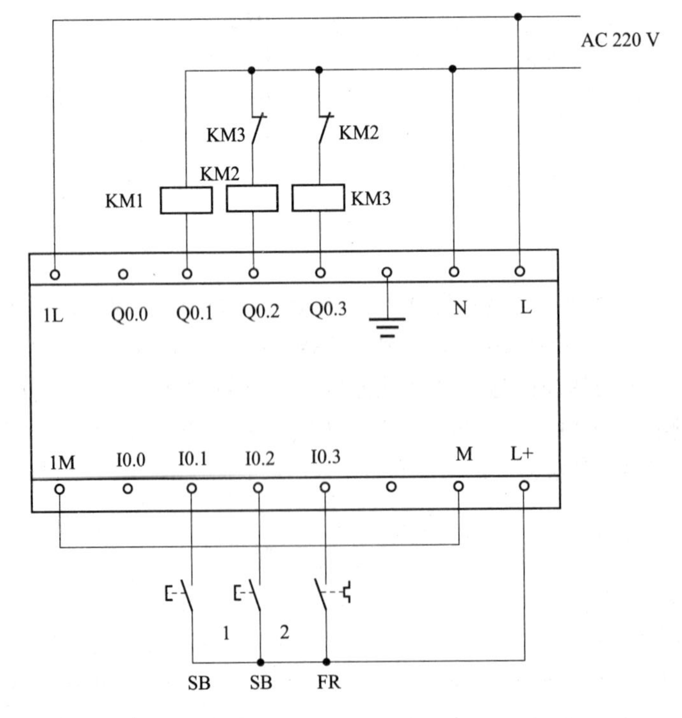

图 3-26　三相异步电动机 Y - △降压启动 PLC 控制系统的硬件设计与接线

四、设计梯形图程序

（1）打开编程软件，创建符号表，如图 3-27 所示。

			符号	地址	注释
1			RUN_SB1	I0.1	启动按钮
2			STOP_SB2	I0.2	停止按钮
3			FR	I0.3	热继电器
4			KM1	Q0.1	交流接触器KM1
5			KM2	Q0.2	交流接触器KM2
6			KM3	Q0.3	交流接触器KM3

图 3-27　符号表

（2）在主程序的编写区域内，运用基本逻辑指令和定时器指令进行控制程序设计，如图 3-28 所示。

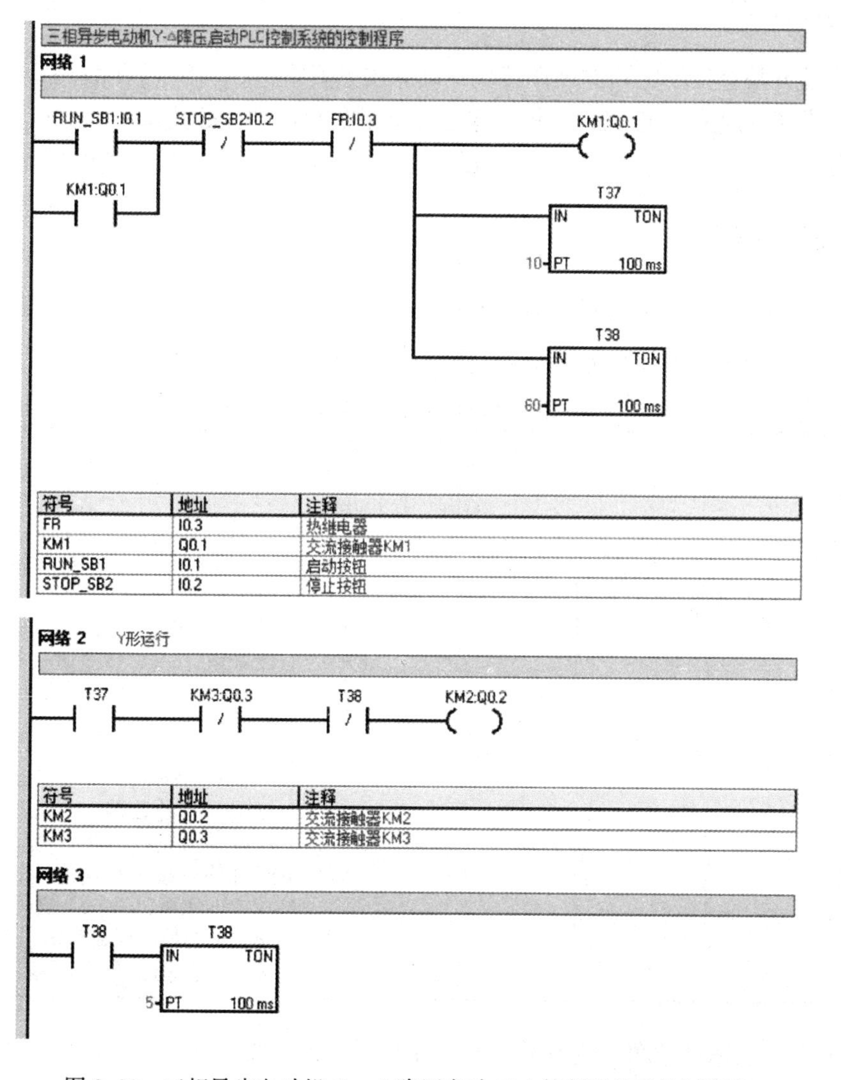

图 3-28　三相异步电动机 Y－△降压启动 PLC 控制系统的控制程序

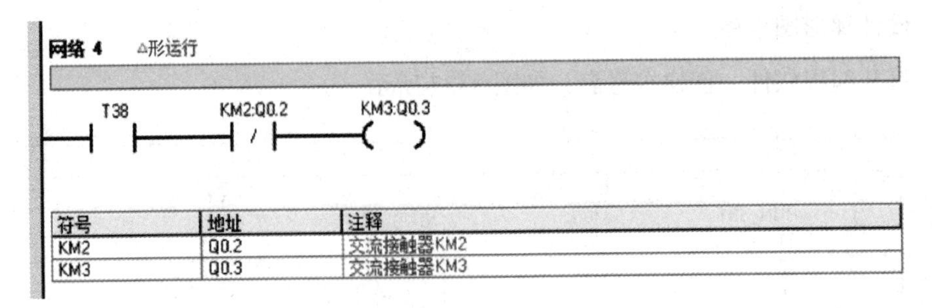

图 3-28　三相异步电动机Y－△降压启动 PLC 控制系统的控制程序（续）

五、调试程序

程序编译无误后，通电下载到 PLC 中进行监控调试。采用程序状态监控方式，具体操作流程参照任务一。

六、安装与调试

（1）安装并检查控制电路的硬件接线，确保用电安全。

（2）将 PLC 接入控制电路，分析程序运行结果是否达到任务要求。

（3）程序符合控制要求后，接入主电路进行系统调试，直至满足系统的控制要求为止。

【拓展知识】

一、定义高速计数器、高速计数器指令

定义高速计数器、高速计数器指令的格式及其功能如表 3-22 所示。

表 3-22　定义高速计数器、高速计数器指令的格式及其功能

指令名称	梯形图（LAD）	语句表（STL）		功能
		操作码	操作数	
定义高速计数器	HDEF EN　ENO HSC MODE	HDEF	HSC，MODE	选择特定的高速计数器（HSCx）的操作模式。模式选择定义高速计数器的时钟、方向、起始和复原功能。高速计数器累计 CPU 扫描速率不能控制的高速事件，可以配置最多 12 种不同的操作模式
高速计数器	HSC EN　ENO N	HSC	N	根据 HSC 特殊内存位的状态配置和控制高速计数器。参数 N 指定高速计数器的号码。对于双相计数器，两个时钟均可按最高速度运行。在正交模式中，您可以选择一倍（1×）或四倍（4×）的最高计数速率。所有的计数器按最高速率运行，而不会相互干扰

一般来说，高速计数器被用作驱动鼓形计时器设备，该设备有一个安装了增量轴式编码器的轴以恒定的速度转动。轴式编码器每圈提供一个确定的计数值和一个复位脉冲。来自轴

式编码器的时钟和复位脉冲作为高速计数器的输入。高速计数器装入一组预置值中的第一个值，当前计数值小于当前预置值时，希望的输出有效。计数器设置成在当前值等于预置值和有复位时产生中断。随着每次当前计数值等于预置值的中断事件的出现，一个新的预置值被装入并重新设置下一个输出状态。当出现复位中断事件时，设置第一个预置值和第一个输出状态，这个循环又重新开始。中断事件产生的速率远低于高速计数器的计数速率，用高速计数器可实现精确控制，而与 PLC 整个扫描周期的关系不大。采用中断的方法允许在简单的状态控制中用独立的中断程序装入一个新的预置值，这样使得程序简单直接，并容易读懂。

对于定义高速计数器、高速计数器指令的梯形图参数说明如表 3-23 所示。

表 3-23　触点指令的梯形图参数说明

参数	说明	数据类型	内存区域
<HSC>	计数器编号	字节	常数（0、1、2、3、4 或 5）
<MODE>	工作模式	字节	常数（0、1、2、3、4、5、6、7、8、9、10 或 11）
<N>	计数器编号	字节	常数（0、1、2、3、4 或 5）

【任务考核】

表 3-24　“三相异步电动机 Y－△降压启动 PLC 控制”任务考核要求

姓名__________　班级__________　学号__________　总得分________

任务编号及题目		3-2　三相异步电动机 Y－△降压启动 PLC 控制		考核时间		
序号	主要内容	考核要求	评分标准	配分	扣分	得分
1	方案设计	根据控制要求，画出 I/O 分配表，并绘制 PLC 的外部接线图	1. I/O 点不正确或不全，每处扣 2 分； 2. PLC 的外部接线图画法不规范，每处扣 2 分； 3. PLC 的外部接线图元件选择不规范，每处扣 2 分	20		
2	程序设计与调试	能够正确地进行程序设计，编译后下载到 PLC 中，按动作要求进行调试，达到控制要求	1. 梯形图表达不正确，每处扣 2 分； 2. 梯形图画法不规范，每处扣 2 分； 3. 第一次试车不成功扣 5 分，第二次试车不成功扣 10 分，第三次试车不成功扣 20 分	30		
3	安装与调试	按 PLC 的外部接线图接线，要求接线正确、美观	1. 接线不紧固、不美观，每根扣 2 分； 2. 接点松动，每处扣 1 分； 3. 不按接线图接线，每处扣 2 分； 4. 错接或漏接，每处扣 2 分； 5. 露铜过长，每根扣 2 分	30		
4	安全与文明生产	遵守国家相关规定，学校“6S”管理要求，具备相关职业素养	1. 未穿戴防护用品，每条扣 5 分； 2. 出现事故或人为损坏设备扣 10 分； 3. 带电操作，扣 5 分； 4. 工位不整洁，扣 2 分	10		

续表

序号	主要内容	考核要求	评分标准	配分	扣分	得分
5	故障分析与排除	能够排查运行中出现的电气故障，并能够正确分析和排除	1. 不能查出故障点，每处扣 5 分； 2. 查出故障点，但不能排除，每处扣 3 分	10		
完成日期						
教师签名						

任务三　三相异步电动机顺序启动、逆向停止 PLC 控制

【任务描述】

在机械生产过程中，某些工作场合要求电动机的启动、停止必须满足一定的顺序，如主轴电动机的启动必须在油泵启动之后，钻床的进给必须在主轴旋转之后等。电动机实现顺序控制要求，可以在主电路完成，也可以在控制电路完成。图 3-29 所示为三相异步电动机顺序启动、逆向停止继电器控制电路原理图，是通过控制电路来实现电动机的顺序控制。现在需要改用 PLC 来完成控制电路的程序设计。

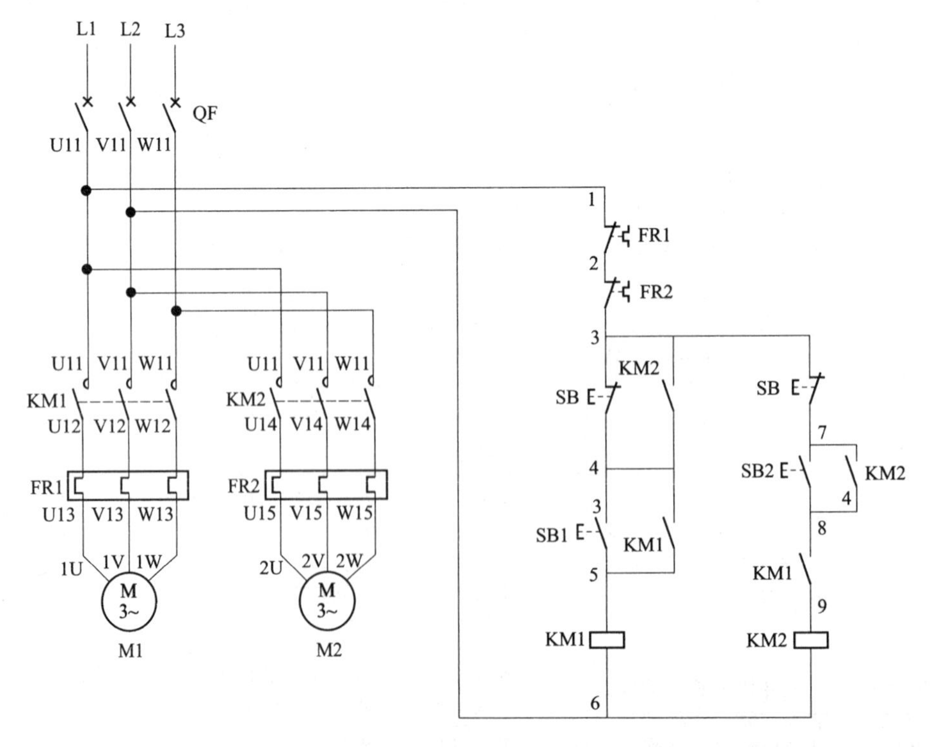

图 3-29　三相异步电动机顺序启动、逆向停止继电器控制的电路图

具体控制要求：接触器 KM1 的常开触点串联在接触器 KM2 线圈的控制电路上，当按下启动按钮 SB1 时，电动机 M1 启动运转，再按下启动按钮 SB2 时，电动机 M2 才会启动运转；若要电动机停止转动，需要先按下停止按钮 SB4，电动机 M2 停止转动，再按下停止按钮 SB3，电动机 M1 才停止转动。

【相关知识】

3.3.1　触点块指令

1. 指令的格式及其功能

某些梯形图的触点结构比较复杂，有重复的串联、并联或在一个节点上存在多个分支。运用梯形图进行程序设计时，需要使用触点块指令。其指令的格式及其功能如表 3-25 所示。

表 3-25　触点块指令的格式及其功能

指令名称	梯形图（LAD）	语句表（STL）		功能
		操作码	操作数	
触点块 串联指令		ALD	无	采用逻辑 AND（与）操作将堆栈第一级和第二级中的数值组合，并将结果载入堆栈顶部。执行 ALD 后，堆栈深度减 1
触点块 并联指令		OLD	无	采用逻辑 OR（或）操作将堆栈第一级和第二级中的数值组合，并将结果载入堆栈顶部。执行 OLD 后，堆栈深度减 1

【例 3-13】在梯形图中触点块指令的应用举例如图 3-30 所示。

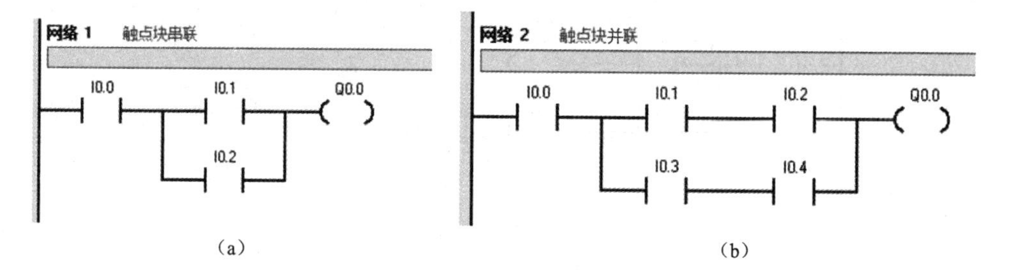

图 3-30　触点块指令的应用举例

（a）触点块串联指令的形式；（b）触点块并联指令的使用形式

2. 触点块指令使用说明

（1）运用梯形图进行程序设计时，触点块指令没有操作数，只是阶梯搭建的形式。

（2）当使用 STL 对复杂梯形图进行描述时，触点块指令只有助记符，没有操作数。将电路块与前面的电路串联或并联时，块的开始要使用 LD、LDN 指令。每完成一次电路块的

“与”或电路块的“或”指令时，都要写上 ALD 或 OLD 指令。触点块指令的应用－语句表形式如图 3–31 所示。

网络 1　触点块串联

```
LD      I0.0
LD      I0.1
O       I0.2
ALD
=       Q0.0
```

（a）

网络 2　触点块并联

```
LD      I0.0
LD      I0.1
A       I0.2
LD      I0.3
A       I0.4
OLD
ALD
=       Q0.0
```

（b）

图 3–31　触点块指令的应用－语句表形式

（a）触点块串联指令的语句表指令；（b）触点块并联指令的语句表指令

3.3.2　堆栈操作指令

运用梯形图进行程序设计时，不仅有简单的触点块串、并联，还会有复杂的触点块串、并联，形成多重分支电路。如果使用触点块指令生成一条分支母线，需再次使用 LD 装载指令，那么此时就需要用语句表的堆栈操作指令。常用的堆栈操作指令有 LPS 逻辑进栈、LRD 逻辑读取和 LPP 逻辑出栈指令。

堆栈是一组能够存储和取出数据的暂存单元，其特点是“先进后出”。每一次执行进栈操作，新的数值放入堆栈的顶部，堆栈的底值被推出栈并丢失；每一次进行出栈操作，堆栈的顶值被推出，堆栈的底值补进随机数。S7–200 系列 PLC 使用一个 9 层堆栈来处理所有逻辑操作，主要完成对触点的复杂连接。

（1）逻辑进栈指令（LPS）：复制堆栈中的顶值并使该数值进栈，堆栈底值被推出栈并丢失。

（2）逻辑读取指令（LRD）：将堆栈中的第二堆栈数值复制到堆栈顶部，不执行进栈或出栈，但原来堆栈的顶值被复制破坏。

（3）逻辑出栈指令（LPP）：将堆栈中的一个数值出栈，第二个堆栈数值成为堆栈新的顶值，其他层数据依次上移一位，堆栈的底值补进随机数。

为了保证程序地址指针的正确使用，LPS 和 LPP 指令必须成对使用，每一条 LPS 指令必须有一条对应的 LPP 指令，并且最后一条支路必须使用 LPP 指令。逻辑进栈指令（LPS）可以嵌套使用，最多可以进行 9 层嵌套。其使用方法如图 3–32 所示。

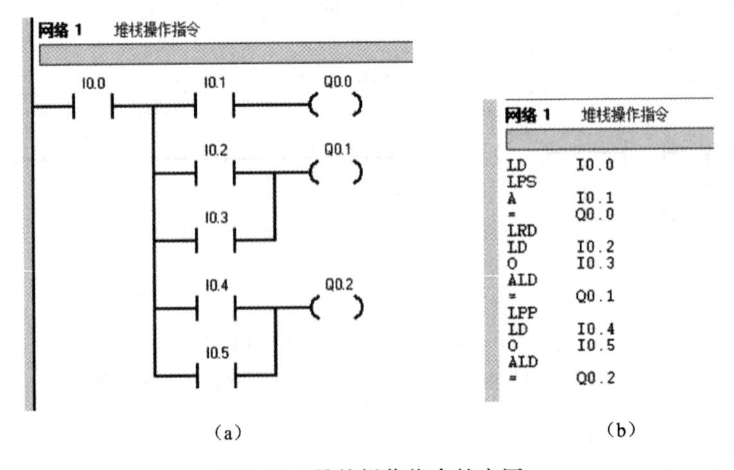

图 3–32　堆栈操作指令的应用

（a）堆栈操作指令的形式；（b）语句表形式

记一记：

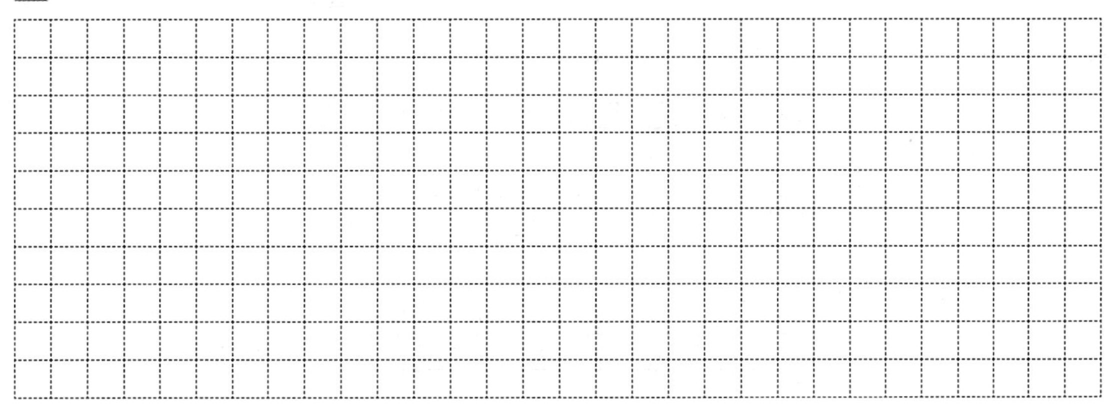

【任务实施】

一、控制要点分析

在程序设计过程中，要保证电动机能够按顺序正常启动，需串联接触器的常开触点，进行互锁；按顺序进行逆向停止时，需将先启动的电动机停止按钮两端并联后启动的控制电路接触器的一对常闭触点，只有后启动的电动机停止后，先启动的电动机才能停止工作。

二、I/O 分配表

由控制要求可知 PLC 需要 6 个输入点和 2 个输出点，I/O 地址分配如表 3-26 所示。

表 3-26　I/O 地址分配

输入		输出	
地址	功能	地址	功能
I0.0	电动机 1 启动按钮 SB1	Q0.1	交流接触器 KM1
I0.1	电动机 2 启动按钮 SB2	Q0.2	交流接触器 KM2
I0.2	电动机 1 停止按钮 SB3		
I0.3	电动机 2 停止按钮 SB4		
I0.4	电动机 1 热继电器 FR		
I0.5	电动机 2 热继电器 FR		

三、硬件接线图

三相异步电动机顺序启动、逆向停止 PLC 控制系统的硬件设计与接线如图 3-33 所示。

四、设计梯形图程序

（1）打开编程软件，创建符号表，如图 3-34 所示。

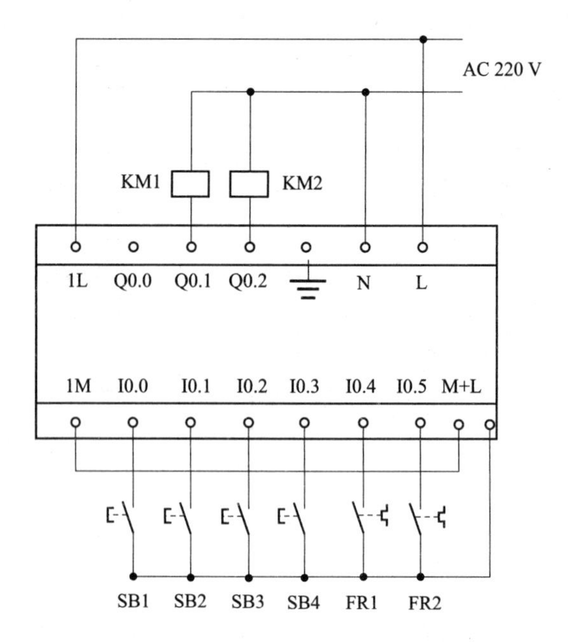

图 3–33　三相异步电动机顺序启动、逆向停止 PLC 控制系统的硬件设计与接线

			符号	地址	注释
1			RUN_SB1	I0.0	电动机1启动按钮
2			RUN_SB2	I0.1	电动机2启动按钮
3			KM1	Q0.1	接触器1
4			KM2	Q0.2	接触器2
5			STOP_SB3	I0.2	电动机1停止按钮
6			STOP_SB4	I0.3	电动机2停止按钮
7			FR1	I0.4	电动机1热继电器
8			FR2	I0.5	电动机2热继电器

图 3–34　符号表

（2）在主程序的编写区域内，进行控制程序设计，如图 3–35 所示。

五、调试程序

在程序编译无误后，通电下载到 PLC 中进行监控调试。采用程序状态监控方式，具体操作流程参照任务一。

六、安装与调试

（1）安装并检查控制电路的硬件接线，确保用电安全。

（2）将 PLC 接入控制电路，分析程序运行结果是否达到任务要求。

（3）程序符合控制要求后，接入主电路进行系统调试，直至满足系统的控制要求为止。

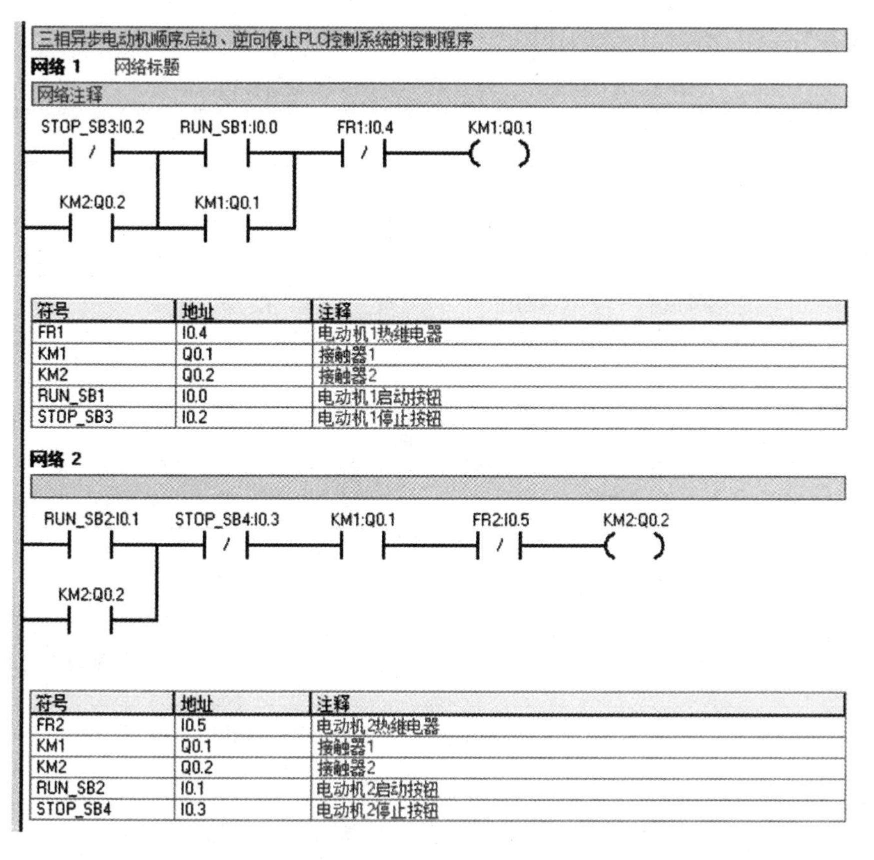

图 3-35　三相异步电动机顺序启动、逆向停止 PLC 控制系统的控制程序

【拓展知识】

一、位逻辑指令（拓展）

空操作、异或操作指令的格式及其功能如表 3-27 所示。

表 3-27　空操作、异或操作指令的格式及其功能

指令名称	梯形图 LAD	语句表 STL		功能
		操作码	操作数	
空操作	N NOP	NOP	N	常用来进行延时或者程序调试
异或操作	<address1> <address2> <address1> <address2>	X	address1，address2	可以检查被寻址位的信号状态是否为“1”，并将测试结果与逻辑运算结果（RLO）进行“异或”运算。也可以多次使用“异或”指令。因此，如果有奇数个被检查地址为“1”，则逻辑运算的交互结果为“1”。 如果两个指定位的信号状态不同，则创建状态为“1”的 ROL

对于空操作、异或操作指令的梯形图参数说明如表 3–28 所示。

表 3–28　空操作、异或操作指令的梯形图参数说明

参数	说明	数据类型	内存区域
<N>	空操作次数	字节	常数
<address1>	扫描的位	BOOL	I、Q、M、L、D、T、C
<address2>	扫描的位	BOOL	I、Q、M、L、D、T、C

【任务考核】

表 3–29　“三相异步电动机顺序启动、逆向停止 PLC 控制”任务考核要求

姓名＿＿＿＿＿　班级＿＿＿＿＿　学号＿＿＿＿＿　总得分＿＿＿＿

任务编号及题目		3–3　三相异步电动机顺序启动、逆向停止 PLC 控制	考核时间			
序号	主要内容	考核要求	评分标准	配分	扣分	得分
1	方案设计	根据控制要求，画出 I/O 分配表，并绘制 PLC 的外部接线图	1. I/O 点不正确或不全，每处扣 2 分； 2. PLC 的外部接线图画法不规范，每处扣 2 分； 3. PLC 的外部接线图元件选择不规范，每处扣 2 分	20		
2	程序设计与调试	能够正确地进行程序设计，编译后下载到 PLC 中，按动作要求进行调试，达到控制要求	1. 梯形图表达不正确，每处扣 2 分； 2. 梯形图画法不规范，每处扣 2 分； 3. 第一次试车不成功扣 5 分，第二次试车不成功扣 10 分，第三次试车不成功扣 20 分	30		
3	安装与调试	按 PLC 的外部接线图接线，要求接线正确、美观	1. 接线不紧固、不美观，每根扣 2 分； 2. 接点松动，每处扣 1 分； 3. 不按接线图接线，每处扣 2 分； 4. 错接或漏接，每处扣 2 分； 5. 露铜过长，每根扣 2 分	30		
4	安全与文明生产	遵守国家相关规定，学校“6S”管理要求，具备相关职业素养	1. 未穿戴防护用品，每条扣 5 分； 2. 出现事故或人为损坏设备扣 10 分； 3. 带电操作，扣 5 分； 4. 工位不整洁，扣 2 分	10		
5	故障分析与排除	能够排查运行中出现的电气故障，并能够正确分析和排除	1. 不能查出故障点，每处扣 5 分； 2. 查出故障点，但不能排除，每处扣 3 分	10		
完成日期						
教师签名						

【项目三考核】

表 3–30　“三相异步电动机 PLC 控制”项目考核要求

姓名＿＿＿＿＿　班级＿＿＿＿＿　学号＿＿＿＿＿　总得分＿＿＿＿

<table>
<tr><th>考核内容</th><th colspan="2">考核标准</th><th>标准分值</th><th>得分</th></tr>
<tr><td>学生自评</td><td colspan="2">结合自己在整个项目实施过程中的角色的重要性、学习态度、工作态度、团结协作能力等表现，给出自评成绩</td><td>10</td><td></td></tr>
<tr><td>学生互评</td><td colspan="2">根据该同学在整个项目实施过程中的项目参与度、角色的重要性、学习态度、工作态度、团结协作能力等表现，给出互评成绩</td><td>10</td><td></td></tr>
<tr><td rowspan="6">项目成果评价</td><td>总体设计</td><td>1. 任务分工是否明确；
2. 方案设计是否合理；
3. 软件和硬件功能划分是否合理</td><td>6</td><td></td></tr>
<tr><td>硬件电路设计与接线图绘制</td><td>1. 继电器控制系统电路原理图是否正确、合理；
2. PLC 选型是否正确、合理；
3. PLC 控制电路接线图设计是否正确、合理</td><td>12</td><td></td></tr>
<tr><td>程序设计</td><td>1. 流程图设计是否正确、合理；
2. 程序结构设计是否正确、合理；
3. 编程是否正确、有独到见解</td><td>12</td><td></td></tr>
<tr><td>安装与调试</td><td>1. 接线是否正确；
2. 能否熟练排除故障；
3. 调试后运行是否正确</td><td>14</td><td></td></tr>
<tr><td>学生工作页</td><td>1. 书写是否规范整齐；
2. 内容是否翔实具体；
3. 图形绘制是否完整、正确</td><td>6</td><td></td></tr>
<tr><td>答辩情况</td><td>结合该组同学在项目答辩过程回答问题是否准确，思路是否清晰，对该项目工作流程了解是否深入等表现，给出答辩成绩</td><td>10</td><td></td></tr>
<tr><td>教师评价</td><td colspan="2">该学生在整个项目实施过程中的出勤率、日常表现情况、学习态度、工作态度、团结协作能力、爱岗敬业精神以及职业道德等方面</td><td>20</td><td></td></tr>
<tr><td colspan="2">考评教师</td><td colspan="3"></td></tr>
<tr><td colspan="2">考评日期</td><td colspan="3"></td></tr>
</table>

【知识训练】

一、填空题

1. 定时器有三种类型，分别是______、______和______。
2. 累加器寻址的统一格式为______。
3. PLC 运行时总是 ON 的特殊存储器位是______。
4. 用来累计比 CPU 扫描速率还要快的事件的是______。
5. 计数器有三种类型，分别是______、______ 和______。

二、选择题

1. 高速计数器 HSC0 有（　　）种工作方式。

A. 8　　B. 1　　C. 12　　D. 9

2. 高速计数器 2 的控制字节是（　　）。

A. SMB37　　B. SMB47　　C. SMB57　　D. SMB137

3. 定义高速计数器指令的操作码是（　　）。

A. HDEF　　B. HSC　　C. HSC0　　D. MODE

三、判断题

1. 存储器 AI、AQ 只能使用双字寻址方式来存取信息。（　　）
2. 间接寻址是通过地址指针来存取存储器中的数据。（　　）
3. 暂停指令能够使 PLC 从 RUN 到 STOP，但不能立即终止主程序的执行。（　　）
4. 定时器类型不同但分辨率都相同。（　　）
5. 正跳变指令每次检测到输入信号由 0 变 1 之后，使电路接通一个扫描周期。（　　）

四、简答题

1. 用定时器串接法实现 5 000 s 的延时，画出梯形图。如果用定时器与计数器配合完成这一延时，应如何实现？画出梯形图。

2. 根据以下控制要求，分别编写两台电动机 M1 与 M2 的控制程序。

（1）启动时，M1 启动后 M2 才能启动；停止时，M2 停止后 M1 才能停止。

（2）M1 先启动，经过 20 s 后 M2 自行启动，M2 启动 5 min 后自行停止，1 min 后 M1 停止。

3. 用接在输入端 I0.0 的光电传感器检测传送带上通过的产品，有产品通过时 I0.0 为 ON，如果在 10 s 内没有产品通过，由 Q0.0 发出报警信号，用输入端 I0.1 外接的开关解除报警信号，画出梯形图。

4. 设计一个抢答器，有 4 个答题人，出题人提出问题，答题人按动抢答按钮，只有最先抢答的人对应的输出端指示灯被点亮。出题人按复位按钮，引出下一个问题，试设计梯形图程序。

PLC功能指令应用程序设计

【项目描述】

S7-200 系列 PLC 除了位逻辑指令、定时器指令、计数器指令外，还有很多功能指令。功能指令实际上是许多功能不同的子程序，所以又称为应用指令。

功能指令并不是表达梯形图符号间的逻辑关系，而是表达该指令要直接做什么，如数据传送、移位与循环移位、算术与逻辑运算、比较、数据处理、高速处理、外部输入 / 输出处理、外部设备通信等。对于现代工业过程控制领域，使用恰当的功能指令，可以简化程序，提高工作效率。本项目通过两个典型应用的控制实例，介绍 PLC 的功能指令。

【项目目标】

（1）掌握功能指令的形式、要素及手册查阅方法；

（2）掌握数据传送指令、算术运算指令、循环移位指令的功能及其使用方法；

（3）能够使用功能指令编写控制程序；

（4）通过查阅手册，会使用特殊功能指令编程；

（5）培养安全意识、质量意识和操作规范等职业素养。

任务一　跑马灯 PLC 控制

【任务描述】

一条基本逻辑指令只能完成一个特定的操作，而一条功能指令却能完成一系列的操作，相当于执行了一个子程序，所以功能指令的功能更加强大。

当今社会，很多城市为了美化城市环境，提高城市的整体形象，建设了许多亮化工程。其控制方式有很多种，采用 PLC 控制具有更高的稳定性，并且对于彩灯的控制方式可以多种多样，设计起来非常方便。

具体控制要求：当按下启动按钮 SB1 时，跑马灯按正方向依次闪亮，间隔 0.5 s；当按下启动按钮 SB2 时，跑马灯按反方向依次闪亮，间隔 0.5 s；当按下停止按钮 SB3 时，跑马灯全部熄灭。

【相关知识】

4.1.1 数据传送指令

数据传送指令可以对输入或输出模块与存储区之间或在存储器之间的信息进行交换。CPU 在每次扫描中将无条件执行这些指令。它是功能指令中使用最频繁的指令。

1. 字节、字、双字和实数的传送指令

SIMATIC 功能指令助记符中的 B、W、DW 和 R 分别表示操作数为字节（Byte）、字（Word）、双字（Double Word）和实数（Real）。

字节、字、双字和实数的传送指令的格式及其功能如表 4-1 所示。传送指令将输入的数据传送到输出，传送过程中不改变源地址中的数据值。

表 4-1 字节、字、双字和实数的传送指令的格式及其功能

指令名称	梯形图 LAD	语句表 STL		功能
		操作码	操作数	
传送字节指令	MOV_B EN ENO IN OUT	MOVB	IN、OUT	将输入字节（IN）移至输出字节（OUT）
传送字指令	MOV_W EN ENO IN OUT	MOVW	IN、OUT	将输入字（IN）移至输出字（OUT）
传送双字指令	MOV_DW EN ENO IN OUT	MOVDW	IN、OUT	将输入双字（IN）移至输出双字（OUT）
传送实数指令	MOV_R EN ENO IN OUT	MOVR	IN、OUT	将 32 位、实数输入双字（IN）移至输出双字（OUT）

对于字节、字、双字和实数的传送指令的梯形图参数说明如表 4–2 所示。

表 4–2　字节、字、双字和实数的传送指令的梯形图参数说明

参数	说明	数据类型	内存区域
<IN>	输入值	字节	VB、IB、QB、MB、SB、SMB、LB、AC、常数、*AC、*VD、*LD
		字	IW、QW、MW、VW、SW、SMW、T、C、AC、LW、AIW、常数、*VD、*LD、*AC
		双字	VD、ID、QD、MD、SD、SMD、LD、AC、HC、&VB、&IB、&QB、&MB、&SB、&T、&C、&SMB、&AIW、&AQW、常数、*VD、*LD、*AC
		实数	VD、ID、QD、MD、SD、SMD、LD、AC、常数、*VD、*LD、*AC
<OUT>	输出值	字节	VB、IB、QB、MB、SB、SMB、LB、*AC、*VD、*LD
		字	IW、QW、MW、VW、SW、SMW、T、C、AC、LW、AQW、*VD、*LD、*AC
		双字	VD、ID、QD、MD、SD、SMD、LD、AC、*VD、*LD、*AC
		实数	VD、ID、QD、MD、SD、SMD、LD、AC、*VD、*LD、*AC

【**例 4–1**】字节、字、双字和实数的传送指令的应用举例如图 4–1 所示。

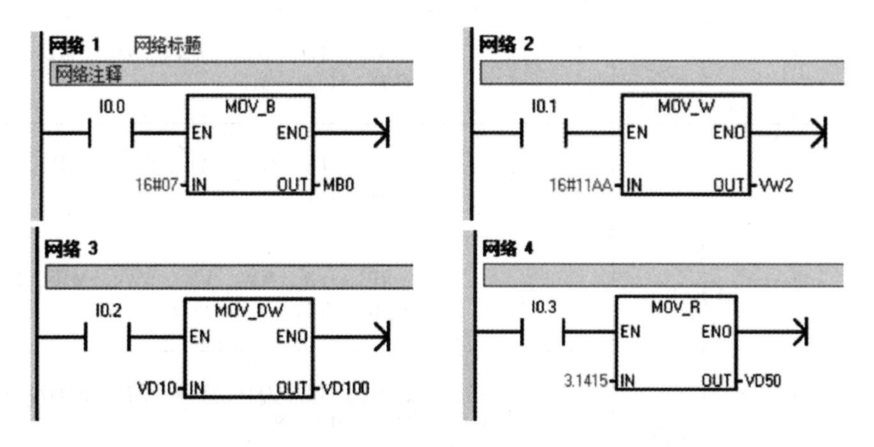

图 4–1　字节、字、双字和实数的传送指令的应用举例

2. 字节、字和双字块传送指令

字节、字和双字块传送指令的格式及其功能如表 4–3 所示。N 的范围为 1 ~ 255。

表 4–3　字节、字和双字块传送指令的格式及其功能

指令名称	梯形图 LAD	语句表 STL		功能
		操作码	操作数	
成块传送字节指令	BL KMOV_B EN ENO IN OUT N	BMB	IN、OUT，N	将字节数目（N）从输入地址（IN）移至输出地址（OUT）
成块传送字指令	BL KMOV_W EN ENO IN OUT N	BMW	IN、OUT，N	将字数目（N）从输入地址（IN）移至输出地址（OUT）
成块传送双字指令	BL KMOV_D EN ENO IN OUT N	BMD	IN、OUT，N	将双字数目（N）从输入地址（IN）移至输出地址（OUT）

对于字节、字和双字块传送指令的梯形图参数说明如表 4–4 所示。

表 4–4　字节、字和双字块传送指令的梯形图参数说明

参数	说明	数据类型	内存区域
<IN>	输入值	字节	VB、IB、QB、MB、SB、SMB、LB、*AC、*VD、*LD
		字	IW、QW、MW、VW、SW、SMW、T、C、LW、AIW、常数、*VD、*LD、*AC
		双字	VD、ID、QD、MD、SD、SMD、LD、AC、*VD、*LD、*AC
<OUT>	输出值	字节	VB、IB、QB、MB、SB、SMB、LB、*AC、*VD、*LD
		字	IW、QW、MW、VW、SW、SMW、T、C、LW、AQW、常数、*VD、*LD、*AC
		双字	VD、ID、QD、MD、SD、SMD、LD、AC、*VD、*LD、*AC
<N>	字节个数	字节	VB、IB、QB、MB、SB、SMB、LB、AC、常数、*AC、*VD、*LD

【例 4–2】字节、字和双字块传送指令的应用举例如图 4–2 所示。

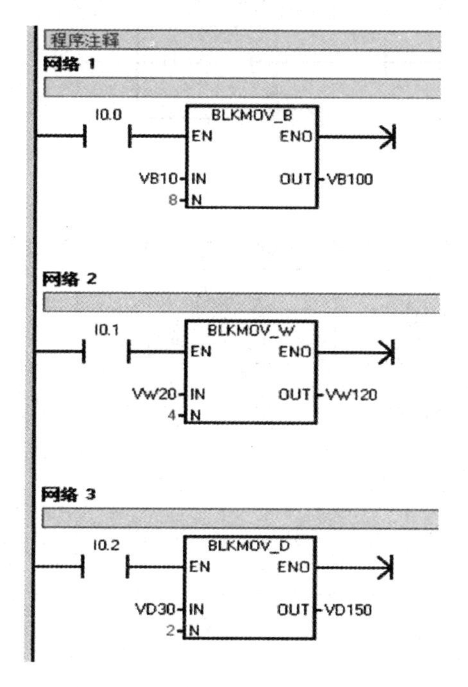

图 4–2　字节、字和双字块传送指令的应用举例

3. 字节交换指令

字节交换指令的格式及其功能如表 4–5 所示。

表 4–5　字节交换指令的格式及其功能

指令名称	梯形图 LAD	语句表 STL		功能
		操作码	操作数	
交换字节指令	SWAP EN ENO IN OUT	SWAP	IN	交换字（IN）的最高位字节和最低位字节

对于字节交换指令的梯形图参数说明如表 4–6 所示。

表 4–6　字节交换指令的梯形图参数说明

参数	说明	数据类型	内存区域
<IN>	输入值	字	IW、QW、MW、VW、SW、SMW、T、C、LW、AC、*VD、*LD、*AC

【例 4–3】字节交换指令的应用举例如图 4–3 所示。

4. 字节立即读写指令

字节立即读 / 写指令的格式及其功能如表 4–7 所示。

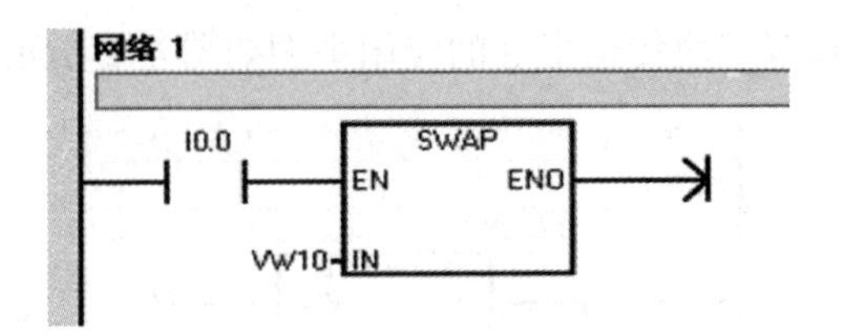

图 4–3　字节交换指令的应用举例

表 4–7　字节立即读 / 写指令的格式及其功能

指令名称	梯形图 LAD	语句表 STL		功能
		操作码	操作数	
字节立即读取指令	MOV_BIR EN ENO IN OUT	BIR	IN、OUT	读取实际输入 IN（作为字节），并将结果写入 OUT，但进程映像寄存器未更新
字节立即写入指令	MOV_BIW EN ENO IN OUT	BIW	IN、OUT	指令从位置 IN 读取数值并写入实际输入 OUT 以及对应的“进程图像”位置

对于字节立即读 / 写指令的梯形图参数说明如表 4–8 所示。

表 4–8　字节立即读 / 写指令的梯形图参数说明

指令	参数	说明	数据类型	内存区域
字节立即读取指令	<IN>	输入值	字节	IB、*AC、*VD、*LD
	<OUT>	输出值	字节	VB、IB、QB、MB、SB、SMB、LB、*AC、*VD、*LD
字节立即写入指令	<IN>	输入值	字节	VB、IB、QB、MB、SB、SMB、LB、常数、*AC、*VD、*LD
	<OUT>	输出值	字节	QB、*AC、*VD、*LD

【例 4–4】字节立即读 / 写指令的应用举例如图 4–4 所示。

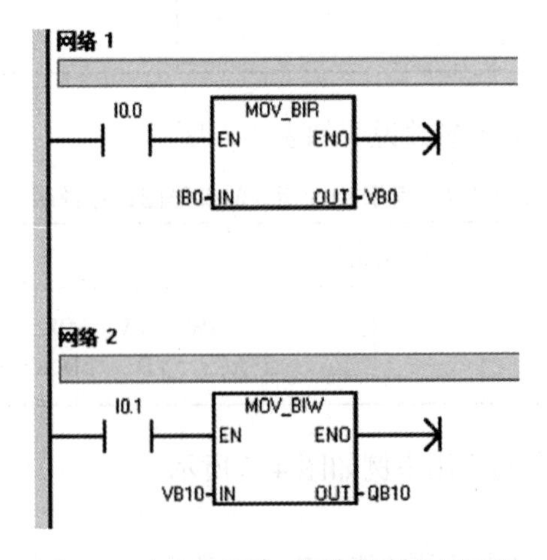

图 4–4　字节立即读 / 写指令的应用举例

4.1.2　移位和循环移位指令

可使用移位指令逐位向左或向右移动输入端 IN 的内容。向左移 n 位会将输入 IN 的内容乘以 2 的 n 次幂，向右移 n 位则会将输入 N 的内容除以 2 的 n 次幂。设计人员为输入参数 N 提供的数值指示要移动的位数。由移位指令移空的位会用零或符号位的信号状态（0 表示正，1 表示负）补上。

1. *右移位和左移位指令*

右移位和左移位指令的格式及其功能如表 4–9 所示。

表 4–9　右移位和左移位指令的格式及其功能

指令名称	梯形图 LAD	语句表 STL		功能
		操作码	操作数	
右移位字节指令	SHR_B EN ENO IN OUT N	SRB	OUT，N	将输入字节数值（IN）根据移位计数（N）向右或向左移动，并将结果载入输出字节（OUT）。移位指令对每个移出位补 0。如果移位数目（N）大于或等于 8，则数值最多被移位 8 次；如果移位数目（N）大于 0，溢出内存位（SM1.1）采用最后一次移出位的数值；如果移位操作结果为 0，设置 0 内存位（SM1.0）。右移和左移字节操作不带符号
左移位字节指令	SHL_B EN ENO IN OUT N	SLB	OUT，N	
右移位字指令	SHR_W EN ENO IN OUT N	SRW	OUT，N	将输入字数值（IN）根据移位计数（N）向右或向左移动，并将结果载入输出字节（OUT）。如果移位数目（N）大于或等于 16，则数值最多被移位 16 次。当使用带符号的数据类型时，符号位被移位
左移位字指令	SHL_W EN ENO IN OUT N	SLW	OUT，N	
右移位双字指令	SHR_DW EN ENO IN OUT N	SRD	OUT，N	将输入双字数值（IN）根据移位计数（N）向右或向左移动，并将结果载入输出字节（OUT）。如果移位数目（N）大于或等于 32，则数值最多被移位 32 次。当使用带符号的数据类型时，符号位被移位
左移位双字指令	SHL_DW EN ENO IN OUT N	SLD	OUT，N	

右移位和左移位指令的梯形图参数说明如表 4–10 所示。

【例 4–5】右移位和左移位字节指令的应用举例如图 4–5 所示。

表 4–10　右移位和左移位指令的梯形图参数说明

参数	说明	数据类型	内存区域
<IN>	输入值	字节	VB、IB、QB、MB、SB、SMB、LB、AC、常数、*AC、*VD、*LD
		字	IW、QW、MW、VW、SW、SMW、T、C、LW、AIW、AC、常数、*VD、*LD、*AC
		双字	VD、ID、QD、MD、SD、SMD、LD、AC、HC、*VD、常数、*LD、*AC
<OUT>	输出值	字节	VB、IB、QB、MB、SB、SMB、LB、*AC、*VD、*LD
		字	IW、QW、MW、VW、SW、SMW、T、C、LW、AC、*VD、*LD、*AC
		双字	VD、ID、QD、MD、SD、SMD、LD、AC、*VD、*LD、*AC
<N>	移位计数	字节	VB、IB、QB、MB、SB、SMB、LB、AC、常数、*AC、*VD、*LD

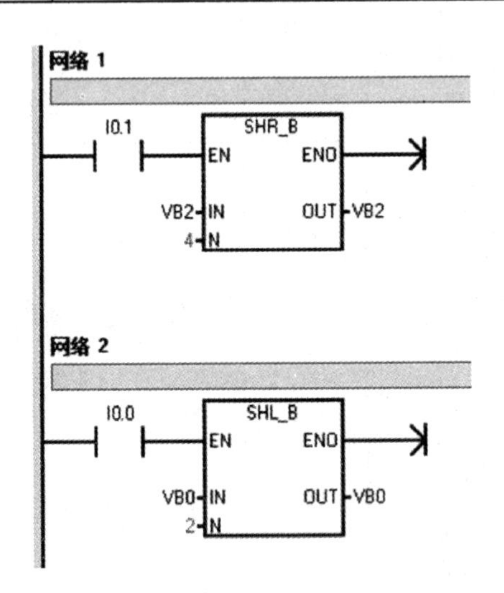

图 4–5　右移位和左移位字节指令的应用举例

2. 循环右移位和循环左移位指令

循环右移位和循环左移位指令的格式及其功能如表 4–11 所示。

指令使用说明：

（1）循环右移位或左移位字节指令：如果所需移位次数 $N \geqslant 8$，那么在执行循环移位前，先对 N 取以 8 为底的模，其结果 0 ~ 7 为实际移动位数。如果所需移位数为 0，就不执行循环移位。如果执行循环移位，那么溢出位（SM1.1）值就是最近一次循环移动位的值。如果移位次数不是 8 的整数倍，最后被移出的位就存放到溢出存储器位（SM1.1）。

表 4-11 循环右移位和循环左移位指令的格式及其功能

指令名称	梯形图 LAD	语句表 STL		功能
		操作码	操作数	
循环右移位字节指令	ROR_B EN ENO IN OUT N	RRB	OUT，N	将输入字节数值（IN）循环右移或左移 *N* 位，并将结果载入输出字节（OUT）
循环左移位字节指令	ROL_B EN ENO IN OUT N	RLB	OUT，N	
循环右移位字指令	ROR_W EN ENO IN OUT N	RRW	OUT，N	将输入字数值（IN）循环右移或左移 *N* 位，并将结果载入输出字节（OUT）
循环左移位字指令	ROL_DW EN ENO IN OUT N	RLW	OUT，N	
循环右移位双字指令	ROR_DW EN ENO IN OUT N	RRD	OUT，N	将输入双字数值（IN）循环右移或左移 *N* 位，并将结果载入输出字节（OUT）
循环左移位双字指令	ROL_DW EN ENO IN OUT N	RLD	OUT，N	

（2）循环右移位或左移位字指令：如果所需移位次数 $N \geqslant 16$，那么在执行循环移位前，先对 N 取以 16 为底的模，其结果 0 ~ 15 为实际移动位数。如果移位次数不是 16 的整数倍，最后被移出的位就存放到溢出存储器位（SM1.1）。

（3）循环右移位或左移位双字指令：如果所需移位次数 $N \geqslant 32$，那么在执行循环移位前，先对 N 取以 32 为底的模，其结果 0 ~ 31 为实际移动位数。如果移位次数不是 32 的整数倍，最后被移出的位就存放到溢出存储器位（SM1.1）。

（4）如果移位操作的结果是 0，零存储器位（SM1.0）就置位。

（5）循环移位操作是无符号的。

循环右移位和循环左移位指令的梯形图参数说明如表 4-12 所示。

表 4-12　循环右移位和循环左移位指令的梯形图参数说明

参数	说明	数据类型	内存区域
<IN>	输入值	字节	VB、IB、QB、MB、SB、SMB、LB、AC、常数、*AC、*VD、*LD
		字	IW、QW、MW、VW、SW、SMW、T、C、LW、AIW、AC、常数、*VD、*LD、*AC
		双字	VD、ID、QD、MD、SD、SMD、LD、AC、HC、*VD、常数、*LD、*AC
<OUT>	输出值	字节	VB、IB、QB、MB、SB、SMB、LB、*AC、*VD、*LD
		字	IW、QW、MW、VW、SW、SMW、T、C、LW、AC、*VD、*LD、*AC
		双字	VD、ID、QD、MD、SD、SMD、LD、AC、*VD、*LD、*AC
<N>	移位计数	字节	VB、IB、QB、MB、SB、SMB、LB、AC、常数、*AC、*VD、*LD

【例 4-6】循环右移位和循环左移位字指令的应用举例如图 4-6 所示。

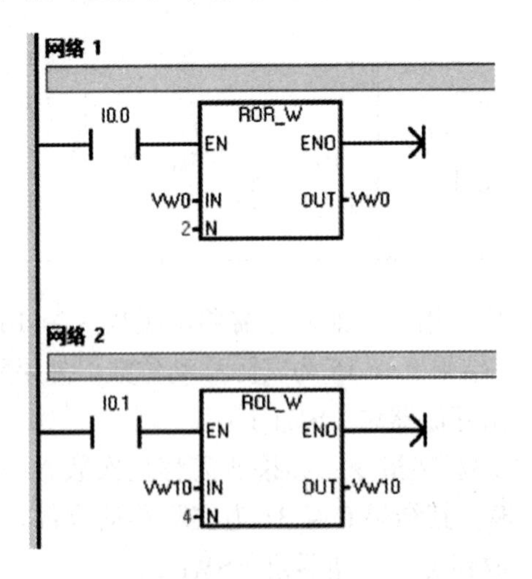

图 4-6　循环右移位和循环左移位字指令的应用举例

3. 移位寄存器指令

移位寄存器指令的格式及其功能如表 4-13 所示。

表 4–13　移位寄存器指令的格式及其功能

指令名称	梯形图 LAD	语句表 STL		功能
		操作码	操作数	
移位寄存器指令	SHRB EN ENO DATA S_BIT N	SHRB	DATA，S_BIT，N	将 DATA 数值移入移位寄存器。S_BIT 指定移位寄存器的最低位。N 指定移位寄存器的长度和移位方向。SHRB 指令移出的每个位被放置在内存位（SM1.1）中

移位寄存器指令的梯形图参数说明如表 4–14 所示。

表 4–14　移位寄存器指令的梯形图参数说明

参数	说明	数据类型	内存区域
< DATA >	输入值	布尔	I、Q、M、SM、T、C、V、S、L
< S_BIT >	最低位	布尔	I、Q、M、SM、T、C、V、S、L
<N>	移位计数	字节	VB、IB、QB、MB、SB、SMB、LB、AC、常数、*AC、*VD、*LD

【例 4–7】移位寄存器指令的应用举例如图 4–7 所示。

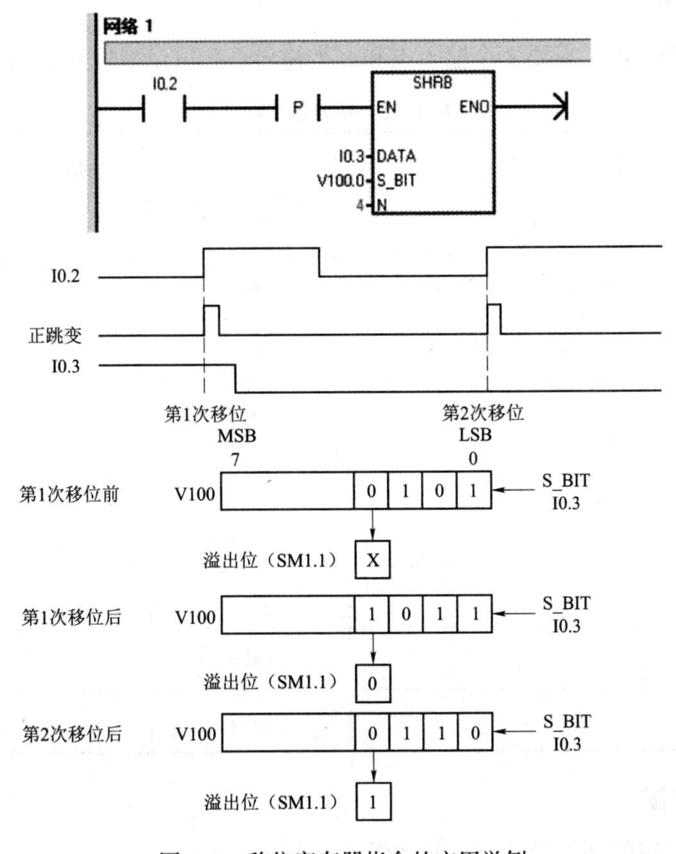

图 4–7　移位寄存器指令的应用举例

记一记：

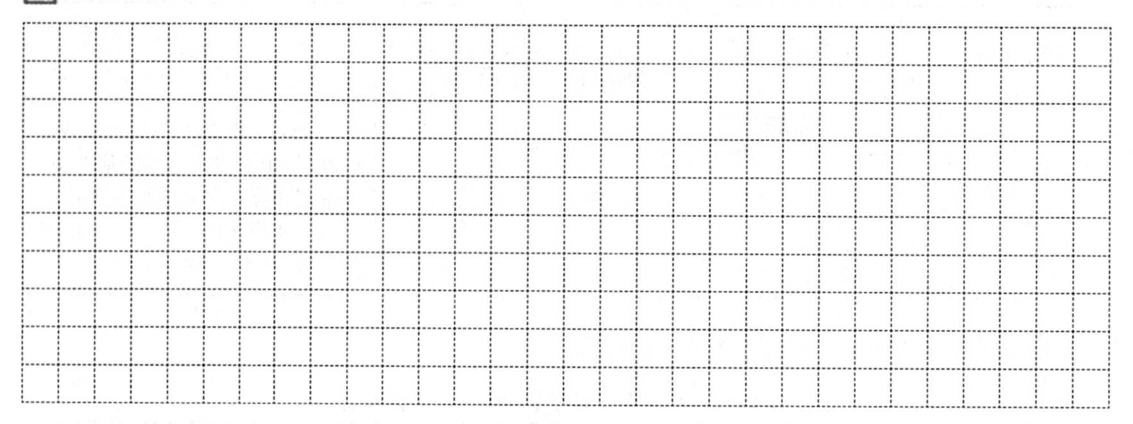

【任务实施】

一、控制要点分析

在程序设计过程中，要保证跑马灯正向闪亮与反向闪亮都能够正常工作，避免发生程序冲突事件。因此，在正向闪亮与反向闪亮中互相串联接入一个对方的动断触点，形成互锁控制。

二、I/O 分配表

由控制要求可知 PLC 需要 3 个输入点和 8 个输出点，I/O 地址分配如表 4-15 所示。

表 4-15　I/O 地址分配

输入		输出	
地址	功能	地址	功能
I0.0	正方向启动按钮 SB1	Q0.0	灯 1
I0.1	反方向启动按钮 SB2	Q0.1	灯 2
I0.2	停止按钮 SB3	Q0.2	灯 3
		Q0.3	灯 4
		Q0.4	灯 5
		Q0.5	灯 6
		Q0.6	灯 7
		Q0.7	灯 8

三、硬件接线图

跑马灯 PLC 控制的硬件设计与接线如图 4-8 所示。

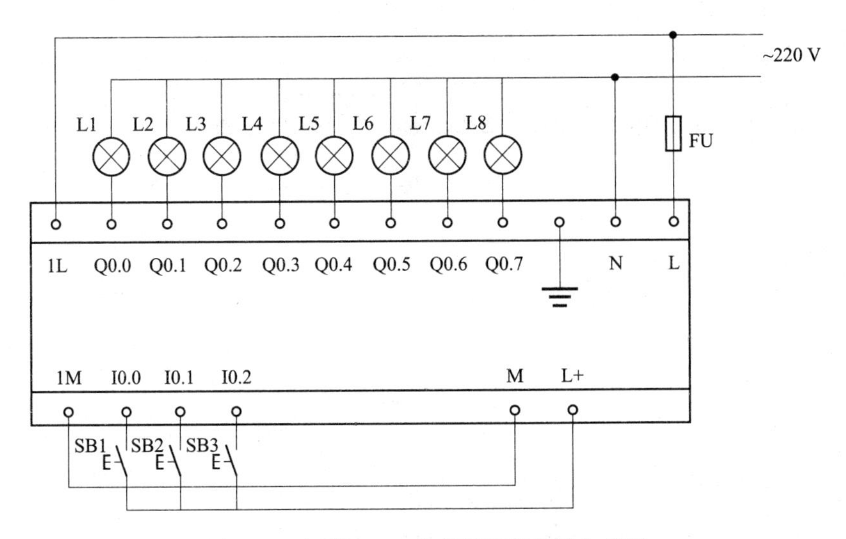

图 4–8　跑马灯 PLC 控制的硬件设计与接线

四、设计梯形图程序

（1）打开编程软件，创建符号表，如图 4–9 所示。

	符号	地址	注释
1	Z_SB1	I0.0	正方向启动按钮
2	F_SB2	I0.1	反方向启动按钮
3	STOP_SB3	I0.2	停止按钮
4	L1	Q0.0	灯1
5	L2	Q0.1	灯2
6	L3	Q0.2	灯3
7	L4	Q0.3	灯4
8	L5	Q0.4	灯5
9	L6	Q0.5	灯6
10	L7	Q0.6	灯7
11	L8	Q0.7	灯8

图 4–9　符号表

（2）在主程序的编写区域内，进行控制程序设计，如图 4–10 所示。

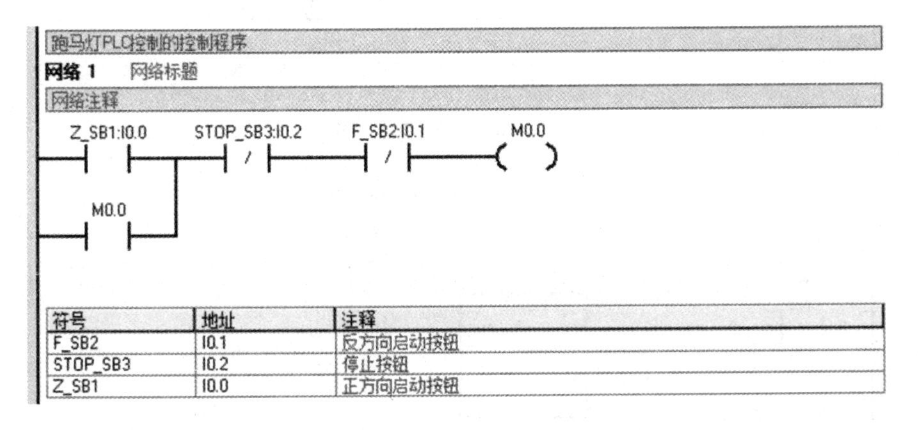

符号	地址	注释
F_SB2	I0.1	反方向启动按钮
STOP_SB3	I0.2	停止按钮
Z_SB1	I0.0	正方向启动按钮

图 4–10　跑马灯 PLC 控制的控制程序

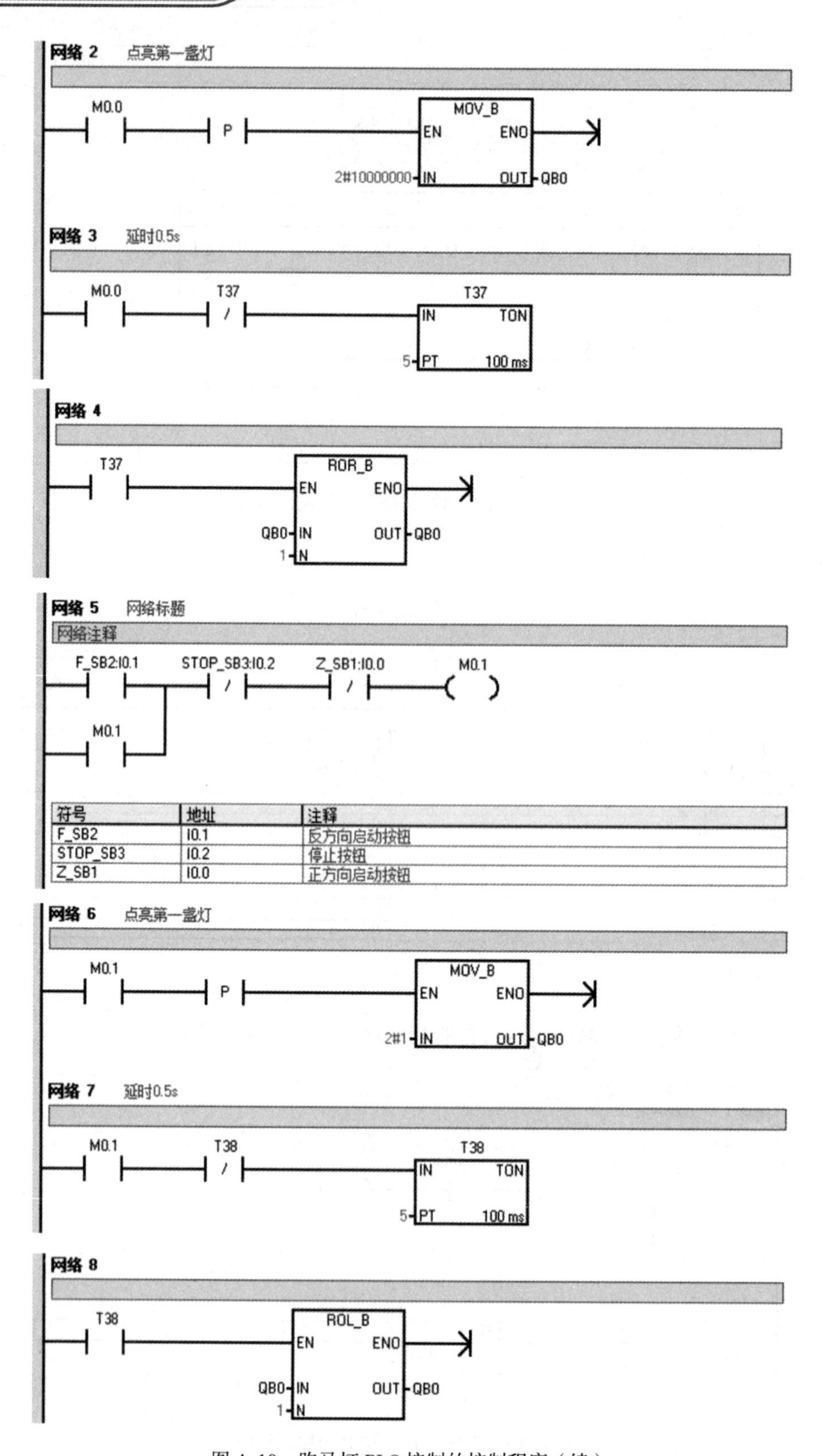

符号	地址	注释
F_SB2	I0.1	反方向启动按钮
STOP_SB3	I0.2	停止按钮
Z_SB1	I0.0	正方向启动按钮

图 4–10　跑马灯 PLC 控制的控制程序（续）

五、调试程序

在程序编译无误后，通电下载到 PLC 中进行监控调试，采用状态表监控方式。单击菜单栏中的【查看】→【组件】→【状态表】选项或单击浏览栏中的【状态表】按钮，进入状态表监控窗口，在窗口中输入要监控的输入点和输出点。如果要监控程序所包含的所有信号，就在装订线处选中程序段，右键单击，在弹出的菜单中选择【创建状态表】选项，能够生成一个包含所选程序段中各元件的新表格，如图 4–11 所示。

	地址	格式	当前值	新值
1	Z_SB1:I0.0	位		
2	F_SB2:I0.1	位		
3	STOP_SB3:I0.2	位		
4	QB0	无符号		
5	M0.0	位		
6	M0.1	位		
7	T37	位		
8	T38	位		

图 4–11　自动生成全部监控信号

单击【状态表监控】按钮，可以看到监控的输入点和输出点的实时值，如图 4–12 所示。

	地址	格式	当前值	新值
1	Z_SB1:I0.0	位	2#0	
2	F_SB2:I0.1	位	2#0	
3	STOP_SB3:I0.2	位	2#0	
4	QB0	无符号	0	
5	M0.0	位	2#0	
6	M0.1	位	2#0	
7	T37	位	2#0	
8	T38	位	2#0	

图 4–12　监控信号的实时值

在正向启动按钮 I0.0 的“新值”处输入 1，然后单击【强制】。将信号写到输入映像寄存器 I0.0 中，可以看到输出 QB0 的当前值，如图 4–13 所示。

	地址	格式	当前值	新值
1	Z_SB1:I0.0	位	2#1	
2	F_SB2:I0.1	位	2#0	
3	STOP_SB3:I0.2	位	2#0	
4	QB0	无符号	2	
5	M0.0	位	2#1	
6	M0.1	位	2#0	
7	T37	位	2#0	
8	T38	位	2#0	

图 4–13　状态表启动强制

取消 I0.0 强制后，在停止按钮 I0.2 的“新值”处输入 1，然后单击【强制】。观察当前值的变化，如图 4–14 所示。

	地址	格式	当前值	新值
1	Z_SB1:I0.0	位	2#0	
2	F_SB2:I0.1	位	2#0	
3	STOP_SB3:I0.2	位	2#1	
4	QB0	无符号	16	
5	M0.0	位	2#0	
6	M0.1	位	2#0	
7	T37	位	2#0	
8	T38	位	2#0	

图 4–14　状态表停止强制

取消 I0.2 强制后，再操作反向启动按钮 I0.1，步骤同正向启动按钮 I0.0。分析程序运行结果是否符合控制要求。

六、安装与调试

（1）安装并检查控制电路的硬件接线，确保用电安全。

（2）分析程序运行结果，直至满足系统的控制要求为止。

【任务考核】

表 4–16　“跑马灯 PLC 控制”任务考核要求

姓名＿＿＿＿＿　班级＿＿＿＿＿　学号＿＿＿＿＿　总得分＿＿＿＿

任务编号及题目		4–1　跑马灯 PLC 控制	考核时间			
序号	主要内容	考核要求	评分标准	配分	扣分	得分
1	方案设计	根据控制要求，画出 I/O 分配表，并绘制 PLC 的外部接线图	1. I/O 点不正确或不全，每处扣 2 分； 2. PLC 的外部接线图画法不规范，每处扣 2 分； 3. PLC 的外部接线图元件选择不规范，每处扣 2 分	20		
2	程序设计与调试	能够正确地进行程序设计，编译后下载到 PLC 中，按动作要求进行调试，达到控制要求	1. 梯形图表达不正确，每处扣 2 分； 2. 梯形图画法不规范，每处扣 2 分； 3. 第一次运行不成功扣 5 分，第二次运行不成功扣 10 分，第三次运行不成功扣 20 分	30		
3	安装与调试	按 PLC 的外部接线图接线，要求接线正确、美观	1. 接线不紧固、不美观，每根扣 2 分； 2. 接点松动，每处扣 1 分； 3. 不按接线图接线，每处扣 2 分； 4. 错接或漏接，每处扣 2 分； 5. 露铜过长，每根扣 2 分	30		

续表

序号	主要内容	考核要求	评分标准	配分	扣分	得分
4	安全与文明生产	遵守国家相关规定，学校“6S”管理要求，具备相关职业素养	1. 未穿戴防护用品，每条扣 5 分； 2. 出现事故或人为损坏设备扣 10 分； 3. 带电操作，扣 5 分； 4. 工位不整洁，扣 2 分	10		
5	故障分析与排除	能够排查运行中出现的电气故障，并能够正确分析和排除	1. 不能查出故障点，每处扣 5 分； 2. 查出故障点，但不能排除，每处扣 3 分	10		
完成日期						
教师签名						

任务二　LED 数码管显示 PLC 控制

【任务描述】

LED 数码管显示是一种应用十分广泛的显示方式，如跨年倒计时、十字路口交通灯的时间显示等。

具体控制要求：设计一个 LED 数码管倒计时显示，闭合开关，从初始值 9 开始显示，每隔 1 s 减 1，递减到 0 时停止。数码管原理如图 4–15 所示，使用共阴极或共阳极的接法均可。

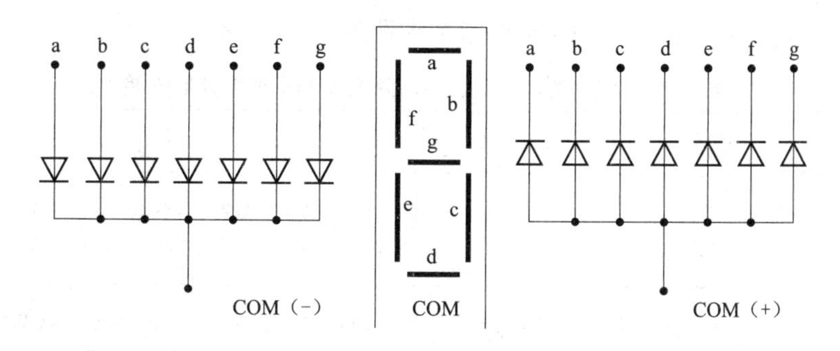

图 4–15　数码管的原理

【相关知识】

4.2.1　数学运算指令

1. 整数的加、减、乘、除指令

在梯形图中，整数的加、减、乘、除指令的格式及其功能如表 4–17 所示。

表 4–17　整数的加、减、乘、除指令的格式及其功能

指令名称	梯形图 LAD	语句表 STL		功能
		操作码	操作数	
整数加法指令	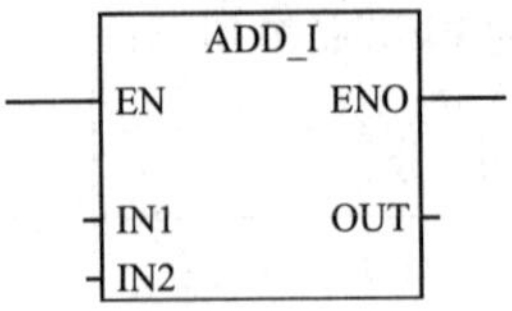 ADD_I EN ENO IN1 OUT IN2	+I	IN1，OUT	将两个 16 位整数相加，并产生一个 16 位的结果输出到 OUT
整数减法指令	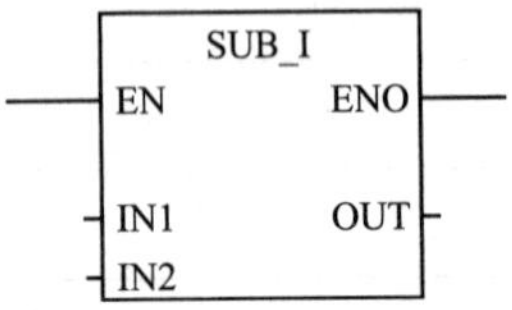 SUB_I EN ENO IN1 OUT IN2	–I	IN1，OUT	将两个 16 位整数相减，并产生一个 16 位的结果输出到 OUT
整数乘法指令	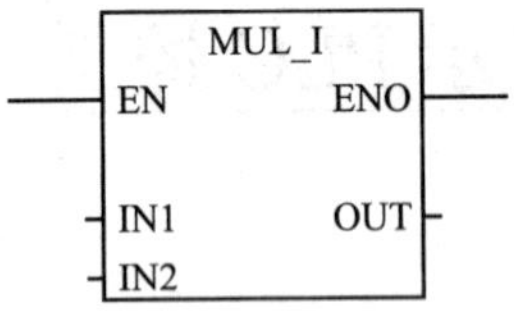 MUL_I EN ENO IN1 OUT IN2	*I	IN1，OUT	将两个 16 位整数相乘，并产生一个 16 位的结果输出到 OUT
整数除法指令	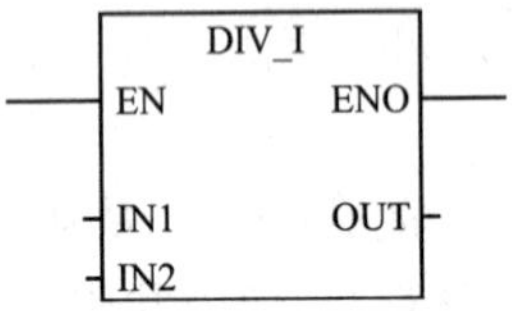 DIV_I EN ENO IN1 OUT IN2	/I	IN1，OUT	将两个 16 位整数相除，并产生一个 16 位商，从 OUT 指定的存储单元输出，不保留余数。如果输出结果大于一个字，则溢出位 SM1.1 置为 1

整数的加、减、乘、除指令的梯形图参数说明如表 4–18 所示。

表 4–18　整数的加、减、乘、除指令的梯形图参数说明

参数	说明	数据类型	内存区域
<IN1>	被加、减、乘、除数	整数	IW、QW、MW、VW、SW、SMW、T、C、AC、LW、AIW、常数、*VD、*LD、*AC
<IN2>	加、减、乘、除数	整数	IW、QW、MW、VW、SW、SMW、T、C、AC、LW、AIW、常数、*VD、*LD、*AC
<OUT>	结果	整数	IW、QW、MW、VW、SW、SMW、T、C、AC、LW、AQW、*VD、*LD、*AC

【例 4–8】整数的加法指令的应用举例如图 4–16 所示。

2. 双整数的加、减、乘、除指令

在梯形图中，双整数的加、减、乘、除指令的格式及其功能如表 4–19 所示。

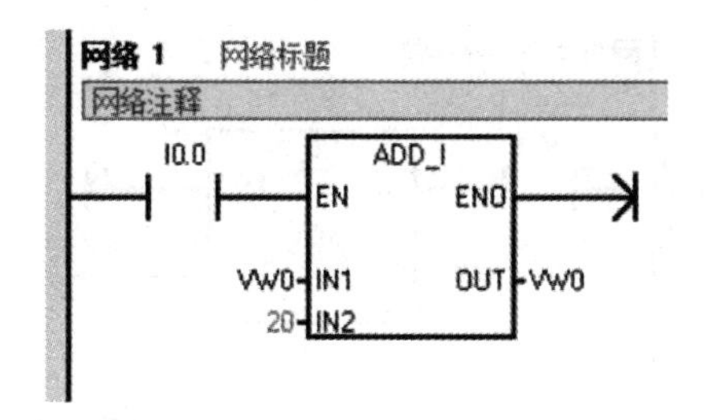

图 4–16 整数的加法指令的应用举例

表 4–19 双整数的加、减、乘、除指令的格式及其功能

指令名称	梯形图 LAD	语句表 STL		功能
		操作码	操作数	
双整数 加法指令	ADD_DI EN ENO IN1 OUT IN2	+D	IN1，OUT	将两个 32 位整数相加，并产生一个 32 位的结果输出到 OUT
双整数 减法指令	SUB_DI EN ENO IN1 OUT IN2	–D	IN1，OUT	将两个 32 位整数相减，并产生一个 32 位的结果输出到 OUT
双整数 乘法指令	MUL_DI EN ENO IN1 OUT IN2	*D	IN1，OUT	将两个 32 位整数相乘，并产生一个 32 位的结果输出到 OUT
双整数 除法指令	DIV_DI EN ENO IN1 OUT IN2	/D	IN1，OUT	将两个 32 位整数相除，并产生一个 32 位商，从 OUT 指定的存储单元输出，不保留余数

双整数的加、减、乘、除指令的梯形图参数说明如表 4–20 所示。

表 4–20 双整数的加、减、乘、除指令的梯形图参数说明

参数	说明	数据类型	内存区域
<IN1>	被加、减、乘、除数	双整数	VD、ID、QD、MD、SD、SMD、LD、AC、HC、*VD、常数、*LD、*AC
<IN2>	加、减、乘、除数	双整数	VD、ID、QD、MD、SD、SMD、LD、AC、HC、*VD、常数、*LD、*AC
<OUT>	结果	双整数	VD、ID、QD、MD、SD、SMD、LD、AC、*VD、*LD、*AC

【例 4–9】双整数的减法指令的应用举例如图 4–17 所示。

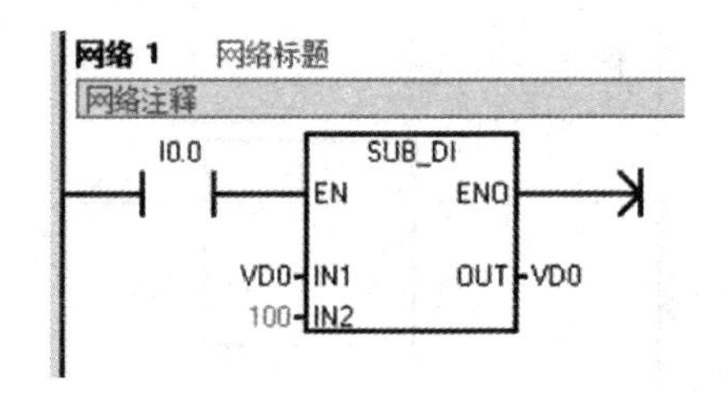

图 4-17　双整数的减法指令的应用举例

3. 浮点数的加、减、乘、除指令

在梯形图中，浮点数的加、减、乘、除指令的格式及其功能如表 4-21 所示。

表 4-21　浮点数的加、减、乘、除指令的格式及其功能

指令名称	梯形图 LAD	语句表 STL		功能
		操作码	操作数	
浮点数加法指令	ADD_R EN ENO IN1 OUT IN2	+R	IN1，OUT	将两个 32 位整数相加，并产生一个 32 位的结果输出到 OUT
浮点数减法指令	SUB_R EN ENO IN1 OUT IN2	–R	IN1，OUT	将两个 32 位整数相减，并产生一个 32 位的结果输出到 OUT
浮点数乘法指令	MUL_R EN ENO IN1 OUT IN2	*R	IN1，OUT	将两个 32 位整数相乘，并产生一个 32 位的结果输出到 OUT
浮点数除法指令	DIV_R EN ENO IN1 OUT IN2	/R	IN1，OUT	将两个 32 位整数相除，并产生一个 32 位商，从 OUT 指定的存储单元输出，不保留余数

浮点数的加、减、乘、除指令的梯形图参数说明如表 4-22 所示。

表 4-22　浮点数的加、减、乘、除指令的梯形图参数说明

参数	说明	数据类型	内存区域
<IN1>	被加、减、乘、除数	实数	VD、ID、QD、MD、SD、SMD、LD、AC、*VD、常数、*LD、*AC
<IN2>	加、减、乘、除数	实数	VD、ID、QD、MD、SD、SMD、LD、AC、*VD、常数、*LD、*AC
<OUT>	结果	实数	VD、ID、QD、MD、SD、SMD、LD、AC、*VD、*LD、*AC

【**例 4-10**】浮点数的乘法指令的应用举例如图 4-18 所示。

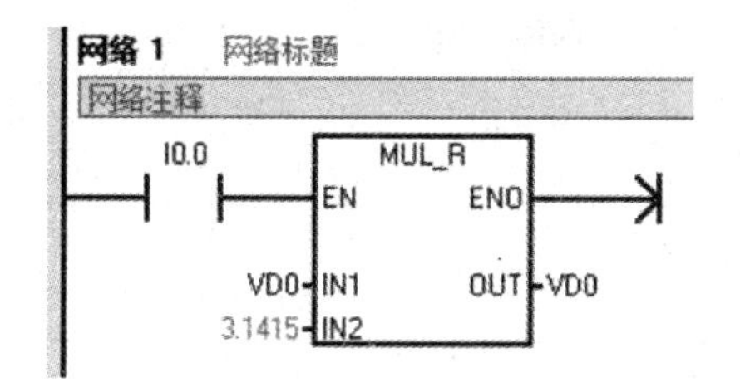

图 4-18　浮点数的乘法指令的应用举例

4.2.2　数据转换指令

1. 段译码指令

在梯形图中，段译码指令的格式及其功能如表 4-23 所示。

表 4-23　段译码指令的格式及其功能

指令名称	梯形图 LAD	语句表 STL		功能
		操作码	操作数	
段译码指令	SEG EN　ENO IN　OUT	SEG	IN，OUT	段（SEG）指令允许生成七段显示段的位格式。段代表输入字节最低数位中的字符。 指令产生点亮七段码显示器的位模式段码值（OUT）。它是根据输入字节（IN）的低位的有效数字值产生相应点亮段码

“段”指令使用的七段显示编码如图 4-19 所示。

（进）LSD	段显示	（OUT）- gfe dcba
0	0	0011 1111
1	1	0000 0110
2	2	0101 1011
3	3	0100 1111
4	4	0110 0110
5	5	0110 1101
6	6	0111 1101
7	7	0000 0111

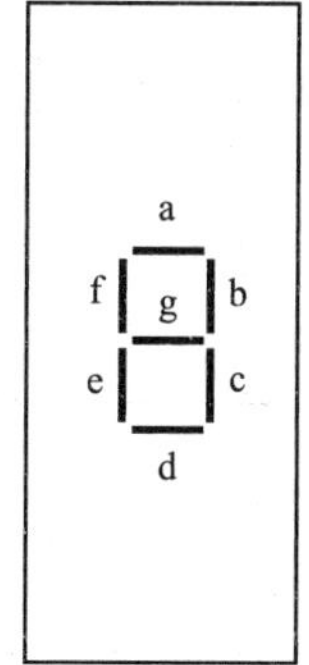

（进）LSD	段显示	（OUT）- gfe dcba
8	8	0111 1111
9	9	0110 0111
A	A	0111 0111
B	b	0111 1100
C	C	0011 1001
D	d	0101 1110
E	E	0111 1001
F	F	0111 0001

图 4-19　“段”指令使用的七段显示编码

段译码指令的梯形图参数说明如表 4-24 所示。

【**例 4-11**】段译码指令的应用举例如图 4-20 所示。

2. 数字转换指令

在梯形图中，部分数字转换指令的格式及其功能如表 4-25 所示。

表 4-24　段译码指令的梯形图参数说明

参数	说明	数据类型	内存区域
<IN>	输入端数据	字节	VB、IB、QB、MB、SB、SMB、LB、AC、常数、*AC、*VD、*LD
<OUT>	输出端数据	字节	VB、IB、QB、MB、SB、SMB、LB、*AC、*VD、*LD

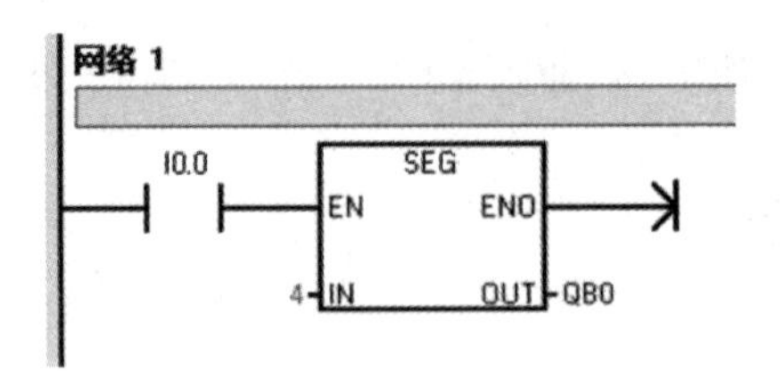

图 4-20　段译码指令的应用举例

表 4-25　数字转换指令的格式及其功能

指令名称	梯形图 LAD	语句表 STL		功能
		操作码	操作数	
整数转换成字节指令	I_B EN ENO IN OUT	ITB	IN，OUT	将整数转换成字节，并将结果置入 OUT 指定的存储单元。输入的字整数 0 ~ 255 被转换。超出部分导致溢出，输出不受影响
整数转换成双整数指令	I_DI EN ENO IN OUT	ITD	IN，OUT	将整数转换成双整数，并将结果置入 OUT 指定的存储单元。符号被扩展
整数转换成字符串指令	I_S EN ENO IN OUT FMT	ITS	IN，OUT，FMT	将整数值转换成字符串，并将结果置入 OUT 指定的存储单元。符号被扩展
整数转换成 BCD 码指令	I_BCD EN ENO IN OUT	IBCD	OUT	将整数转换成二进制编码的十进制数，并将结果送入 OUT 指定的存储单元。IN 的有效范围是 0 ~ 9 999
双整数转换成实数指令	DI_R EN ENO IN OUT	DTR	IN，OUT	将 32 位带符号整数 IN 转换成 32 位实数，并将结果置入 OUT 指定的存储单元
取整指令（四舍五入）	ROUND EN ENO IN OUT	ROUND	IN，OUT	将实数输入数据 IN 转换成双整数，小数部分四舍五入，结果送到 OUT
取整指令（舍去小数）	TRUNC EN ENO IN OUT	TRUNC	IN，OUT	将实数输入数据 IN 转换成双整数，小数部分直接舍去，结果送到 OUT

对于部分数字转换指令的梯形图参数，结合实际情况填写相应的输入、输出的内存区域。

记一记：

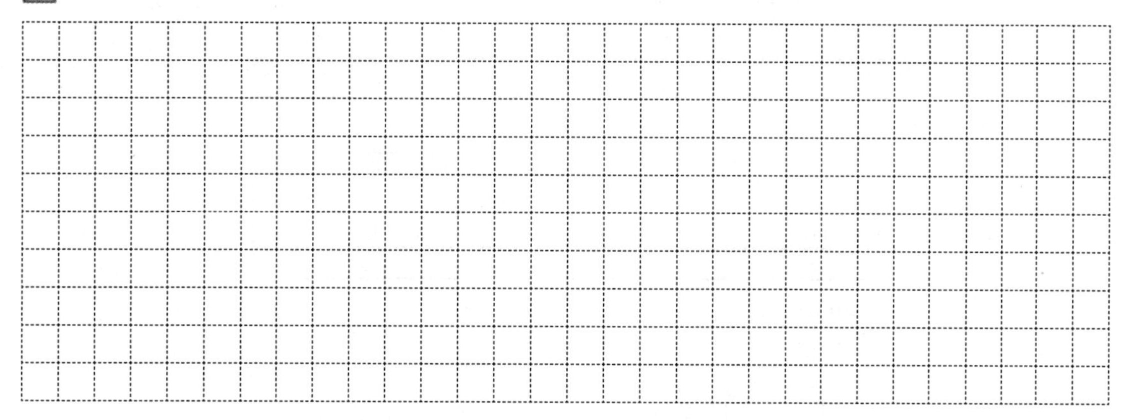

【任务实施】

一、控制要点分析

在程序设计过程中，可以使用两种方法实现 LED 数码管显示。

（1）使用 MOV 指令实现，但需要提供 0 ~ 9 的共阴极七段编码，程序较长。

（2）使用 SEG 指令实现，配合数学运算指令，较为方便。

要保证 LED 数码管显示的值正确，结合“段”指令使用的七段显示编码，注意运算过程中的数据类型。

二、I/O 分配表

由控制要求可知 PLC 需要 1 个输入点和 7 个输出点，I/O 地址分配如表 4-26 所示。

表 4-26　I/O 地址分配

输入		输出	
地址	功能	地址	功能
I0.0	开关 SH	Q0.0	a 段
		Q0.1	b 段
		Q0.2	c 段
		Q0.3	d 段
		Q0.4	e 段
		Q0.5	f 段
		Q0.6	g 段

三、硬件接线图

LED 数码管显示 PLC 控制的硬件设计与接线如图 4-21 所示。

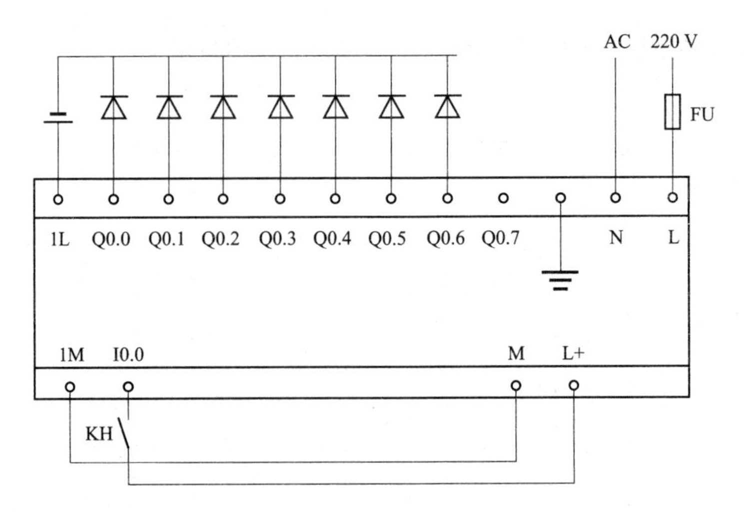

图 4–21 LED 数码管显示 PLC 控制的硬件设计与接线

四、设计梯形图程序

（1）打开编程软件，创建符号表，如图 4–22 所示。

	符号	地址	注释
1	SH	I0.0	启动开关
2	LED_a	Q0.0	a段
3	LED_b	Q0.1	b段
4	LED_c	Q0.2	c段
5	LED_d	Q0.3	d段
6	LED_e	Q0.4	e段
7	LED_f	Q0.5	f段
8	LED_g	Q0.6	g段

图 4–22 符号表

（2）在主程序的编写区域内进行控制程序设计，如图 4–23 所示。

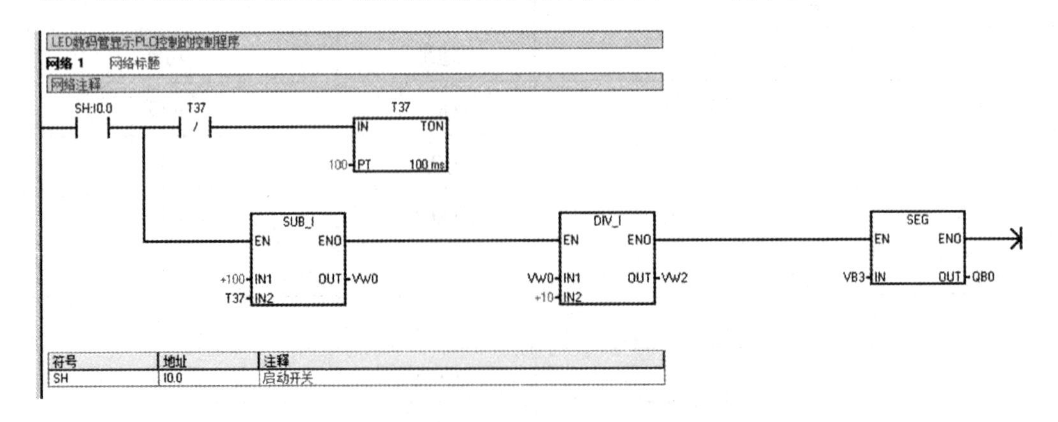

图 4–23 LED 数码管显示 PLC 控制的控制程序

五、调试程序

在程序编译无误后，通电下载到 PLC 中进行监控调试。采用状态表监控方式，具体步骤参照任务一。

六、安装与调试

（1）安装并检查控制电路的硬件接线，确保用电安全；

（2）分析程序运行结果，直至满足系统的控制要求为止。

【拓展知识】

一、加 1、减 1 指令

加 1、减 1 指令的格式及其功能如表 4–27 所示。

表 4–27　加 1、减 1 指令的格式及其功能

指令名称	梯形图 LAD	语句表 STL		功能
		操作码	操作数	
字节递增指令	INC_B EN ENO IN OUT	INCB	IN	将 1 个字节长的无符号数 IN 自动加 1，输出结果 OUT 为 1 个字节长的无符号数
字递增指令	INC_W EN ENO IN OUT	INCW	IN	将 1 个字长的无符号数 IN 自动加 1，输出结果 OUT 为 1 个字长的有符号数
双字递增指令	INC_DW EN ENO IN OUT	INCD	IN	将 1 个双字长的无符号数 IN 自动加 1，输出结果 OUT 为 1 个双字长的有符号数
字节递减指令	DEC_B EN ENO IN OUT	DECB	IN	将 1 个字节长的无符号数 IN 自动减 1，输出结果 OUT 为 1 个字节长的无符号数
字递减指令	DEC_W EN ENO IN OUT	DECW	IN	将 1 个字长的无符号数 IN 自动减 1，输出结果 OUT 为 1 个字长的有符号数
双字递减指令	DEC_DW EN ENO IN OUT	DECD	IN	将 1 个双字长的无符号数 IN 自动减 1，输出结果 OUT 为 1 个双字长的有符号数

二、浮点数函数运算指令

浮点数函数运算指令的格式及其功能如表 4–28 所示。

表 4-28 浮点数函数运算指令的格式及其功能

指令名称	梯形图 LAD	语句表 STL		功能
		操作码	操作数	
平方根指令	SQRT: EN ENO, IN OUT	SQRT	IN，OUT	对 32 位实数（IN）取平方根，并产生一个 32 位实数结果，从 OUT 指定的存储单元输出
自然对数指令	LN: EN ENO, IN OUT	LN	IN，OUT	对 IN 中的数值进行自然对数计算，并将结果置于 OUT 指定的存储单元中
自然指数指令	EXP: EN ENO, IN OUT	EXP	IN，OUT	将 IN 取以 e 为底的指数，并将结果置于 OUT 指定的存储单元中
正弦函数指令	SIN: EN ENO, IN OUT	SIN	IN，OUT	将一个实数的弧度值 IN 分别求正弦、余弦、正切，得到实数运算结果，从 OUT 指定的存储单元输出
余弦函数指令	COS: EN ENO, IN OUT	COS	IN，OUT	
正切函数指令	TAN: EN ENO, IN OUT	TAN	IN，OUT	

三、逻辑运算指令

逻辑运算指令的格式及其功能如表 4-29 所示。

表 4-29 逻辑运算指令的格式及其功能

指令名称	梯形图 LAD	语句表 STL		功能
		操作码	操作数	
取反字节指令	INV_B: EN ENO, IN OUT	INVB	OUT	对输入字节 IN 执行求补操作，并将结果载入内存位置 OUT
取反字指令	INV_W: EN ENO, IN OUT	INVW	OUT	对输入字 IN 执行求补操作，并将结果载入内存位置 OUT
取反双字指令	INV_DW: EN ENO, IN OUT	INVD	OUT	对输入双字 IN 执行求补操作，并将结果载入内存位置 OUT

续表

指令名称	梯形图 LAD	语句表 STL		功能
		操作码	操作数	
与运算字节指令	WAND_B EN ENO IN1 OUT IN2	ANDB	IN1，OUT	对两个字节输入值（IN1 和 IN2）的对应位执行 AND（与运算）操作，并在内存位置（OUT）中载入结果
与运算字指令	WAND_W EN ENO IN1 OUT IN2	ANDW	IN1，OUT	对两个字输入值（IN1 和 IN2）的对应位执行 AND（与运算）操作，并在内存位置（OUT）中载入结果
与运算双字指令	WAND_DW EN ENO IN1 OUT IN2	ANDD	IN1，OUT	对两个双字输入值（IN1 和 IN2）的对应位执行 AND（与运算）操作，并在内存位置（OUT）中载入结果
或运算字节指令	WOR_B EN ENO IN1 OUT IN2	ORB	IN1，OUT	对两个字节输入值（IN1 和 IN2）的对应位执行 OR（或运算）操作，并在内存位置（OUT）中载入结果
或运算字指令	WOR_W EN ENO IN1 OUT IN2	ORW	IN1，OUT	对两个字输入值（IN1 和 IN2）的对应位执行 OR（或运算）操作，并在内存位置（OUT）中载入结果
或运算双字指令	WOR_DW EN ENO IN1 OUT IN2	ORD	IN1，OUT	对两个双字输入值（IN1 和 IN2）的对应位执行 OR（或运算）操作，并在内存位置（OUT）中载入结果
异或运算字节指令	WXOR_B EN ENO IN1 OUT IN2	XORB	IN1，OUT	对两个字节输入值（IN1 和 IN2）的对应位执行 XOR（异或运算）操作，并在内存位置（OUT）中载入结果
异或运算字指令	WXOR_W EN ENO IN1 OUT IN2	XORW	IN1，OUT	对两个字输入值（IN1 和 IN2）的对应位执行 XOR（异或运算）操作，并在内存位置（OUT）中载入结果
异或运算双字指令	WXOR_DW EN ENO IN1 OUT IN2	XORD	IN1，OUT	对两个双字输入值的对应位执行 XOR（异或运算）操作，并在内存位置（OUT）中载入结果

【任务考核】

表 4-30 "LED 数码管显示 PLC 控制"任务考核要求

姓名＿＿＿＿＿＿ 班级＿＿＿＿＿＿ 学号＿＿＿＿＿＿ 总得分＿＿＿＿

任务编号及题目		4-2 LED 数码管显示 PLC 控制		考核时间		
序号	主要内容	考核要求	评分标准	配分	扣分	得分
1	方案设计	根据控制要求，画出 I/O 分配表，并绘制 PLC 的外部接线图	1. I/O 点不正确或不全，每处扣 2 分； 2. PLC 的外部接线图画法不规范，每处扣 2 分； 3. PLC 的外部接线图元件选择不规范，每处扣 2 分	20		
2	程序设计与调试	能够正确地进行程序设计，编译后下载到 PLC 中，按动作要求进行调试，达到控制要求	1. 梯形图表达不正确，每处扣 2 分； 2. 梯形图画法不规范，每处扣 2 分； 3. 第一次运行不成功扣 5 分，第二次运行不成功扣 10 分，第三次运行不成功扣 20 分	30		
3	安装与调试	按 PLC 的外部接线图接线，要求接线正确、美观	1. 接线不紧固、不美观，每根扣 2 分； 2. 接点松动，每处扣 1 分； 3. 不按接线图接线，每处扣 2 分； 4. 错接或漏接，每处扣 2 分； 5. 露铜过长，每根扣 2 分	30		
4	安全与文明生产	遵守国家相关规定，学校"6S"管理要求，具备相关职业素养	1. 未穿戴防护用品，每条扣 5 分； 2. 出现事故或人为损坏设备扣 10 分； 3. 带电操作，扣 5 分； 4. 工位不整洁，扣 2 分	10		
5	故障分析与排除	能够排查运行中出现的电气故障，并能够正确分析和排除	1. 不能查出故障点，每处扣 5 分； 2. 查出故障点，但不能排除，每处扣 3 分	10		
完成日期						
教师签名						

【项目四考核】

表 4–31　“PLC 功能指令应用程序设计”项目考核要求

姓名__________　班级__________　学号__________　总得分________

<table>
<tr><th>考核内容</th><th colspan="2">考核标准</th><th>标准分值</th><th>得分</th></tr>
<tr><td>学生自评</td><td colspan="2">结合自己在整个项目实施过程中的角色的重要性、学习态度、工作态度、团结协作能力等表现，给出自评成绩</td><td>10</td><td></td></tr>
<tr><td>学生互评</td><td colspan="2">根据该同学在整个项目实施过程中的项目参与度、角色的重要性、学习态度、工作态度、团结协作能力等表现，给出互评成绩</td><td>10</td><td></td></tr>
<tr><td rowspan="6">项目成果评价</td><td>总体设计</td><td>1. 任务分工是否明确；
2. 方案设计是否合理；
3. 软件和硬件功能划分是否合理</td><td>6</td><td></td></tr>
<tr><td>硬件电路设计与接线图绘制</td><td>1. 继电器控制系统电路原理图是否正确、合理；
2. PLC 选型是否正确、合理；
3. PLC 控制电路接线图设计是否正确、合理</td><td>12</td><td></td></tr>
<tr><td>程序设计</td><td>1. 流程图设计是否正确、合理；
2. 程序结构设计是否正确、合理；
3. 编程是否正确、有独到见解</td><td>12</td><td></td></tr>
<tr><td>安装与调试</td><td>1. 接线是否正确；
2. 能否熟练排除故障；
3. 调试后运行是否正确</td><td>14</td><td></td></tr>
<tr><td>学生工作页</td><td>1. 书写是否规范整齐；
2. 内容是否翔实具体；
3. 图形绘制是否完整、正确</td><td>6</td><td></td></tr>
<tr><td>答辩情况</td><td>结合该组同学在项目答辩过程中回答问题是否准确，思路是否清晰，对该项目工作流程了解是否深入等表现，给出答辩成绩</td><td>10</td><td></td></tr>
<tr><td>教师评价</td><td colspan="2">该学生在整个项目实施过程中的出勤率、日常表现情况、学习态度、工作态度、团结协作能力、爱岗敬业精神以及职业道德等方面</td><td>20</td><td></td></tr>
<tr><td colspan="2">考评教师</td><td colspan="3"></td></tr>
<tr><td colspan="2">考评日期</td><td colspan="3"></td></tr>
</table>

【知识训练】

一、简答题

1. 什么是功能指令？功能指令共有哪几大类？

2. 功能指令有哪些要素？在梯形图中如何表示？

3. 试设计抢答器 PLC 控制系统。控制要求：

（1）抢答台 A、B、C，有指示灯和抢答键；

（2）裁判员台有指示灯、复位按键；

（3）抢答时，有 2 s 声音报警。

4. 试设计 3 种速度电动机 PLC 控制系统。

控制要求：启动低速运行 4 s，KM1 和 KM2 接通；中速运行 2 s，KM3 接通，KM2 断开；高速运行 KM4、KM5 接通，KM3 断开。

5. 三台电动机相隔 5 s 启动，各运行 15 s 停止，循环往复。试使用数据传送指令编程，实现这一控制要求。

6. 有一运输系统由四条传送带顺序相连而成，分别用电动机 M1、M2、M3、M4 拖动。具体控制要求如下：

（1）按下启动按钮后，M4 先启动，经过 8 s，M3 启动；再过 6 s，M2 启动；再过 5 s，M1 启动。

（2）按下停止按钮，电动机的停止顺序与启动顺序刚好相反，间隔时间相同。

（3）当某传送带电动机过载时，该传送带及前面传送带电动机立即停止，而后面传送带电动机待运完料后才停止。例如，M2 电动机过载，M1 和 M2 立即停止，经过 6 s，M3 停止，再经过 5 s，M1 停止。试设计出满足以上要求的梯形图程序。

项目五 PLC顺序控制系统程序设计

【项目描述】

梯形图编程语言在PLC编程过程中应用十分广泛，但对于比较复杂的顺序控制系统，由于内部的关系比较复杂，用梯形图编程有很大的试探性和随意性，而且梯形图程序的可读性也比较差，因此要正确地完成程序设计有一定难度。PLC制造厂商为用户开发了一种新的PLC程序设计语言——顺序功能图（Sequential Function Chart，SFC）。由于顺序功能图与控制系统的工艺流程、工作过程紧密相关，编程方法十分容易掌握，应用这种方法可以迅速地、得心应手地设计出任意复杂的数字量控制系统的梯形图，因此深受广大程序设计者的喜爱。顺序功能图并不涉及所描述的控制功能的具体技术要求，它只是一种通用的技术语言，不受PLC型号限制。

本项目通过两个典型的顺序控制系统的程序设计，分别介绍单序列、选择序列和并行序列顺序功能图的程序设计步骤和设计方法，同时，应用西门子S7-200系列PLC提供的顺序控制继电器指令进行梯形图的编写。

【项目目标】

（1）掌握PLC顺序功能图的程序设计步骤和设计方法；

（2）掌握单序列、选择序列、并行序列三种结构框架的设计方法；

（3）能够运用顺序控制继电器指令进行梯形图程序设计；

（4）了解多方式运行等复杂控制系统程序设计方法；

（5）培养安全意识、质量意识和操作规范等职业素养。

任务一　鼓风机和吹风机控制系统

【任务描述】

鼓风机和吹风机控制系统的波形图如图 5-1 所示，设计系统的控制程序。

具体控制要求：当按下启动按钮 I0.0 后，引风机 Q0.0 开始工作，5 s 后鼓风机 Q0.1 开始工作。按下停机按钮 I0.1，鼓风机 Q0.1 立刻停止工作，5 s 后引风机 Q0.0 停止工作。

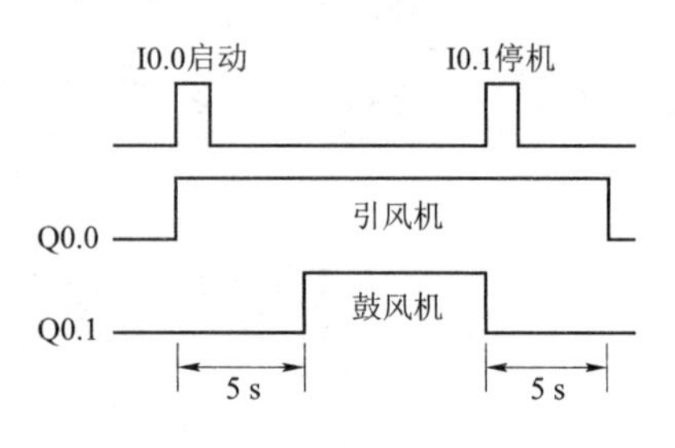

图 5-1　鼓风机和吹风机控制系统的波形图

【相关知识】

5.1.1　顺序功能图的概述

顺序功能图（Sequential Function Char）是描述控制系统的控制过程、功能和特性的一种图形，也是设计 PLC 的顺序控制程序的有力工具。顺序功能图并不涉及所描述的控制功能的具体技术，而是一种通用的技术语言，可以提供进一步设计并供不同专业的人员之间进行技术交流。

在 IEC 的 PLC 编程语言标准（IEC 61131-3）中，顺序功能图被确定为 PLC 位居首位的编程语言。我国在 1986 年颁布了顺序功能图的国家标准。顺序功能图主要由步、有向连线、转换、转换条件和动作（或命令）组成。S7-300/400 的 S7 Graph 是典型的顺序功能图语言。

所谓顺序控制，就是按照生产工艺预先规定的顺序，在每个输入信号的作用下，根据内部状态和时间的顺序，在生产过程中各个执行机构自动地有秩序地进行操作。使用顺序控制设计方法时首先根据系统的工艺过程，画出顺序功能图，然后根据顺序功能图设计出梯形图。有的 PLC 为用户提供了顺序功能图语言，在编程软件中生成顺序功能图后便完成了编程工作。这是一种先进的设计方法，十分容易被初学者所接受，对于有经验的工程师，也会提高设计的效率，程序的调试、修改和阅读也很方便。

因为 S7-200 系列 PLC 编程软件没有提供顺序功能图的编程方法，我们需要用顺序功能图来描述系统的功能，结合它来设计梯形图程序。

5.1.2　顺序功能图的绘制方法

顺序功能图的绘制方法

顺序功能图主要按照被控对象的工作流程来设计程序。它的具体编程方法是将复杂的控制过程分成多个工作步骤（简称步），每个步对应着工艺动作，把这些步按照一定的顺序要求进行排列组合，就构成了整体的控制程序。顺序功能图的绘制可以按照以下步骤进行。

1. 划分步

根据控制系统输出状态的变化将系统的一个工作周期划分为若干个顺序相连的阶段，这些阶段称为步（Step），可以用存储器位 M 或顺序状态继电器 S 来代表各步。在同一步内，各输出量的 ON/OFF 状态保持不变，但是相邻两步输出量总的状态是不同的，步的这种划分方法使代表各步的编程元件的状态与各输出量的状态之间有着极为简单的逻辑关系。当系统正处于某一步所在的阶段时，该步处于活动状态，称为“当前步”或“活动步”。顺序控制设计方法用转换条件控制代表各步的编程元件，让它们的状态按一定的顺序变化，然后用代表各步的编程元件控制 PLC 的各输出位。步用带编号的矩形框表示，也可以用代表该步的编程元件的地址作为步的编号，这样在根据顺序功能图设计梯形图时较为方便。

2. *初始步*

与系统的初始状态相对应的步称为初始步，初始状态一般是系统等待启动命令的相对静止的状态。初始步用双线方框表示，每一个顺序功能图至少应该有一个初始步。

3. *与步对应的动作或命令*

可以将一个控制系统划分为施控系统和被控系统。例如，在数控车床控制系统中，数控装置就是施控系统，而车床是被控系统。对于施控系统，在某一步中则要向被控系统发出某些“命令”；对于被控系统，在某一步中要完成某些“动作”。用矩形框中的文字或符号表示命令或动作，该矩形框应与相应的步的符号相连。

步并不是 PLC 的输出触点动作，它只是控制系统的一个稳定状态。在这个状态下，可以有一个或多个 PLC 的输出触点动作，也可以没有任何输出触点动作，也称为该步的负载驱动。动作或命令用矩形框画在对应步矩形框的右边，并与之相连接，矩形框中用文字或符号表示。如果某一步有几个动作，可以用如图 5-2 所示的两种画法来表示，但是并不隐含这些动作之间的任何顺序。

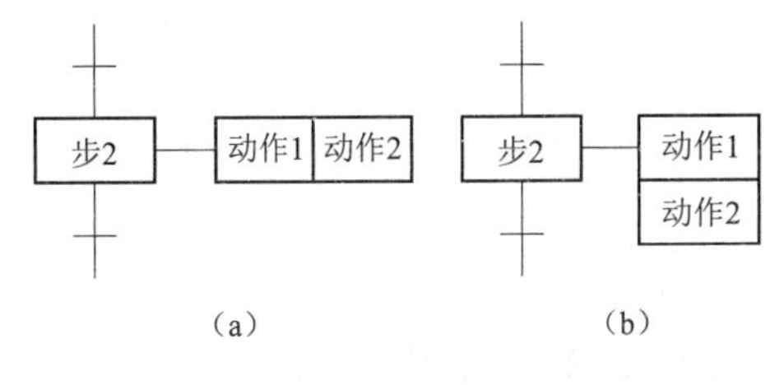

图 5-2　多个动作的表示方法

除了以上的基本结构之外，使用动作的修饰词，如表 5-1 所示，可以在一步中完成不同的动作。修饰词允许在不增加逻辑的情况下控制动作。

表 5-1　动作的修饰词

N	非存储型	当步变为不活动步时动作终止
S	置位（存储）	当步变为不活动步时动作继续，直到动作被复位
R	复位	被修饰词 S、SD、SL 或 DS 启动的动作被终止
L	时间限制	步变为活动步时动作被启动，直到步变为不活动步或设定时间到
D	时间延迟	步变为活动步时延迟定时器被启动，如果延迟之后步仍然是活动的，动作被启动和继续，直到步变为不活动步
P	脉冲	当步变为活动步，动作被启动并且只执行一次
SD	存储与时间延迟	在时间延迟之后动作被启动，一直到动作被复位
DS	延迟与存储	在延迟之后如果步仍然是活动的，动作被启动直到被复位
SL	存储与时间限制	步变为活动步时动作被启动，直到设定的时间到或动作被复位

4. 活动步

当系统正处于某一步所在的阶段时，该步处于活动状态，称该步为“活动步”。当步处于活动状态时，相应的动作被执行。但是应注意表明动作是保持型还是非保持型的。保持型的动作是指该步活动时执行该动作，该步变为不活动后继续执行该动作。非保持型动作是指该步活动时执行该动作，该步变为不活动步后停止执行该动作。一般保持型的动作在顺序功能图中应该用文字或指令标注，而非保持型动作不必标注。

5. 步之间添加转换条件和有向连线

使系统由当前步进入下一步的信号称为转换条件，转换条件是与转换相关的逻辑命题。转换条件可以是外部的输入信号，例如按钮、指令开关、限位开关的接通或断开等；也可以是 PLC 内部产生的信号，例如定时器、计数器常开触点的接通等；转换条件还可能是若干个信号的与、或、非逻辑组合。

转换条件使用最多的是布尔代数表达式，如图 5–3 所示。a 和 $\bar{a}$ 分别表示转换信号为 ON 和 OFF 时条件成立；$a\uparrow$ 和 $a\downarrow$ 则分别表示转换信号从 0→1 和从 1→0 时条件成立。转换条件也可用文字语言或图形符号标注在表示转换的短线旁边，与逻辑表达式表示同时满足多个转换条件，或逻辑表达式表示满足其中的一个条件即可进行状态转换。

步与步之间用有向连线连接，并且用转换将步分隔开。步的活动状态进展按有向连线规定的路线进行。当步进展方向是从上到下、从左到右时，有向连线上的箭头可以省略。如果不是上述方向，应在有向连线上用箭头注明方向。步的活动状态进展是由转换来完成的。转换用与有向连线垂直的短画线来表示，步与步之间不允许直接相连，必须由转换隔开。

在顺序功能图中，只有当某一步的前级步是活动步时，该步才有可能变成活动步。如果用没有断电保持功能的编程元件代表各步，进入 RUN 工作方式时，它们均处于 0 状态，必须用开机时接通一个扫描周期的初始化脉冲 SM0.1 的常开触点作为转换条件，将初始步预置为活动步，否则因顺序功能图中没有活动步，系统将无法工作。如果系统有自动、手动两种工作方式，顺序功能图是用来描述自动工作过程的，这时还应在系统由手动工作方式进入自动工作方式时，用一个适当的信号将初始步置为活动步。

综上所述，顺序功能图由步、动作、转换、转换条件和有向连线五个基本要素组成，其一般形式如图 5–4 所示。

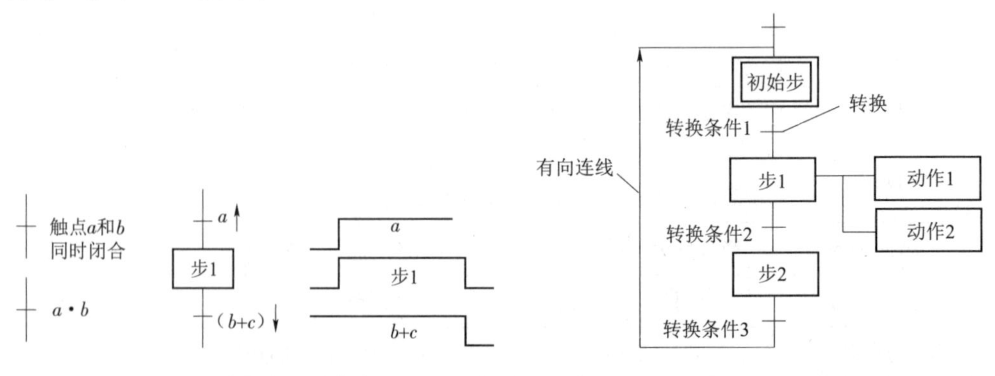

图 5–3　转换与转换条件

图 5–4　顺序功能图的组成部分

记一记：

5.1.3　顺序功能图中转换实现的基本规则分析

1. 转换实现的条件

在顺序功能图中，步的活动状态的进展是由转换实现的。转换的实现必须同时满足两个条件：

（1）该转换所有的前级步都是活动步。

（2）相应的转换条件得到满足。

如果转换的前级步或后续步不止一个，转换的实现称为同步实现。为了强调同步实现，有向连线的水平部分用双线表示，如图 5-5 所示。

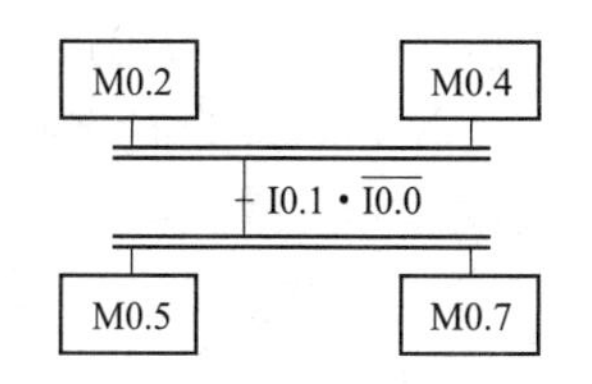

图 5-5　转换的同步实现

这两个条件是缺一不可的。如果取消了第一个条件，就不能保证系统按顺序功能图规定的顺序工作。取消了第一个条件后，如果人为的原因或元器件本身的故障造成限位开关或指令开关的误动作，无论当时处于哪一步，都会转换到该转换条件的后续步，很可能造成重大的事故。

2. 转换实现应完成的操作

转换实现时应完成以下两个操作：

（1）使所有与活动步相连的后续步变为活动步。

（2）使所有与之相连的前级步变为非活动步。

转换实现的基本规则是根据顺序功能图进行梯形图设计的基础，它适用于顺序功能图中的各种基本结构。

在梯形图中，用编程元件代表步，当某步为活动步时，该步对应的编程元件为 ON。当该步之后的转换条件满足时，转换条件对应的触点或电路接通，因此，可以将代表转换条件的触点或电路与所有前级步的编程元件的常开触点串联，作为转换实现的两个条件需同时满足。

3. 绘制顺序功能图时的注意事项

绘制顺序功能图时应注意以下事项：

（1）两个步绝对不能直接相连，必须用一个转换将它们隔开。

（2）两个转换也不能直接相连，必须用一个步将它们隔开。

（3）一个顺序功能图至少有一个初始步。初始步一般对应于系统等待启动的初始状态，初始步可能没有任何输出动作，但初始步是必不可少的。如果没有初始步，无法表示初始状态，系统也无法返回停止状态。

（4）自动控制系统应能多次重复执行同一工艺过程，因此在顺序功能图中一般应有由步和有向连线组成的闭环，即在完成一次工艺过程的全部操作之后，应从最后一步返回初始步，系统停留在初始状态，在连续多周期工作方式时，将从最后一步返回到下一工作周期开始运行的第一步，同时系统要设置停止信号。

5.1.4 单序列的编程方法

由于步与步之间转换的情况不同，顺序功能图有 3 种不同的基本结构形式，分别为单序列结构、选择序列结构和并行序列结构。本任务所应用的为单序列结构形式，其特点为状态转换只有一种情况，它由一系列按序排列、相继激活的步组成。每一步的后面只有一个转换，每一个转换后面只有一步。

单序列的编程方法

根据系统的顺序功能图设计出梯形图的方法，称为顺序功能图的编程方法。目前常用的编程方法有 3 种：

（1）使用启 – 保 – 停电路的设计方法；

（2）以转换为中心的设计方法；

（3）使用顺序控制继电器的设计方法。

用户可以自行选择编程方法将顺序功能图改画为梯形图。下面逐一介绍上述 3 种编程方法。

1. 使用启 – 保 – 停电路的设计方法

启 – 保 – 停电路使用的是触点和线圈相关的指令，任何一种 PLC 的指令系统里都含有这一类指令，因此这是一种通用的编程方法，适用于任意型号的 PLC，可按照图 5–4 所示，采用直接套用的方法，从而得到用户程序。

根据任务所述的控制要求，使用启 – 保 – 停电路的设计方法，设计鼓风机和引风机控制系统的顺序功能图，如图 5–6 所示。

设计启 – 保 – 停电路的关键是找出它的启动条件和停止条件。根据转换实现的基本规则，转换实现的条件是它的前级步为活动步，并且满足相应的转换条件，步 M0.1 变为活动步的条件是它的前级步 M0.0 为活动步，且两者之间的转换条件 I0.0 为 1 状态。在启 – 保 – 停电路中，应将代表前级步的 M0.0 的常开触点和代表转换条件的 I0.0 的常开触点串联，作为控制步 M0.1 的启动电路。

当步 M0.1 和 T37 的常开触点均闭合时，步 M0.2 变为活动步，此时步 M0.1 变为不活动步，因此可以将步 M0.2 为 1 状态作为使存储器位 M0.1 变为 OFF 的条件。当步 M0.2 和代表转换条件的 I0.1 的常开触点均闭合时，步 M0.3 变为活动步，此时步 M0.2 变为不活动步。

以初始步 M0.0 为例，由顺序功能图可知，步 M0.3 是它的前级步，T38 的常开触点接通是两者之间的转换条件，所以应将步 M0.3 和 T38 的常开触点串联，作为步 M0.0 的启动电路。PLC 开始运行时应将步 M0.0 置为 1，否则系统无法工作，因此仅在第一个扫描周期接通的 SM1.1 的常开触点与上述串联电路并联，启动电路还并联了步 M0.0 的自保持触点。后续步 M0.1 的常闭触点与步 M0.0 的线圈串联，步 M0.1 为 1 状态时步 M0.0 的线圈“断电”，初始步变为不活动步。

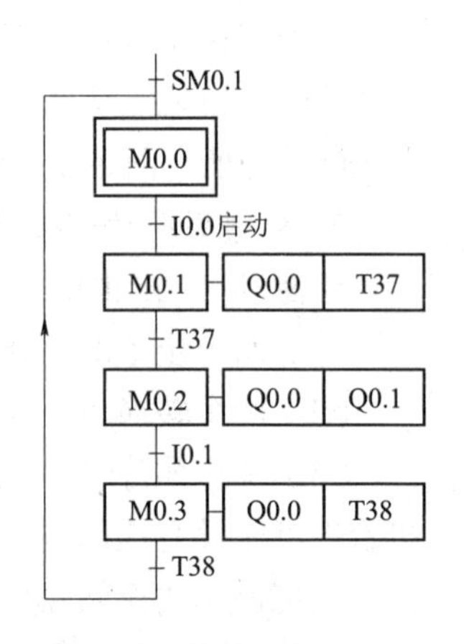

图 5–6 鼓风机和吹风机控制系统的顺序功能图

当控制步 M0.0 的启 – 保 – 停电路的启动电路接通后，步 M0.0

的常闭触点使步 M0.3 的线圈断电在下一个扫描周期，因为后者的常开触点断开，使 M0.0 的启动电路断开，由此可知启 – 保 – 停电路的启动电路接通的时间只有一个扫描周期。因此必须使用有记忆功能的电路（例如启 – 保 – 停电路或置位、复位电路）来控制代表步的存储器位。

下面讲解设计顺序控制梯形图的输出电路部分的方法。由于步是根据输出变量的状态变化来划分的，它们之间的关系极为简单，可以分为两种情况来处理。一种情况是某一输出量仅在某一步中为 ON，如图 5–6 中的 Q0.1 就属于这种情况，可以将它的线圈与对应步的存储器位 M0.2 的线圈并联。另一种情况是某一输出量在几步中都为 ON，应将代表各有关步的存储器位的常开触点并联后，驱动该输出线圈。图 5–6 中 Q0.0 在步 M0.1、步 M0.2、步 M0.3 中均工作，所以用这三步的常开触点组成的并联电路来驱动 Q0.0 的线圈。如果某些输出量像 Q0.0 一样，在连续的若干步均为 1 状态，可以用置位、复位指令来控制它们。

2. 以转换为中心的设计方法

在顺序功能图中，如果某一转换所有的前级步都是活动步并且满足相应的转换条件，则转换实现。即所有由有向连线与相应转换符号相连的后续步都变为活动步，而所有由有向连线与相应转换符号相连的前级步都变为不活动步。在以转换为中心的编程方法中，将该转换所有前级步对应的存储器位的常开触点与转换对应的触点或电路串联，该串联电路即为启 – 保 – 停电路中的启动电路，用它作为使所有后续步对应的存储器位置位（使用 S 指令），以及使所有前级步对应的存储器位复位（使用 R 指令）的条件。在任何情况下，代表步的存储器位的控制电路都可以用这一原则来设计，每个转换对应一个这样的控制置位和复位的电路块，有多少个转换就有多少个这样的电路块。这种设计方法特别有规律，梯形图与转换实现的基本规则之间有着严格的对应关系，在设计复杂的顺序功能图的梯形图时既容易掌握，又不容易出错。

【例 5–1】某组合机床的动力头在初始状态时停在最左边，限位开关 I0.3 为 1 状态，如图 5–7 所示。按下启动按钮 I0.0，动力头的进给运动如图 5–7 所示，工作一个循环后，返回并停在初始位置，控制快进、工进和快退的电磁阀分别为 Q0.0、Q0.1 和 Q0.2，设计该系统的梯形图程序。

根据控制要求，设计的顺序功能图如图 5–8 所示。实现图 5–8 中 I0.1 对应的转换需要同时满足两个条件，即该转换的前级步是活动步（M0.1=1）和转换条件满足（I0.1=1）。在梯形图中，可以用 M0.1 和 I0.1 的常开触点组成的串联电路来表示上述条件。该电路接通时，两个条件同时满足。此时将该转换的后续步变为活动步，即用置位指令将 M0.2 置位；并且将该转换的前级步变为不活动步，即用复位指令将 M0.1 复位。

使用这种编程方法时，不能将输出位的线圈与置位指令和复位指令并联，这是因为图中控制置位复位的串联电路接通的时间只有一个扫描周期，转换条件满足后前级步马上被复位，该串联电路断开，而输出位的线圈至少应该在某一步对应的全部时间内被接通。所以应根据顺序功能图，用代表步的存储器位的常开触点或它们的并联电路来驱动输出位的线圈。

根据顺序功能图，设计梯形图程序如图 5–9 所示。

3. 使用顺序控制继电器的设计方法

S7–200 系列 PLC 中的顺序控制继电器（SCR）专门用于编制顺序控制程序。顺序控制程序被划分为 LSCR 与 SCRE 指令之间的若干个 SCR 段，一个 SCR 段对应于顺序功能图中的一步。顺序控制继电器指令的格式及其功能如表 5–2 所示。

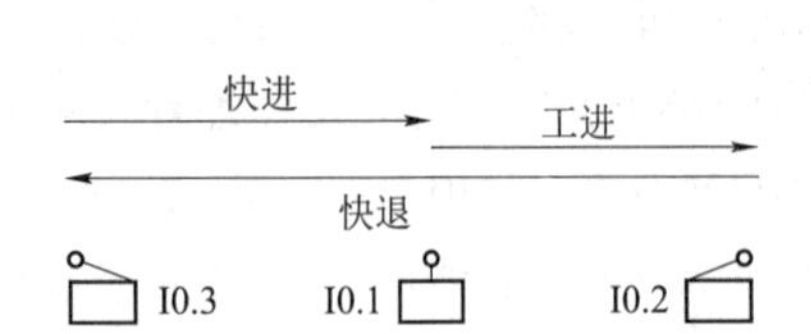

图 5-7　某组合机床的动力头的运动轨迹

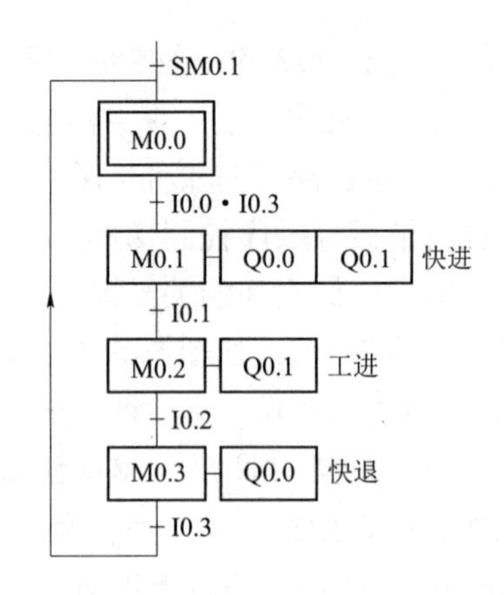

图 5-8　某组合机床的动力头的顺序功能图

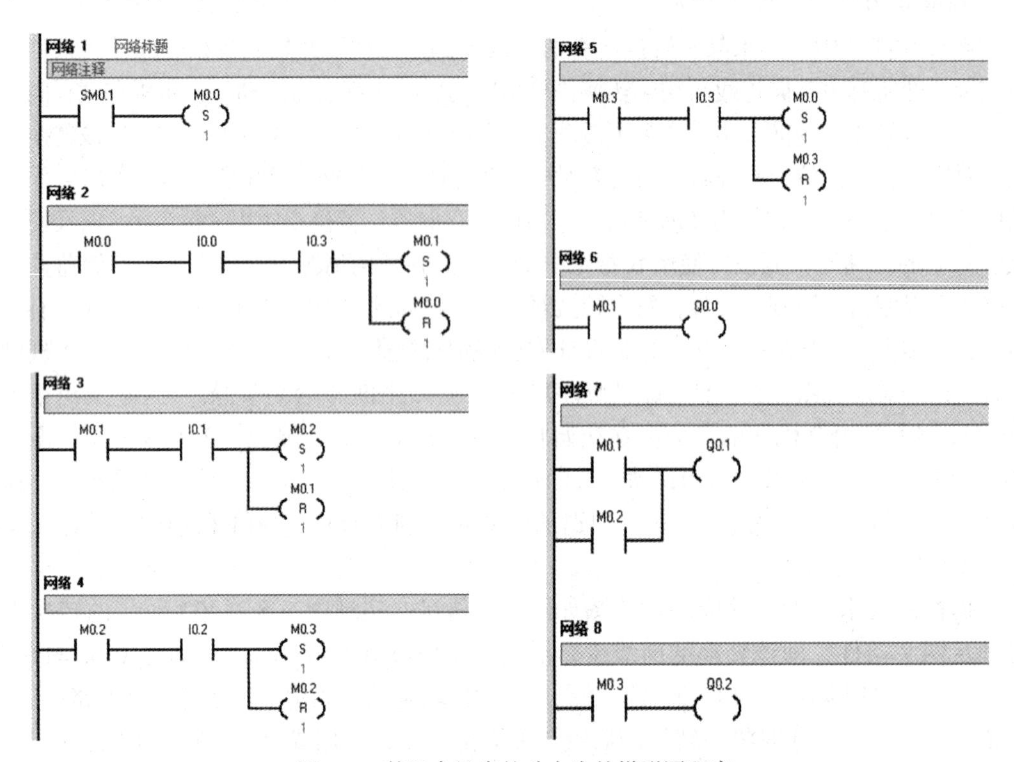

图 5-9　某组合机床的动力头的梯形图程序

表 5-2　顺序控制继电器指令的格式及其功能

指令名称	梯形图 LAD	语句表 STL		功能
		操作码	操作数	
装载顺序控制继电器指令	N SCR	LSCR	S_bit	表示一个 SCR 段的开始
顺序控制继电器转换指令	—(N SCRT)	SCRT	S_bit	表示 SCR 段之间的转换，即步的活动状态的转换
顺序控制继电器结束指令	—(SCRE)	CSCRE	无	表示 SCR 程序段条件结束
顺序控制继电器结束指令	—(SCRE)	SCRE	无	表示 SCR 程序段结束

指令的使用说明：

装载顺序控制继电器（Load Sequence Control Relay）指令中的操作数 S_bit 为顺序控制继电器 S 的地址，顺序控制继电器为 1 状态时，执行对应的 SCR 段中的程序，反之则不执行。LSCR 指令中指定的顺序控制继电器被放入 SCR 堆栈和逻辑堆栈的栈顶，SCR 堆栈中 S 位的状态决定对应的 SCR 段是否执行。由于逻辑堆栈的栈顶装入了 S 位的值，所以将 SCR 指令直接连接到左侧母线上。

使用 SCR 指令时有以下的限制：不能在不同的程序中使用相同的 S 位；不能在 SCR 段之间使用 JMP 及 LBL 指令，即不允许用跳转的方法跳入或跳出 SCR 段；不能在 SCR 段中使用 FOR、NEXT 和 END 指令。

当 SCRT（顺序控制继电器转换指令）线圈“得电”时，SCRT 指令中指定的顺序功能图中的后续步对应的顺序控制继电器变为 1 状态，同时当前活动步对应的顺序控制继电器被系统程序复位为 0 状态，当前步变为不活动步。

【例 5-2】如图 5-10 所示某小车运动的示意图，假设小车在初始位置时停在左边，限位开关 I0.2 为 1 状态。按下启动按钮 I0.0 后，小车向右运动，碰到限位开关 I0.1 后，停在该处，3 s 后开始左行，碰到 I0.2 后返回初始步，停止运动。设计该系统的梯形图程序。

根据 Q0.0 和 Q0.1 状态的变化，在一个工作周期可以分为左行、暂停和右行 3 步，另外还应设置等待启动的初始步，分别用 S0.0 ~ S0.3 来代表这 4 步。启动按钮 I0.0 和限位开关的常开触点、T37 延时接通的常开触点是各步之间的转换条件，设计的顺序功能图如图 5-11 所示。

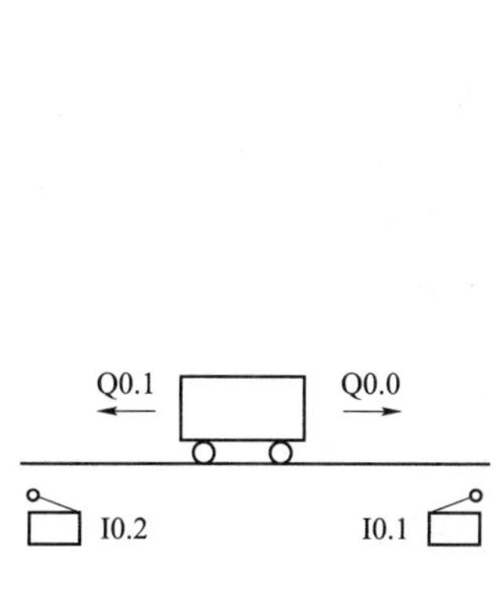

图 5-10　某小车运动的示意图

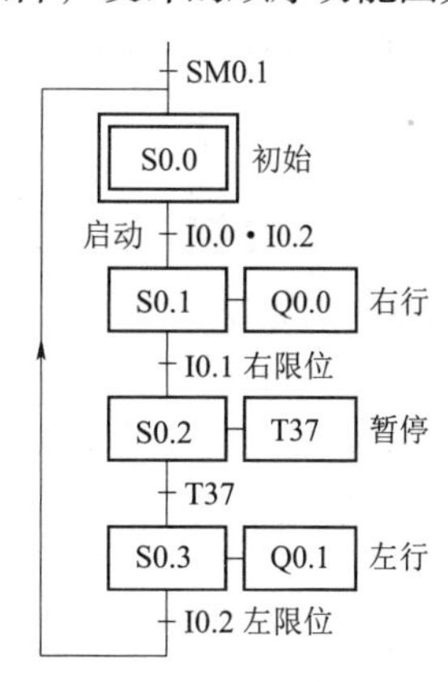

图 5-11　某小车运动的顺序功能图

在设计梯形图时，用梯形图中 SCR 和 SCRE 指令表示 SCR 段的开始和结束。在 SCR 段中用 SM0.0 的常开触点来驱动在该步中应为 1 状态的输出点 Q 的线圈，并用转换条件对应的触点或电路来驱动转换到后续步的 SCRT 指令。

如果用编程软件的“程序状态”功能监视处于运行模式的梯形图，可以看到因为直接接在左侧电源线上，每一个 SCR 方框都是蓝色的，但是只有活动步对应的 SCRE 线圈通电，并且只有活动步对应的 SCR 区内的 SM0.0 的常开触点闭合，不活动步的 SCR 区内的 SM0.0 的常开触点处于断开状态，因此 SCR 区内的线圈受到对应的顺序控制继电器的控制，SCR 区内的线圈还能受与它串联的触点或电路的控制。

首次扫描时 SM0.1 的常开触点接通一个扫描周期，使顺序控制继电器 S0.0 置位，初始步变为活动步，只执行 S0.0 对应的 SCR 段。如果小车在最左边，I0.2 为 1 状态，此时按下启动按钮 I0.0，使 S0.1 变为 1 状态，操作系统使 S0.0 变为 0 状态，系统从初始步转换到右行步，只执行 S0.1 对应的 SCR 段。在该段中 SM0.0 的常开触点闭合，Q0.0 的线圈得电，小车右行。在操作系统没有执行 S0.1 对应的 SCR 段时，Q0.0 的线圈不会通电。

右行碰到右限位开关时，I0.1 的常开触点闭合，将实现右行步 S0.1 到暂停步 S0.2 的转换。定时器 T37 用来使暂停步持续 3 s。延时时间到时，T37 的常开触点接通，使系统由暂停步转换到左行步 S0.3，直到返回初始步。

根据顺序功能图，设计梯形图程序如图 5-12 所示。

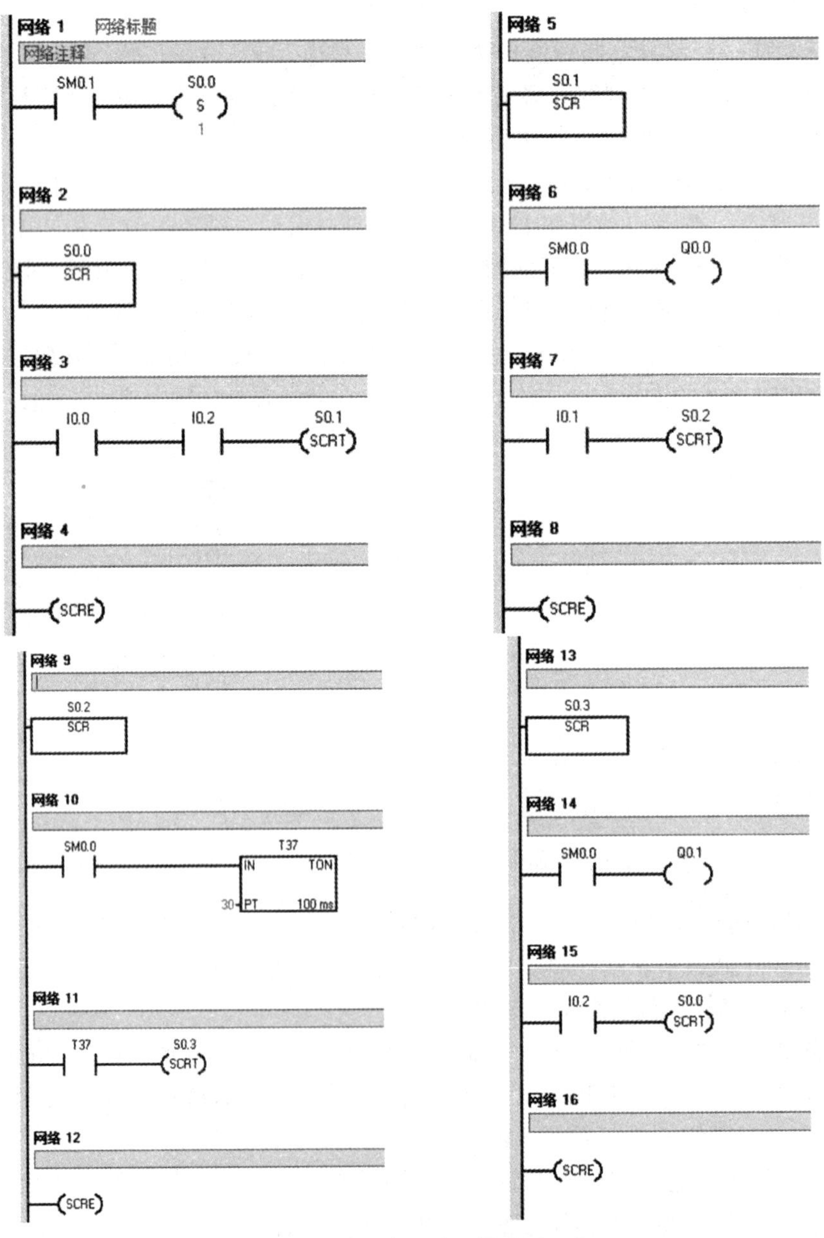

图 5-12 某小车运动的梯形图程序

记一记：

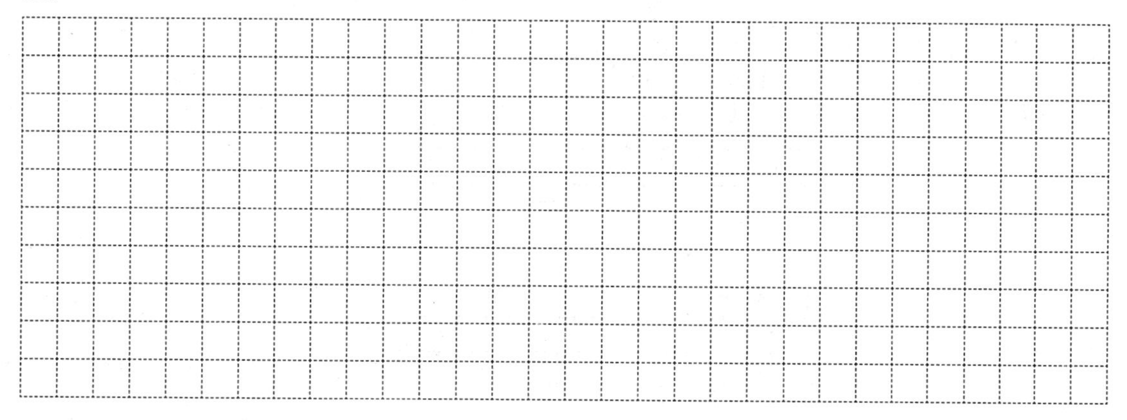

【任务实施】

一、I/O 分配表

由控制要求可知 PLC 需要 2 个输入点，2 个输出点，I/O 地址分配如表 5-3 所示。

表 5-3　I/O 地址分配表

输入		输出	
地址	功能	地址	功能
I0.0	启动按钮 SB1	Q0.0	引风机
I0.1	停止按钮 SB2	Q0.1	鼓风机

二、设计顺序功能图

根据任务所述的控制要求，鼓风机和引风机控制系统的顺序功能图，可以采用启 – 保 – 停电路、以转换为中心和顺序控制继电器三种设计方法。本任务使用启 – 保 – 停电路的设计方法，如图 5-6 所示。

三、硬件接线图

鼓风机和吹风机控制系统的硬件设计与接线如图 5-13 所示。

四、设计梯形图程序

（1）打开编程软件，创建符号表，如图 5-14 所示。

（2）结合上述的编程方法和顺序功能图，绘制的梯形图如图 5-15 所示。

五、调试程序

在程序编译无误后，通电下载到 PLC 中进行监控调试。具体操作流程参照项目二所述。

六、安装与调试

（1）安装并检查控制电路的硬件接线，确保用电安全；

（2）分析程序运行结果，直至满足系统的控制要求为止。

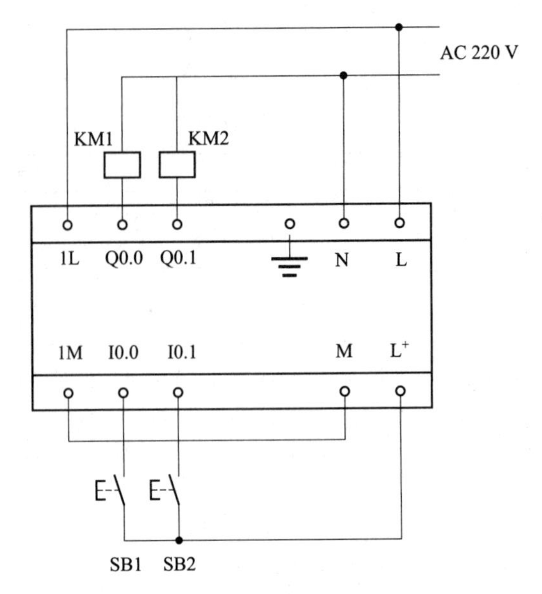

图 5-13　鼓风机和吹风机控制系统电路硬件接线图

			符号	地址	注释
1			RUN_SB1	I0.0	启动按钮
2			STOP_SB2	I0.1	停止按钮
3			KM1	Q0.0	引风机
4			KM2	Q0.1	鼓风机

图 5-14　符号表

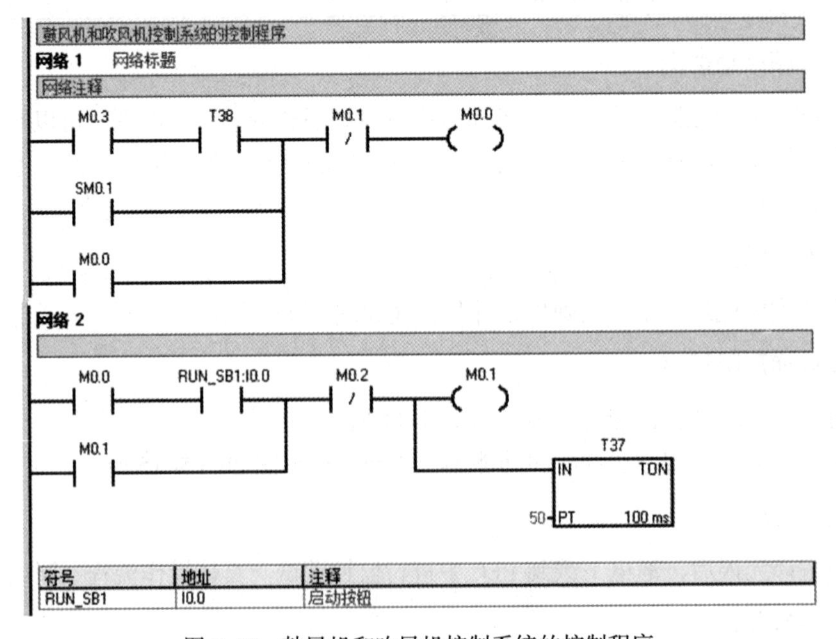

图 5-15　鼓风机和吹风机控制系统的控制程序

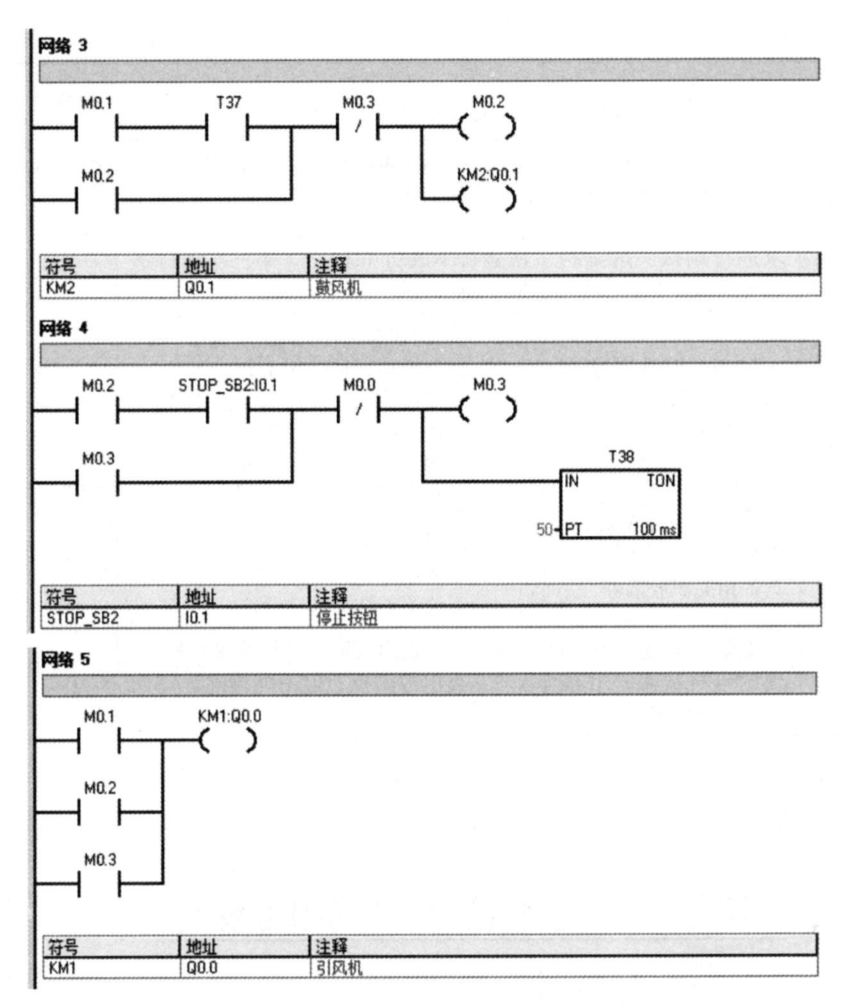

图 5-15　鼓风机和吹风机控制系统的控制程序（续）

【任务考核】

表 5-4　“鼓风机和吹风机控制系统”任务考核要求

姓名＿＿＿＿＿＿　班级＿＿＿＿＿＿　学号＿＿＿＿＿＿　总得分＿＿＿＿

任务编号及题目		5-1　鼓风机和吹风机控制系统		考核时间		
序号	主要内容	考核要求	评分标准	配分	扣分	得分
1	方案设计	根据控制要求，设计顺序功能图，画出 I/O 分配表，并绘制 PLC 的外部接线图	1. 顺序功能图的动作与命令描述不正确或不全，每处扣 2 分； 2. 顺序功能图的结构不正确或不全，每处扣 2 分； 3. I/O 点不正确或不全，每处扣 2 分； 4. PLC 的外部接线图画法不规范，每处扣 2 分； 5. PLC 的外部接线图元件选择不规范，每处扣 2 分	20		

续表

序号	主要内容	考核要求	评分标准	配分	扣分	得分
2	程序设计与调试	能够正确地进行程序设计，编译后下载到 PLC 中，按动作要求进行调试，达到控制要求	1. 梯形图表达不正确，每处扣 2 分； 2. 梯形图画法不规范，每处扣 2 分； 3. 第一次运行不成功扣 5 分，第二次运行不成功扣 10 分，第三次运行不成功扣 20 分	30		
3	安装与调试	按 PLC 的外部接线图接线，要求接线正确、美观	1. 接线不紧固、不美观，每根扣 2 分； 2. 接点松动，每处扣 1 分； 3. 不按接线图接线，每处扣 2 分； 4. 错接或漏接，每处扣 2 分； 5. 露铜过长，每根扣 2 分	30		
4	安全与文明生产	遵守国家相关规定，学校“6S”管理要求，具备相关职业素养	1. 未穿戴防护用品，每条扣 5 分； 2. 出现事故或人为损坏设备扣 10 分； 3. 带电操作，扣 5 分； 4. 工位不整洁，扣 2 分	10		
5	故障分析与排除	能够排查运行中出现的电气故障，并能够正确分析和排除	1. 不能查出故障点，每处扣 5 分； 2. 查出故障点，但不能排除，每处扣 3 分	10		
完成日期						
教师签名						

任务二　液体混合装置控制系统

【任务描述】

如图 5-16 所示两种液体混合装置。SL1、SL2、SL3 为上、中、下限液位传感器，当其被液面淹没时，其常开触点接通，两种液体的输入和混合液体排放分别由电磁阀 YV1、YV2 和 YV3 控制，M 为搅匀电动机。

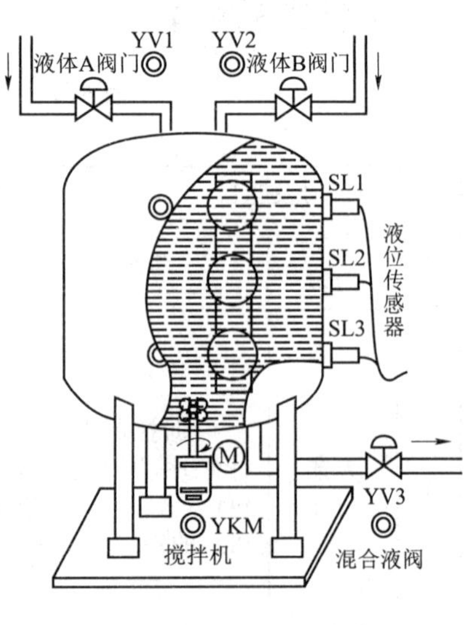

图 5-16　两种液体混合装置

系统控制要求如下：

（1）初始状态：装置投入运行时，容器是空的，液体 A、B 阀门关闭（YV1=YV2=OFF），各传感器均为 0 状态。

（2）启动操作：按下启动按钮 SB1，装置就开始按下列约定的规律操作：

① 液体 A 阀门打开，液体 A 流入容器。当液面到达 SL2 时，SL2 接通，关闭液体 A 阀门，打开液体 B 阀门。

② 当液面到达 SL1 时，关闭液体 B 阀门，搅匀电动机开始搅匀。

③ 搅匀电动机工作 1 min 后停止搅动，混合液体阀门打开，开始放出混合液体。当液面下降到 SL3 时，SL3 由接通变为断开，再过 10 s 后，容器放空，混合液阀门关闭，开始下一周期。

（3）停止操作：在工作过程中，按下停止按钮 SB2 后，装置并不立即停止工作，而是要在当前的混合液操作处理完毕后，才停止操作，即停在初始状态上。

【相关知识】

5.2.1　选择序列和并行序列的基本结构

1. 选择序列的基本结构

顺序过程进行到某步，若随着转移条件不同出现多个状态转移方向，而当该步结束后，只有一个转换条件被满足，即只能从中选择一个分支执行，这种顺序控制过程的结构框架就是选择序列的顺序功能图，如图 5–17 所示。

选择序列的开始称为分支，转换符号只能标在水平连线之下。如果步 5 是活动步，并且转换条件 h=1，则发生由步 5 →步 8 的进展。如果步 5 是活动步，并且 k=1，则发生由步 5 →步 10 的进展。如果将转换条件 k 改为 $k \cdot h$，则当 k 和 h 同时为 ON 时，将优先选择 h 对应的序列，一般只允许同时选择一个序列。

选择序列的结束称为合并，几个选择序列合并到一个公共序列时，用需要重新组合的序列相同数量的转换符号和水平连线来表示，转换符号只允许标在水平连线之上。

如果步 9 是活动步，并且转换条件 j=1，则发生由步 9 →步 12 的进展。如果步 11 是活动步，并且 n=1，则发生由步 11 →步 12 的进展。

2. 并行序列的基本结构

如果某个状态的转移条件满足，将同时执行两个或两个以上的分支，这种结构框架的顺序功能图称为并行序列。如图 5–18 所示，并行序列的开始称为分支，当转换的实现导致几个序列同时激活时，这些序列称为并行序列。当步 3 是活动的，并且转换条件 e=1，步 4 和步 6 同时变为活动步，同时步 3 变为不活动步。为了强调转换的同步实现，水平连线用双线表示。步 4 和步 6 被同时激活后，每个序列中活动步的进展将是独立的。在表示同步的水平双线之上，只允许有一个转换符号。

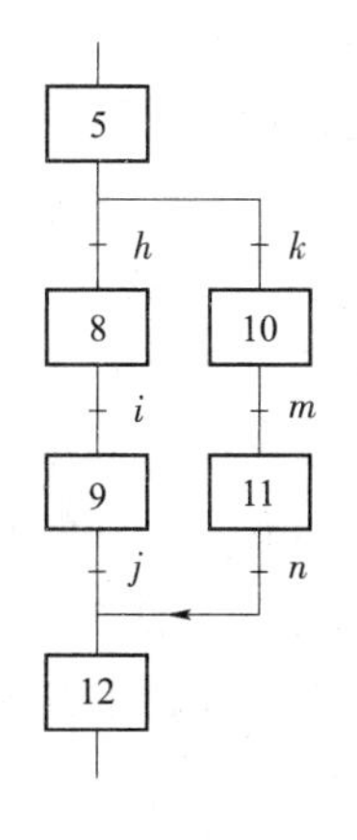

图 5–17　选择序列结构框架

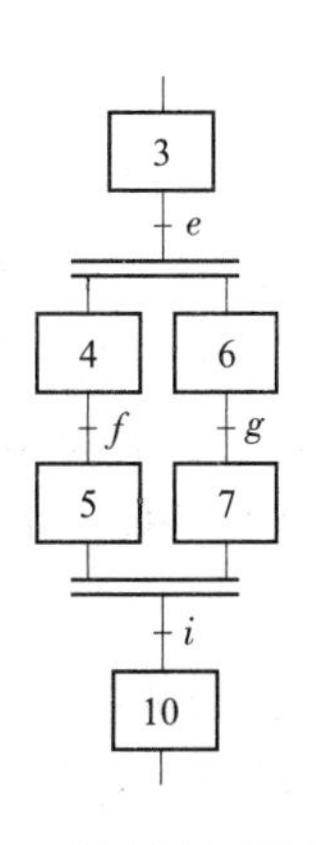

图 5–18　并行序列结构框架

并行序列的结束称为合并，在表示同步的水平双线之下，只允许有一个转换符号。当直接连在双线上的所有前级步（步 5 和步 7）都处于活动状态，并且转换条件 i=1 时，才会发生步 5 和步 7 到步 10 的进展，即步 5 和步 7 同时变为不活动步，而步 10 变为活动步。

5.2.2 使用启 – 保 – 停电路的设计方法

1. 选择序列的分支与合并的编程方法

如图 5–19 所示，步 M0.0 之后有一个选择序列的分支，设步 M0.0 为活动步，当它的后续步 M0.1 或 M0.2 变为活动步时，它都应变为不活动步，即 M0.0 变为 0 状态，所以应将 M0.1 和 M0.2 的常闭触点与 M0.0 的线圈串联。如果某一步的后面有一个由 N 条分支组成的选择序列，该步可能转换到不同的 N 步去，则应将这 N 个后续步对应的存储器位的常闭触点与该步的线圈串联，作为结束该步的条件。

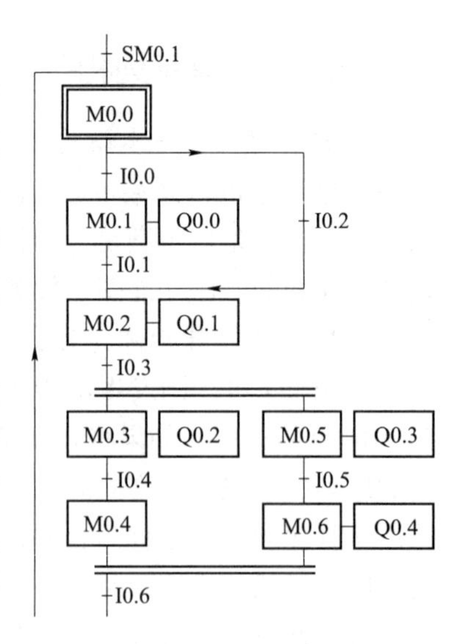

图 5–19　选择系列和并行序列

步 M0.2 之前有一个选择序列的合并，当步 M0.1 为活动步（M0.1 为 1 状态），并且转换条件 I0.1 满足，或者步 M0.0 为活动步，并且转换条件 I0.2 满足，步 M0.2 都应变为活动步，即控制代表该步的存储器位 M0.2 的启 – 保 – 停电路的启动条件应为 M0.1*I0.1+M0.0*I0.2，对应的启动电路由两条并联支路组成，每条支路分别由 M0.1、I0.1 或 M0.0、I0.2 的常开触点串联而成。

一般来说，对于选择序列的合并，如果某步之前有 N 个转换，即有 N 条分支进入该步，则控制代表该步的存储器位的启 – 保 – 停电路的启动电路由 N 条支路并联而成，各支路由某一前级步的存储器位的常开触点与相应转换条件对应的触点或电路串联而成。

2. 仅有两步的闭环的处理

如果在功能图中有仅由两步组成的小闭环，如图 5–20（a）所示，用启 – 保 – 停电路设计的梯形图不能正常工作。例如，M0.2 和 I0.2 均为 1 状态时，M0.3 的启动电路接通，但是这时与 M0.3 的线圈串联的 M0.2 的常闭触点却是断开的，所以 M0.3 的线圈不能“通电”。出现上述问题的根本原因在于步 M0.2 既是步 M0.3 的前级步，又是它的后续步。

如图 5–20（b）所示，如果用转换条件 I0.2 和 I0.3 的常闭触点分别代替后续步 M0.3 和 M0.2 的常闭触点，将引发出另一问题。假设步 M0.2 为活动步时 I0.2 变为 1 状态，执行修改后的第 1 个启 – 保 – 停电路时，因为 I0.2 为 1 状态，它的常闭触点断开，使 M0.2 的线圈断电。M0.2 的常开触点断开，使控制 M0.3 的启 – 保 – 停电路的启动电路开路，因此不能转换到 M0.3。

因此，增设了一个受 I0.2 控制的中间元件 M1.0，如图 5–20（c）所示。如果 M0.2 为活动步时 I0.2 变为 1 状态，执行图中第 1 个启 – 保 – 停电路时，M1.0 暂为 0 状态，它的常闭触点闭合，M0.2 的线圈通电，保证了控制 M0.3 的启 – 保 – 停电路的启动电路接通，使 M0. 3 的线圈通电。执行完图中最后一行的电路后，M1.0 变为 1 状态，在下一个扫描周期使 M0.2 的线圈断电。

3. 并行序列的分支与合并的编程方法

如图 5–19 所示，步 M0.2 之后有一个并行序列的分支，当步 M0.2 是活动步并且转换条件

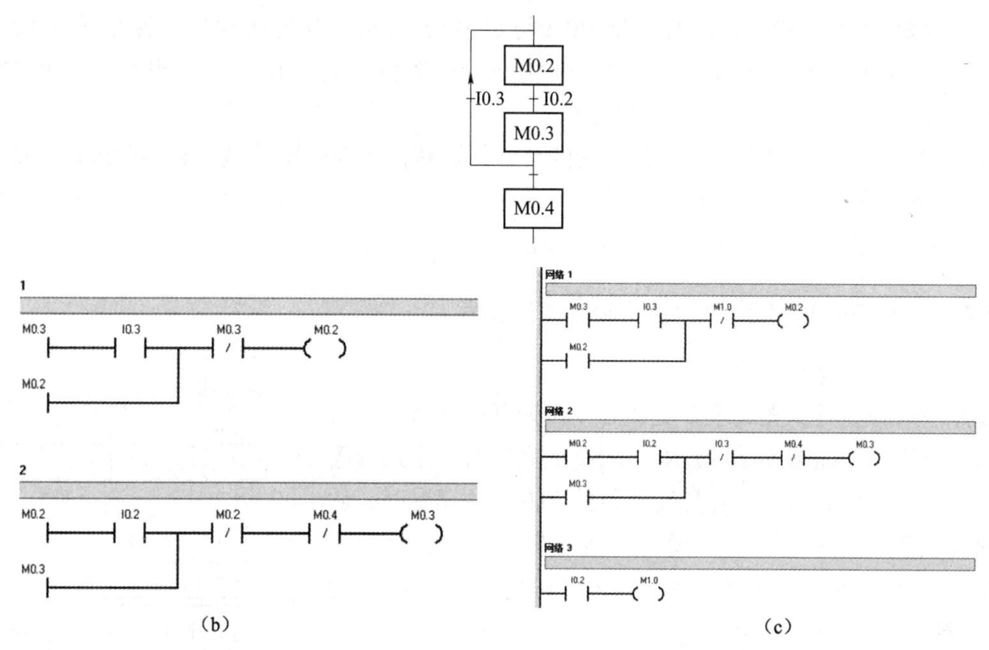

图 5-20　仅有两步的闭环的处理

I0.3 满足时，步 M0.3 与步 M0.5 应同时变为活动步，这是用 M0.2 和 I0.3 的常开触点组成的串联电路分别作为 M0.3 和 M0.5 的启动电路来实现的；与此同时，步 M0.2 应变为不活动步。步 M0.3 与步 M0.5 是同时变为活动步的，只需将 M0.3 或 M0.5 的常闭触点与 M0.2 的线圈串联就行了。

步 M0.0 之前有一个并行序列的合并，该转换实现的条件是所有的前级步（即步 M0.4 和 M0.6）都是活动步和转换条件 I0.6 满足。由此可知，应将 M0.4、M0.6 和 I0.6 的常开触点串联，作为控制 M0.0 的启 – 保 – 停电路的启动电路。

任何复杂的顺序功能图都是由单序列、选择序列和并行序列组成的，掌握了单序列的编程方法和选择序列、并行序列的分支、合并的编程方法，就不难迅速地设计出任何复杂的顺序功能图描述的数字量控制系统的梯形图。

5.2.3　以转换为中心的设计方法

1. 选择序列的编程方法

如果某一转换与并行序列的分支、合并无关，它的前级步和后续步都只有一个，需要复位、置位的存储器位也只有一个，因此对选择序列的分支与合并的编程方法实际上与对单序列的编程方法完全相同。

如图 5-19 所示的顺序功能图中，除了 I0.3 与 I0.6 对应的转换以外，其余转换的均与并行序列的分支、合并无关，I0.0 ~ I0.2 对应的转换与选择序列的分支、合并有关，它们都只有一个前级步和一个后续步。与并行序列的分支、合并无关的转换对应的梯形图是非常标准的，每一个控制置位、复位的电路块都由前级步对应的一个存储器位的常开触点和转换条件对应的触点组成的串联电路、一条置位指令和一条复位指令组成。

2. 并行序列的编程方法

如图 5-19 所示的顺序功能图中，步 M0.2 之后有一个并行序列的分支，当步 M0.2 是活动步，并且转换条件 I0.3 满足时，步 M0.3 与步 M0.5 应同时变为活动步，这是用 M0.2 和 I0.3 的常开触点组成的串联电路使 M0.3 和 M0.5 同时置位来实现的；与此同时，步 M0.2 应变为不活动步，这是用复位指令来实现的。

I0.6 对应的转换之前有一个并行序列的合并，该转换实现的条件是所有的前级步（即步 M0.4 和 M0.6）都是活动步和转换条件 I0.6 满足。由此可知，应将 M0.4、M0.6 和 I0.6 的常开触点串联，作为使后续步 M0.0 置位和使 M0.4、M0.6 复位的条件。

5.2.4 使用顺序控制继电器的设计方法

1. 选择序列的编程方法

选择序列编程时，先处理分支状态，再处理中间状态，最后处理汇合状态。如图 5-21 所示，步 S0.0. 之后有一个选择序列的分支，当它是活动步，并且转换条件 I0.0 得到满足时，后续步 S0.1 将变为活动步，S0.0 变为不活动步。如果步 S0.0 为活动步，并且转换条件 I0.2 得到满足时，后续步 S0.2 将变为活动步，S0.0 变为不活动步。

步 S0.3 之前有一个选择序列的合并，当步 S0.1 为活动步（S0.1 为 1 状态），并且转换条件 I0.1 满足，或步 S0.2 为活动步，并且转换条件 I0.3 满足，步 S0.3 都应变为活动步。

2. 并行序列的编程方法

并行序列顺序功能图的编程与其他序列结构一样，先进行负载驱动，后进行转移处理，转移处理从左到右依次进行。如图 5-21 所示，步 S0.3 之后有一个并行序列的分支，当步 S0.3 是活动步，并且转换条件 I0.4 满足，步 S0.4 与步 S0.6 应同时变为活动步。与此同时，S0.3 被自动复位，步 S0.3 变为不活动步。

图 5-21 选择系列和并行序列的顺序功能图

步 S1.0 之前有一个并行序列的合并，因为转换条件为 1，转换实现的条件是所有的前级步（即步 S0.5 和 S0.7）都是活动步。将 S0.5 和 S0.7 的常开触点串联，来控制对 S1.0 的置位和对 S0.5、S0.7 的复位，从而使步 S1.0 变为活动步，步 S0.5 和步 S0.7 变为不活动步。

并行序列的编程方法

记一记：

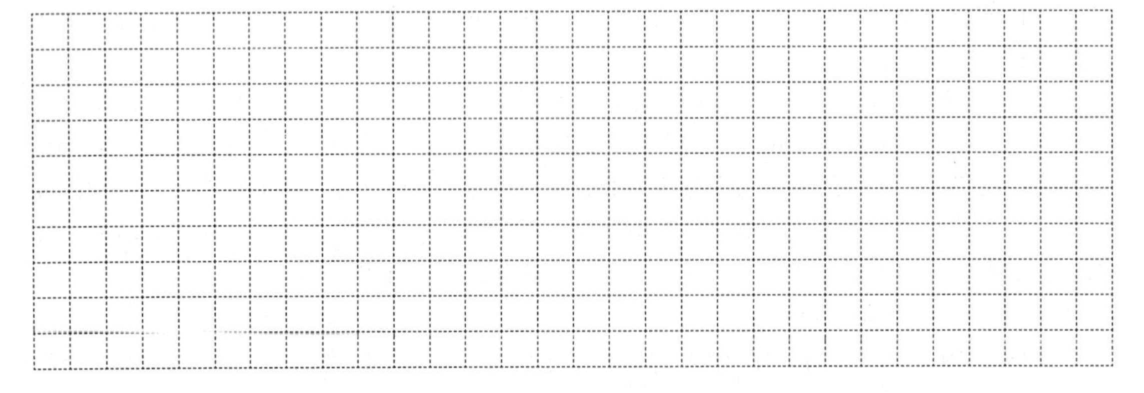

【任务实施】

一、I/O 分配表

由控制要求可知，PLC 需要 5 个输入点，4 个输出点，I/O 地址分配如表 5-5 所示。

表 5-5　I/O 地址分配

输入		输出	
地 址	功 能	地 址	功 能
I0.0	中限液位传感器	Q0.0	液体 A 阀门
I0.1	上限液位传感器	Q0.1	液体 B 阀门
I0.2	下限液位传感器	Q0.2	搅拌电动机
I0.3	启动按钮	Q0.3	混合液阀门
I0.4	停止按钮		

二、设计顺序功能图

根据任务所述的控制要求，液体混合装置控制系统的顺序功能图如图 5-22 所示。

三、硬件接线图

液体混合装置控制系统的硬件设计与接线如图 5-23 所示。

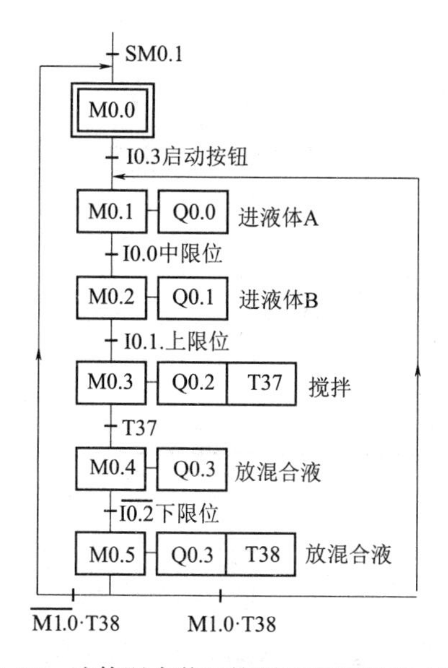

图 5-22　液体混合装置控制系统的顺序功能图

图 5-23　液体混合装置控制系统的硬件设计与接线

四、设计梯形图程序

（1）打开编程软件，创建符号表，如图 5-24 所示。

（2）结合上述的编程方法和顺序功能图，绘制的梯形图如图 5-25 所示。

			符号	地址	注释
1			YV1	Q0.0	液体A阀门
2			YV2	Q0.1	液体B阀门
3			YKM	Q0.2	搅拌电动机
4			YV3	Q0.3	混合液阀门
5			SL1	I0.1	上限液位传感器
6			SL2	I0.0	中限液位传感器
7			SL3	I0.2	下限液位传感器
8			RUN_SB1	I0.3	启动按钮
9			STOP_SB2	I0.4	停止按钮

图 5–24　符号表

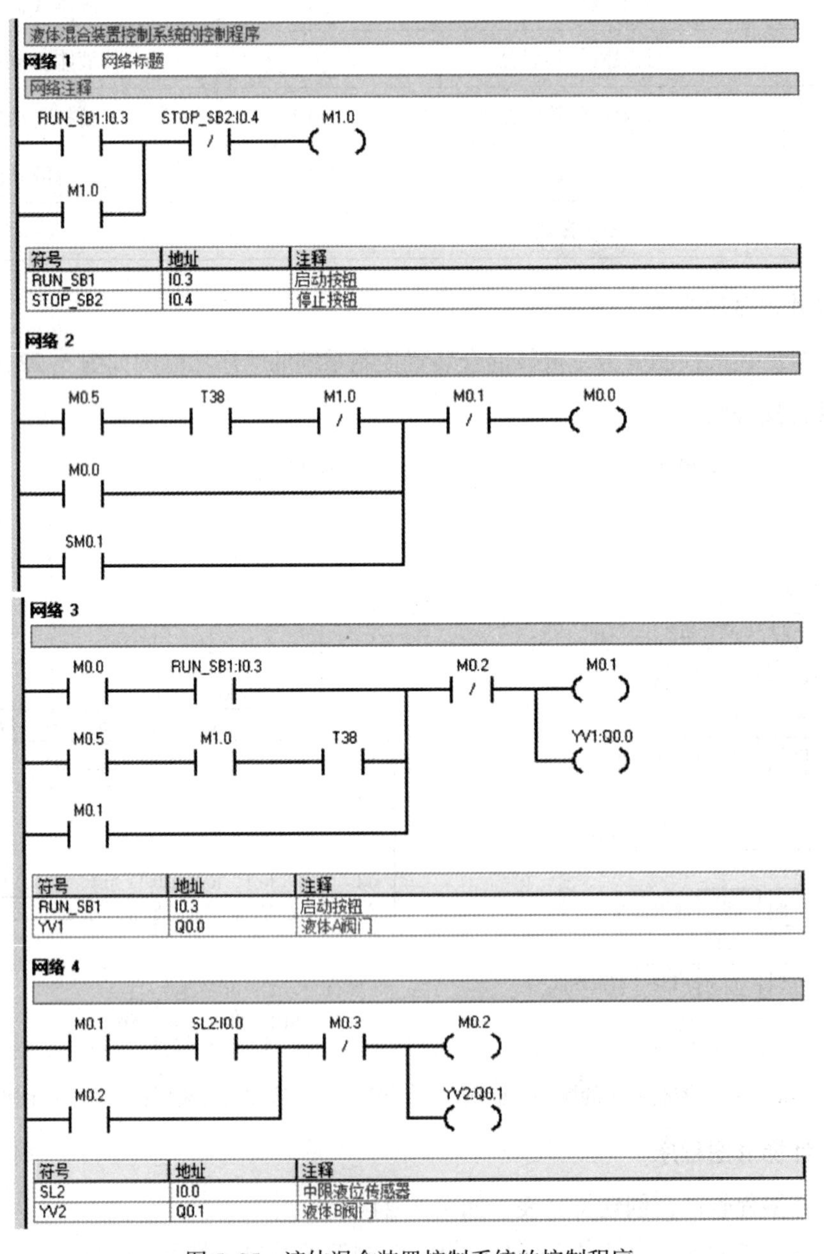

图 5–25　液体混合装置控制系统的控制程序

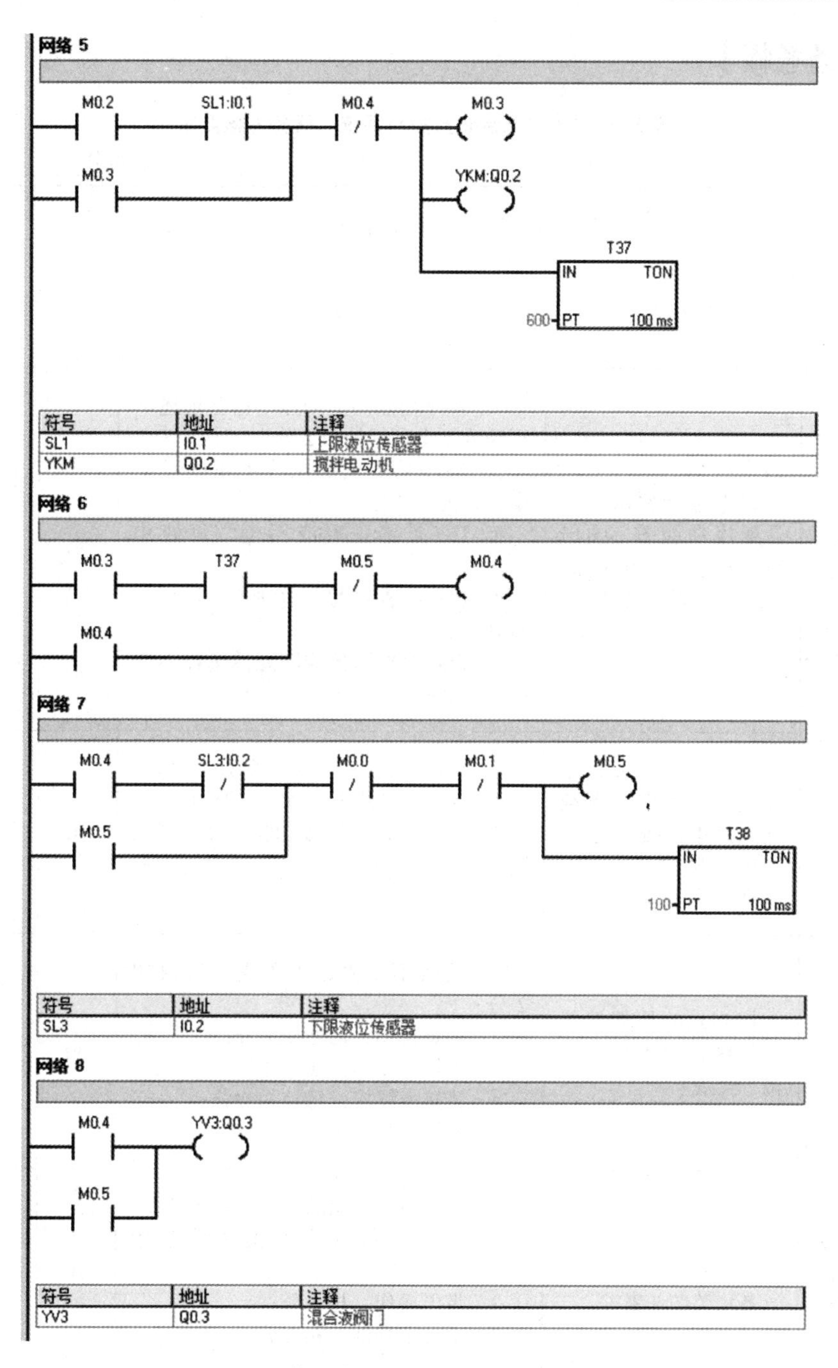

图 5-25　液体混合装置控制系统的控制程序（续）

五、调试程序

在程序编译无误后，通电下载到 PLC 中进行监控调试。具体操作流程参照项目二所述。

六、安装与调试

（1）安装并检查控制电路的硬件接线，确保用电安全；

（2）分析程序运行结果，直至满足系统的控制要求为止。

【任务考核】

表 5-6 “液体混合装置控制系统”任务考核要求

姓名________ 班级________ 学号________ 总得分________

任务编号及题目		5-2 液体混合装置控制系统		考核时间		
序号	主要内容	考核要求	评分标准	配分	扣分	得分
1	方案设计	根据控制要求，设计顺序功能图，画出 I/O 分配表，并绘制 PLC 的外部接线图	1. 顺序功能图的动作与命令描述不正确或不全，每处扣 2 分； 2. 顺序功能图的结构不正确或不全，每处扣 2 分； 3. I/O 点不正确或不全，每处扣 2 分； 4. PLC 的外部接线图画法不规范，每处扣 2 分； 5. PLC 的外部接线图元件选择不规范，每处扣 2 分	20		
2	程序设计与调试	能够正确地进行程序设计，编译后下载到 PLC 中，按动作要求进行调试，达到控制要求	1. 梯形图表达不正确，每处扣 2 分； 2. 梯形图画法不规范，每处扣 2 分； 3. 第一次运行不成功扣 5 分，第二次运行不成功扣 10 分，第三次运行不成功扣 20 分	30		
3	安装与调试	按 PLC 的外部接线图接线，要求接线正确、美观	1. 接线不紧固、不美观，每根扣 2 分； 2. 接点松动，每处扣 1 分； 3. 不按接线图接线，每处扣 2 分； 4. 错接或漏接，每处扣 2 分； 5. 露铜过长，每根扣 2 分	30		
4	安全与文明生产	遵守国家相关规定，学校“6S”管理要求，具备相关职业素养	1. 未穿戴防护用品，每条扣 5 分； 2. 出现事故或人为损坏设备扣 10 分； 3. 带电操作，扣 5 分； 4. 工位不整洁，扣 2 分	10		
5	故障分析与排除	能够排查运行中出现的电气故障，并能够正确分析和排除	1. 不能查出故障点，每处扣 5 分； 2. 查出故障点，但不能排除，每处扣 3 分	10		
完成日期						
教师签名						

【项目五考核】

表 5–7　“PLC 顺序控制系统程序设计”项目考核要求

姓名＿＿＿＿＿　班级＿＿＿＿＿　学号＿＿＿＿＿　总得分＿＿＿＿

<table>
<tr><th>考核内容</th><th colspan="2">考核标准</th><th>标准分值</th><th>得分</th></tr>
<tr><td>学生自评</td><td colspan="2">结合自己在整个项目实施过程中的角色的重要性、学习态度、工作态度、团结协作能力等表现，给出自评成绩</td><td>10</td><td></td></tr>
<tr><td>学生互评</td><td colspan="2">根据该同学在整个项目实施过程中的项目参与度、角色的重要性、学习态度、工作态度、团结协作能力等表现，给出互评成绩</td><td>10</td><td></td></tr>
<tr><td rowspan="6">项目成果评价</td><td>总体设计</td><td>1. 任务分工是否明确；
2. 方案设计是否合理；
3. 软件和硬件功能划分是否合理</td><td>6</td><td></td></tr>
<tr><td>硬件电路设计与接线图绘制</td><td>1. 继电器控制系统电路原理图是否正确、合理；
2. PLC 选型是否正确、合理；
3. PLC 控制电路接线图设计是否正确、合理</td><td>12</td><td></td></tr>
<tr><td>程序设计</td><td>1. 顺序功能图设计是否正确、合理；
2. 程序结构设计是否正确、合理；
3. 编程是否正确、有独到见解</td><td>12</td><td></td></tr>
<tr><td>安装与调试</td><td>1. 接线是否正确；
2. 能否熟练排除故障；
3. 调试后运行是否正确</td><td>14</td><td></td></tr>
<tr><td>学生工作页</td><td>1. 书写是否规范整齐；
2. 内容是否翔实具体；
3. 图形绘制是否完整、正确</td><td>6</td><td></td></tr>
<tr><td>答辩情况</td><td>结合该组同学在项目答辩过程中，回答问题是否准确，思路是否清晰，对该项目工作流程了解是否深入等表现，给出答辩成绩</td><td>10</td><td></td></tr>
<tr><td>教师评价</td><td colspan="2">该学生在整个项目实施过程中的出勤率、日常表现情况、学习态度、工作态度、团结协作能力、爱岗敬业精神以及职业道德等方面</td><td>20</td><td></td></tr>
<tr><td colspan="2">考评教师</td><td colspan="3"></td></tr>
<tr><td colspan="2">考评日期</td><td colspan="3"></td></tr>
</table>

【知识训练】

一、简答题

1. 简述划分步的原则。

2. 简述转换实现的条件和转换实现时应完成的操作。

3. 某红、黄、绿三彩灯控制系统，按下启动按钮 I0.0 后，三彩灯按如下时序循环被点亮：绿灯亮 20 s→黄灯亮 10 s→红灯亮 30 s。而按下停止按钮 I0.1 后，循环停止，三彩灯全灭。

4. 现有四台电动机，要求按时间原则（间隔 5 s）实现顺序启 / 停控制，启动顺序为 M1 → M2 → M3 → M4；停止顺序为 M4 → M3 → M2 → M1，并在启动过程中，也要能按此顺序启动和停车。试设计电动机启停控制的顺序功能图，并编制程序。

项目六 S7-200系列PLC通信

【项目描述】

PLC 通信是指 PLC 与 PLC 之间、PLC 与计算机之间以及 PLC 与智能设备之间的通信。随着计算机网络技术的不断发展以及企业对工业自动化控制要求的不断提高，促使自动化控制从传统的集中式向多元化分布式方向发展。通信的方式包括以太网、DP、Modbus 等，具体通信方式要结合通信传输的数据量、传输的距离、设计成本等多方面进行考虑。

本项目主要学习两个方面，分别为 PLC 与计算机之间、PLC 与 PLC 之间的通信，从而在一定程度上对 PLC 通信中的设备连接和程序设计方法有所认知。

【项目目标】

（1）了解 PLC 通信的基础知识；
（2）能够完成 PLC 通信的硬件选型设计；
（3）能够选择典型的 PLC 通信协议；
（4）能够编写 PLC 通信的控制程序；
（5）能够完成 PLC 与计算机、PLC 与 PLC 之间的通信链接；
（6）培养安全意识、质量意识和操作规范等职业素养。

任务一　PLC 与计算机之间通信

【任务描述】

为满足工厂自动化系统发展的需要，PLC 或远程 I/O 模块按功能放置于生产现场，从而进行分散控制，然后用网络连接起来，实现信息的交互，构成“集中管理、分散控制”的分布式控制系统。

本任务主要学习 PLC 与计算机之间通信的接口标准和通信方式，能够识别 PLC 与计算机之间的不同通信接口并进行相应的硬件连接。

6.1.1 现场总线技术

安装在制造和过程区域的现场装置与控制室内的自动控制装置之间的数字式、串行、多点通信的数据总线称为现场总线。它是近年来发展起来的一种工业数据总线，是自动化领域中底层数据通信网络。其主要解决工业现场的智能化仪器仪表、控制器、执行机构等现场设备间的数字通信以及这些现场控制设备和高级控制系统之间的信息传递问题。由于现场总线具有简单、可靠、经济实用等一系列突出的优点，因而受到了许多标准团体和计算机厂商的高度重视。

现场总线以开放的、独立的、全数字化的双向多变量通信代替 0 ~ 10 mA 或 4 ~ 20 mA 现场仪器仪表电信号。现场总线 I/O 集检测、数据处理、通信为一体，可以代替变送器、调节器、记录仪等模拟仪表，它不需要框架、机柜，可以直接安装在现场导轨槽上。它的接线方式简单，只需要一根电缆，从主机开始，沿数据链从一个现场总线 I/O 连接到下一个现场总线 I/O。使用现场总线后，可以节约自动控制系统的配线、安装、调试和维护等方面的费用，现场总线 I/O 与 PLC 可以组成 DCS（集散控制系统）。

现场总线控制系统将 DCS 的控制站功能分散给现场控制设备，仅现场总线设备就可以实现自动控制的基本功能。使用现场总线后，操作人员就可以在中央控制室内实现远程监控，对现场设备进行参数调整，还可以通过现场设备的自诊断功能预测故障和寻找故障点。

如今，有多种现场总线标准并存，IEC 的现场总线国际标准（IEC 61158）是迄今为止制定时间最长、意见分歧最大的国际标准之一。2003 年 4 月，IEC 61158 Ed.3 现场总线标准第 3 版正式成为国际标准，规定 10 种类型的现场总线。

（1）类型 1：TS61158 现场总线。

（2）类型 2：ControlNet 和 Ethernet/IP 现场总线。

（3）类型 3：PROFIBUS 现场总线。

（4）类型 4：P-NET 现场总线。

（5）类型 5：FF HSE 现场总线。

（6）类型 6：SwiftNet 现场总线。

（7）类型 7：World FIP 现场总线。

（8）类型 8：Interbus 现场总线。

（9）类型 9：FF H1 现场总线。

（10）类型 10：PROFInet 现场总线。

我国拥有自主知识产权的 EPA（Ethernet for Plant Automation）已被列入现场总线国际标准 IEC 61158 第 4 版中的第 14 类型，还拥有 G-link、Symotion 与 NCUC-BUS 现场总线。Symotion 是一种用于运动控制的实时工业总线，基于 10/100M 以太网物理层，应用层使用

Canopen 及精简协议。可应用于运动控制器、电机驱动器、PLC、编码器光栅尺与其他工业现场执行器互连。Symotion 总线提供安全、开放、低成本及高性能应用。

各类型将自己的行规纳入 IEC 61158，且遵循两个原则：

（1）不改变 IEC 61158 技术报告的内容。

（2）不改变各行规的技术内容，各组织按 IEC 技术报告（类型 1）的框架组织各自的行规，并提供对类型 1 的网关或链接器。用户在使用各种类型时仍需使用各自的行规。因此 IEC 61158 标准不能完全代替各行规，除非今后出现完整的现场总线标准。

IEC 标准的 8 种类型都是平等的，类型 2 ~ 8 都对类型 1 提供接口，标准并不要求类型 2 ~ 8 提供接口。

IEC 62026 是供低压开关设备与控制设备使用的控制器电气接口标准，于 2000 年 6 月通过，它包含以下内容。

（1）IEC 62026-1：一般要求。

（2）IEC 62026-2：执行器传感器接口 AS-i（Actuator Sensor Interface）。

（3）IEC 62026-3：设备网络 DN（Device Network）。

（4）IEC 62026-4：LONworks（Local Operating Networks）总线的通信协议 LONTalk，已取消。

（5）IEC 62026-5：智能分布式系统 SDS（Smart Distributed System）。

（6）IEC 62026-6：串行多路控制总线 SMCB（Serial Multiplexed Control Bus）。

6.1.2 西门子的通信网络

1. 全集成自动化

西门子公司的全集成自动化（Totally Intergrated Automation，TIA）是西门子公司在控制领域的 SIMATIC 和 MES 的 SIMATIC IT 中实施的远景和结构，将自动化控制、制造执行系统（Manufacturing Execute System，MES）和企业资源规划系统（Enterprise Resource Planning，ERP）三者完美地整合在一起。

西门子的通信网络

TIA 系统的核心内容包括组态和编程的集成、数据管理的集成和通信的集成。它不仅通过现场总线技术实现了系统自身与现场设备的纵向集成，也实现了系统与系统之间的横向联系，使通信覆盖全部生产环境，确保了现场实时数据能够及时、准确和有效地传输、交换与处理。

通信网络是 TIA 系统重要且关键的组件，全集成自动化采用统一的集成通信技术，从管理级到现场控制级，使用国际通用的通信标准，例如工业以太网、Profinet、PROFIBUS、AS-i 等。支持基于互联网的全球信息流动，用户可以通过传统的浏览器访问控制信息。这样可以确保生产控制过程中采集的实时数据可以及时、准确、可靠、无间隙地与 MES 系统保持通信。

2. 工业以太网

工业以太网作为 SIMATIC NET 的顶层，是基于国际标准 IEEE 802.3 的强大的区域和单元网络。它提供了一个无缝集成到新的多媒体世界的途径。以太网可以集成到企业内部互联网（Intranet）、外部互联网（Extranet）以及国际互联网（Internet）中，提供办公室和自动化领域开放的、一致的连接，从而实现管理和控制的网络一体化，为全球联网提供了必要的保障。其通信标准 Profinet 方案覆盖了分散自动化系统的所有运行阶段，主要包含以下内容：

高度分散自动化系统的开放对象模型（结构模型）；基于 Ethernet 的开放的、面向对象的运行期通信方案（功能单元间的通信关系）；独立于制造商的工程设计方案（应用开发）。

以太网可以通过广域网实现全球性的远程通信。网络规模可达 1 024 站，距离可达 1.5 km（电气网络）或 200 km（光纤网络）。符合 IEEE 802.3u 标准的 100 Mb/s 的快速以太网标准，它的传输速率高，占用总线的时间极短，已成功运行多年。Profinet 符合工业以太网的现场总线国际标准，它的实时通信功能的响应时间约为 10 ms，其同步实时功能用于高性能的同步运动控制，响应时间小于 1 ms，抖动小于 1 μs。采用何种性能的以太网取决于用户的需要。通用的兼容性允许用户无缝升级到新技术。

工业以太网将控制网络集成到信息技术中，可以与使用 TCP/IP 协议的计算机传输数据。使用 E-mail 和 Web 技术，允许用户在工业以太网的 Socket 接口上编制自己的协议，可以在网络中的任何一点进行设备启动和故障检查，使用冗余网络可以构成冗余系统。

西门子公司提供以太网通信模块或通信处理器。可以用远程访问路由器实现广域网中的两个以太网之间的远程通信。

1）工业以太网中的新技术

（1）采用全双工方式。

为了避免报文竞争，增加数据吞吐量，在两个节点之间可以同时发送和接收数据，消除冲突。

（2）运用交换技术。

交换技术是用开关将一个网络分成若干段，降低了网络通信的负载。在每个独立的段中，本段的数据通信独立于其他段，因此可以在不同的段内同时发送数据。

（3）自适应。

网络节点（数据终端和网络组件）可以自动识别信号传输速率（10 Mb/s 或 100 Mb/s）。

2）S7-200 系列 PLC 接入以太网

计算机需安装以太网网卡，S7-200 系列 PLC 应配置以太网模块 CP 243-1 或互联网模块 CP 243-1IT。使用以太网时，在编程软件中应配置 TCP/IP 协议，并且为网络中的每个以太网 / 互联网模块设定远程的 IP 地址。

（1）CP 243-1。

工业以太网通信处理器 CP 243-1 用于将 S7-200 系列 PLC 连接到工业以太网中，通过工业以太网实现与 S7-200/300/400 系列 PLC 和计算机的数据交互，最多可以建立 8 个连接。模块采用半双工或全双工通信，使用 RJ-45 接口和 TCP/IP 协议。可以使用编程软件中的以太网向导对 CP 243-1 进行配置。通过工业以太网可以实现远程编程和监控服务。

（2）CP 243-1 IT。

通信处理器 CP 243-1 IT 是基于标准的 TCP/IP 协议进行通信，通过 RJ45 接口访问以太网，同时可以与最多 8 个 S7 控制器通信。该模块不仅具有以太网通信功能，还能够作为发送 E-mail 的 SMTP 客户机。除了文本信息之外，还可以传送嵌入的变量；作为 Web 服务器，通过页面工具生成动态页面，用户可以在计算机上利用浏览器访问页面，实现部分人机界面功能；作为 HTTP 服务器，可以同时使用最多 4 个 Web 浏览器读或写 S7-200 系统的过程数据和状态数据，提供 S7-200 系统诊断和过程变量访问的 HTML 页面；作为 FTP 客户机可以访问 CP 243-1 IT 的 FTP 服务器，进行数据交换。

3. PROFIBUS

PROFIBUS 是在 1987 年由德国西门子公司等 14 家公司及 5 个研究机构所推动的用在自动化技术的现场总线标准，PROFIBUS 是程序总线网络（PROcess FIeld BUS）的简称。PROFIBUS 适用于制造业和过程工业的现场总线，是通信网络的中间层，应用于车间级和现场级的国际标准，传输速率最高为 12 Mb/s，响应时间的典型值为 1 ms，使用屏蔽双纹线电缆（最长 9.6 km）或光缆（最长 90 km），最多可以接 127 个从站。

PROFIBUS 是成功现场总线通信的代名词，截至目前，全球所安装的 PROFIBUS 节点总数已超过 6 000 万个。PROFIBUS 符合 IEC 61158/61784 标准，是通用、开放和坚固的现场总线系统，并于 2006 年成为我国首个现场总线国家标准（GB/T 20504—2006）。

PROFIBUS 提供了 3 种通信协议，即 PROFIBUS FMS（Field bus Message Specification，现场总线报文规范），PROFIBUS DP（Decentralized Peripherals，分布式外备设备）和 PROFIBUS PA（Process Automation，过程自动化）。

（1）PROFIBUS FMS。

PROFIBUS FMS 是最早提出的一个复杂的通信协议，为要求高的通信任务所设计，主要适用于系统级和车间级通用性的通信任务，已经基本上被以太网所取代。

（2）PROFIBUS DP。

PROFIBUS DP 适用于工厂自动化系统中 PLC 与现场级分布式 I/O（如西门子的 ET200）设备之间的通信。主站之间的通信为令牌方式，主站与从站之间的通信为主从方式，以及这两种方式的组合。S7-200 系列 PLC 通过扩展模块 EM277 连接到网络中。

（3）PROFIBUS PA。

PROFIBUS PA 应用于过程自动化系统中，用于传感器和执行器的低速数据传输。其传输技术采用 IEC 61158-2 标准，是本质安全的通信协议，通过通信缆线提供电源给现场设备，应用于防爆区域。使用 DP/PA 链接器将 PROFIBUS PA 设备很方便集成到 PROFIBUS DP 网络中。在危险区域，每个 DP/PA 链路可以连接 15 个现场设备；在非危险区域，每个 DP/PA 链路可以连接 31 个现场设备。

4. AS-i

西门子公司的通信网络的底层包括 AS-i 和 EIB，其中 AS-i（Actuator Sensor Interface）是直接连接现场传感器、执行器的总线系统；EIB 是楼宇安装总线系统。AS-i 由总线提供电源，采用未屏蔽的双绞线，响应时间小于 5 ms，最长通信距离为 300 m，最多 62 个从站。

1）AS-i 的过程通信

AS-i 位于自动化控制系统的最底层，应用于连接需要传送开关量的传感器和执行器。AS-i 属于主从式网络，每个网段只能有一个主站。主站是网络通信的中心，负责网络的初始化以及设置从站的地址和参数等。从站是系统的输入、输出通道，仅在被主站访问时才能被激活。接到命令时，触发相应动作或者将现场信息传送给主站。

AS-i 所有分支电路的最大总长度为 100 m，可以用中继器延长。传输介质可以是屏蔽的或非屏蔽的两芯电缆，支持总线供电，即两根电缆可以同时作信号线和电源线。DP/AS-i 网关用来连接 PROFIBUS DP 和 AS-i。CP 2413 是用于 PC 的标准 AS-i 主站。

2）AS-i 的主站通信处理器

CP243-2 是 S7-200 系列 PLC 的 AS-i 主站通信处理器，最多可以连接 62 个 AS-i 从站。S7-200 系列 PLC 可以连接两个 CP243-2，每个 CP243-2 的 AS-i 最多可接 248 点数字量输入和 186 点数字量输出，通过 AS-i 可以增加 PLC 的数字量输入 / 输出的点数。CP243-2 有 2 个端子直接与 AS-i 接口电缆相连，前面板上的 LED 显示所有连接的和激活的从站状态与准备状态。两个按钮用来切换运行状态和对 AS-i 从站组态。

在 S7-200 系列 PLC 的映像区中，CP243-2 占用一个数字量输入字节作为状态字节、一个数字量输出字节作为控制字节。通过用户程序，用状态字节和控制字节设置模块的工作模式。模块还要占用 8 个模拟量输入字和 8 个模拟量输出字，根据工作模式的不同，CP243-2 在模拟地址区既可以存储 AS-i 从站的 I/O 数据或存储诊断值，又可以执行主站功能。可以使用编程软件的“AS-i 向导”对 AS-i 进行组态。

6.1.3 PLC 的接口标准

PLC 的通信接口种类繁多，常用的 PLC 通信接口有如下几种：

PLC 的接口标准

1. RS-232C

RS-232C 接口标准的全称是 EIA-RS-232C 标准，定义是“数据终端设备（DTE）和数据通信设备（DCE）之间串行二进制数据交换接口技术标准”。它是由美国电子工业协会（EIA）联合贝尔系统、调制 / 解调器厂家及计算机终端生产厂家共同制定的用于串行通信的标准。标准中对电气特性、逻辑电平和各种信号线功能都做了明确规定。RS-232C 对于控制线上采用负逻辑，用 –3 ～ –15 V 表示逻辑状态“1”，用 +3 ～ +15 V 表示逻辑状态“0”。在 TXD 和 RXD 引脚上用 –3 ～ –15 V 表示逻辑状态“1”。RS-232C 的最大通信距离为 15 m，最高传输速率为 20 kb/s，只能进行一对一的通信。

RS-232C 使用 9 针或 25 针的 D 型连接器，其引脚定义分别见表 6-1 和表 6-2。PLC 一般使用 9 针的连接器，距离较近时只需要接 3 根线（TXD、GND 为信号地）。RS-232C 使用单端驱动、单端接收的电路，因此容易受到公共地线上的电位差和外部引入的干扰信号的影响。

RS-232C 是一种以位为单位进行串行通信的接口标准，标准串口能够提供的传输速度主要有以下波特率：1 200 b/s、2 400 b/s、4 800 b/s、9 600 b/s、19 200 b/s、38 400 b/s、57 600 b/s、115 200 b/s 等。在仪器仪表或工业控制场合，9 600 b/s 是最常见的传输速度，在传输距离较近时，使用最高传输速度也是可以的。传输距离和传输速度的关系成反比，适当地降低传输速度，可以延长传输距离，提高通信的稳定性。

表 6-1　9 针引脚说明

引脚	简写	名称	功能说明
1	CD	载波侦测	Modem 正在接收另一端送来的数据
2	RXD	接收数据	Modem 发送数据给发送方
3	TXD	发送数据	发送方将数据传给 Modem
4	DTR	数据终端准备好	数据终端已做好准备

续表

引脚	简写	名称	功能说明
5	GND	信号地	信号公共地
6	DSR	数据准备好	Modem 已经准备好
7	RTS	请求发送	在半双工时控制发送方的开和关
8	CTS	允许发送	Modem 允许发送
9	RI	振铃指示	表明另一端有进行传输连接的请求

表 6-2　25 针引脚说明

引脚	简写	名称	功能说明
1	PG	屏蔽（保护）地	设备外壳接地
2	TXD	发送数据	发送方将数据传给 Modem
3	RXD	接收数据	Modem 发送数据给发送方
4	RTS	请求发送	在半双工时控制发送方的开和关
5	CTS	允许发送	Modem 允许发送
6	DSR	数据准备好	Modem 已经准备好
7	SG	信号地	信号公共地
8	CD	载波侦测	Modem 正在接收另一端送来的数据
9		备用	
10		备用	
11		未定义	
12	DCD	接收信号检测（2）	在第二信道检测到信号
13	CTS	允许发送（2）	第二信道允许发送
14	TXD	发送数据（2）	第二信道发送数据
15	TXC	发送方定时	为 Modem 提供发送方的定时信号
16	RXD	接收数据（2）	第二信道接收数据
17	RXC	接收方定时	为接口和终端提供定时
18		未定义	
19	RTS	请求发送（2）	连接第二信道的发送方
20	DTR	数据终端准备好	数据终端已做好准备
21	SQD	信号质量检测	从 Modem 到终端
22	RI	振铃指示	表明另一端有进行传输连接的请求
23	DRS	数据率选择	选择两个同步数据率
24		发送方定时	为接口和终端提供定时
25		未定义	

2. RS-442A

相对于 RS-232C 而言，RS-422A 增加了引脚数量，从而增添了多种新功能。其中最显著的是，它仅使用 +5 V 作为工作电压，同时采用了差动收发的方式，运用了平衡驱动、差分接收电路，如图 6-1 所示。

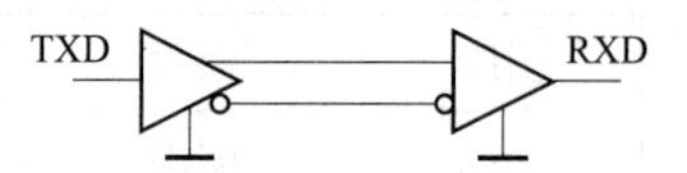

图 6-1 平衡驱动差分接收

平衡驱动器相当于两个单端驱动器，其输入信号相同，两个输出信号互为反相信号，图 6-1 中的小圆圈表示反相。两根导线相对于通信对象信号地的电压差为共模电压，外部输入的干扰信号是以共模方式出现的。两根传输线上的共模干扰信号相同，因为接收器是差分输入共模信号可以互相抵消。只要接收器有足够的抗共模干扰能力，就能从干扰信号中识别出驱动器输出的有用信号，从而克服外部干扰的影响。

差分接收电路主要利用两根导线间的电压差传输信号。这两根导线称为 A（TxD/RxD-）和 B（TxD/RxD+）。当 B 的电压比 A 高时，认为传输的是逻辑“高”电平信号；当 B 的电压比 A 低时，认为传输的是逻辑“低”电平信号，能够有效工作的差动电压范围十分宽广。

RS-422A 比 RS-232C 的通信速率和传输距离有了很大的提高。在最大传输速率（10 Mb/s）时，允许的最大通信距离为 12 m。传输速率为 100 kb/s 时，最大通信距离为 1 200 m，一台驱动器可以连接 10 台接收器。在 RS-422A 模式，数据通过 4 根导线传送，如图 6-2 所示。RS-422A 是全双工，两对平衡差分信号线分别用于发送和接收。

3. RS-485

RS-485 与 RS-422A 基本上是一样的，区别仅在于 RS-485 的工作方式是半双工，而 RS-422A 则是全双工。如果一台通信设备支持全双工模式，那么它可以同时进行数据的发送和接收；如果一台通信设备仅支持半双工模式，那么在同一时刻，要么只能发送数据，要么只能接收数据，二者不能同时进行。所以 RS-422A 为了支持全双工模式，就需要有两对平衡差分信号线，而 RS-485 只需要其中一对即可。此外，RS-485 与 RS-422A 一样，都是采用差动收发的方式，而且输出阻抗低，无接地回路等问题，所以它的抗干扰性也相当好，传输速率可以达到 10 Mb/s。使用 RS-485 通信接口和双绞线可以组成串行通信网络，如图 6-3 所示，构成分布式系统，网络中可以有 32 个站。

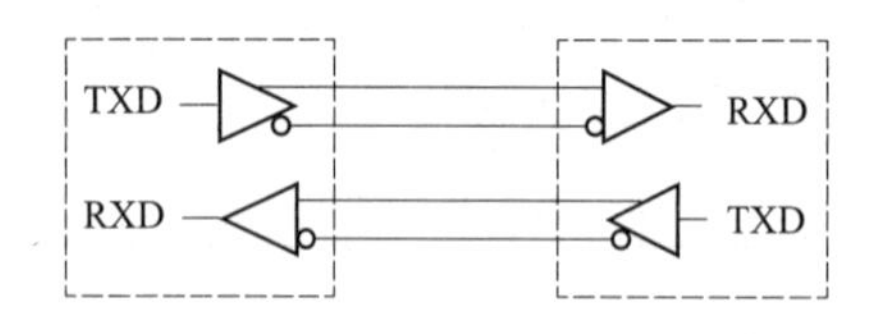

图 6-2 RS-422A 通信接线图

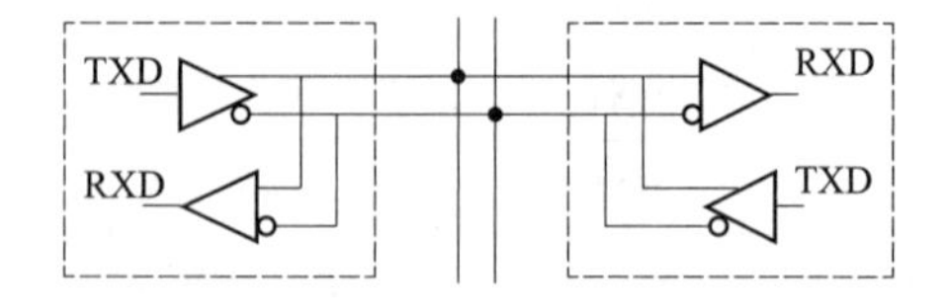

图 6-3 RS-485 网络

S7-200 系列 PLC 支持的 PPI、MPI 和 PROFIBUS-DP 协议以 RS-485 为硬件基础。S7-200 CPU 通信接口是非隔离型的 RS-485 接口，共模抑制电压为 12 V。对于这类通信接口，它们之间的信号地等电位是非常重要的，最好将它们的信号参考点连接在一起。在 S7-200 CPU 联网时，应将所有 CPU 模块输出的传感器电源的 M 端子用导线连接起来。M 端子实际上是 A、B 线信号的 0 V 参考点。在 S7-200 CPU 与变频器通信时，应将所有变频器通信端口的 M 端子连接起来，并与 CPU 上的传感器电源的 M 端子连接。

6.1.4 PLC 与计算机之间通信协议

S7-200 系列 PLC 支持多种通信协议，如表 6-3 所示。点对点接口（PPI）、多点接口（MPI）和 PROFIBUS 协议是基于 7 层开放系统互连模型（OSI），如图 6-4 所示，这些协议在令牌环网络上实现，它们遵守欧洲标准 EN50170 中定义的 PROFIBUS 标准。这些协议是带一个停止位、八个数据位、偶校验和一个停止位的异步、基于字符的协议。通信结构依赖于特定的起始字符和停止字符、源和目地网络地址，报文长度和数据校验和在波特率一致的情况下，这些协议可以同时在一个网络上运行，并且互不干扰。PPI、MPI 和 S7 协议没有公开，其他通信协议是公开的。

表 6-3 S7-200 系列 PLC 支持的通信协议简表

<table>
<tr><th>协议类型</th><th>端口位置</th><th>接口类型</th><th>传输介质</th><th>通信速率 /(bit·s^{-1})</th><th>备注</th></tr>
<tr><td rowspan="2">PPI</td><td>EM241</td><td>RJ11</td><td>模拟电话线</td><td>33.6 k</td><td></td></tr>
<tr><td rowspan="2">CPU 口 0/1</td><td rowspan="2">DB-9 针</td><td rowspan="2">RS-485</td><td>9.6 k、19.2 k、187.5 k</td><td>主、从站</td></tr>
<tr><td rowspan="2">MPI</td><td>19.2 k、187.5 k</td><td>仅作从站</td></tr>
<tr><td rowspan="2">EM277</td><td rowspan="2">DB-9 针</td><td rowspan="2">RS-485</td><td>19.2 k ~ 12 M</td><td rowspan="2">通信速率自适应仅作从站</td></tr>
<tr><td>PROFIBUS-DP</td><td>9.6 k ~ 12 M</td></tr>
<tr><td>AS-i</td><td>CP243-2</td><td>接线端子</td><td>AS-i 网络</td><td>循环周期 5/10 ms</td><td>主站</td></tr>
<tr><td>S7</td><td>CP243-1/
CP243-1 IT</td><td>RJ45</td><td>以太网</td><td>10 M 或 100 M</td><td>通信速率自适应</td></tr>
<tr><td>自由端口</td><td>CPU 口 0/1</td><td>DB-9 针</td><td>RS-485</td><td>1 200 ~ 115.2 k</td><td></td></tr>
<tr><td>USS</td><td rowspan="2">CPU 口 0</td><td rowspan="2">DB-9 针</td><td rowspan="2">RS-485</td><td rowspan="2">1 200 ~ 115.2 k</td><td>主站，自由端口库指令</td></tr>
<tr><td rowspan="2">Modbus RTU</td><td>主站 / 从站，自由端口库指令</td></tr>
<tr><td>EM241</td><td>RJ11</td><td>模拟电话线</td><td>33.6 k</td><td></td></tr>
</table>

协议定义了主站和从站，网络中的主站向网络中的从站发出请求，从站只能对主站发出的请求做出响应，自己不能发出请求。主站也可以对网络中的其他主站的请求做出响应。从站不能访问其他从站。安装了 STEP 7-Micro/Win 的计算机和 HMI 是通信主站，与 S7-200 系列 PLC 通信的 S7-300/400 系列 PLC 往往也作为主站。在多数情况下，S7-200 系列 PLC 在通信网络中作为从站。

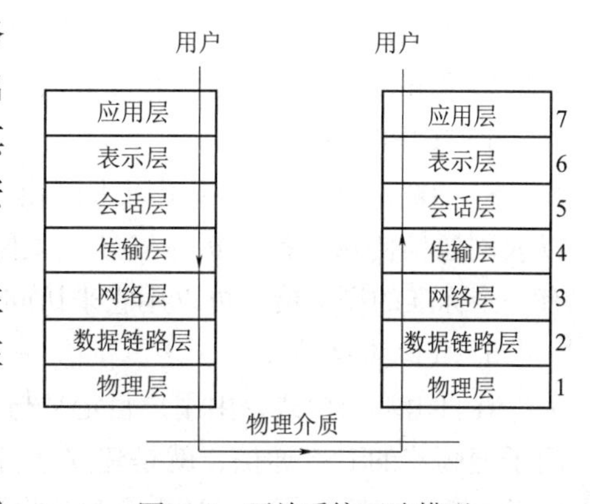

图 6-4 开放系统互连模型

协议支持一个网络中的 127 个地址（0 ~ 126），最多可以有 32 个主站，网络中各设备的地址不能重叠。运行 STEP 7-Micro/Win 的计算机的默认地址为 0，操作员面板的默认地址为 1，PLC 的默认地址为 2。某些 S7-200 CPU 有两个通信口，它们可以在不同的模式和通信速率下工作。

1. 点对点接口协议

PPI（Point to Point Interface）是一个主站 - 从站协议，网络中的 S7-200 CPU 均为从站，其他 CPU、编程用的计算机或文本显示器为主站。主站设备将请求发送至从站设备，然后从站设备进行响应。从站设备不发送消息，只是等待主站的要求并对要求做出响应。主站靠一个 PPI 协议管理的共享连接来与从站通信。PPI 不限制可与任何从站通信的主站数目，但不能在网络上安装超过 32 个主站。本协议用于 S7-200 CPU 与编程计算机之间、S7-200 CPU 之间和 HMI 之间的通信。

如果在用户程序中运行 PPI 主站模式，某些 S7-200 CPU 在 RUN 模式下可以作为主站，它们可以用网络读（NETR）和网络写（NETW）指令读写其他 CPU 中的数据。S7-200 CPU 作 PPI 主站时，还可以作为从站响应来自其他主站的通信申请。如果选择了 PPI 高级协议，允许建立设备之间的逻辑连接，S7-200 CPU 的每个通信口支持 4 个连接，EM277 仅支持 PPI 高级协议，每个模块支持 6 个连接。

2. 多点接口协议

MPI（Multi-point Interface）是集成在西门子公司的 PLC、操作员界面上的通信接口使用的通信协议，用于建立小型的通信网络。其通信速率为 19.2 k ～ 12 Mb/s，连接 S7-200 CPU 通信口时，MPI 网络的最高速率为 187.5 kb/s。如果要求波特率高于 187.5 kb/s，S7-200 系列 PLC 必须使用 EM277 模块连接网络，计算机必须通过通信处理器卡（CP）来连接网络。

MPI 允许主 - 主通信和主 - 从通信，S7-200 CPU 只能作 MPI 从站，S7-300/400 CPU 作为网络的主站，可以用 XGET/XPUT 指令来读写 S7-200 CPU 的 V 存储区，通信数据包最大为 64 B。S7-200 CPU 不需要编写通信程序，它通过指定的 V 存储区与 S7-300/400 交换数据。在编程软件中设置 PPI 协议时，应选中“多主网络”和“高级 PPI”复选框。如果使用的是 PPI 多主站电缆，可以忽略这两个复选框。

3. PROFIBUS 协议

PROFIBUS-DP 协议通信通常用于实现与分布式 I/O 设备（远程 I/O）的高速通信。可以使用不同厂家的 PROFIBUS 设备，这些设备包括简单的输入或输出模块、电机控制器 PLC。S7-200 CPU 需要通过 EM277 PROFIBUS-DP 模块接入 PROFIBUS 网络，网络通常有一个主站和几个 I/O 从站。主站初始化网络并核对网络中的从站设备是否与设置的相符。主站周期性地将输出数据写到从站，并读取从站的数据。

4. TCP/IP 协议

S7-200 系列 PLC 配备了以太网模块 CP243-1 或互联网模块 CP243-1 IT 后，支持 TCP/IP 以太网通信协议，计算机应安装以太网网卡。安装了 STEP 7-Micro/Win 之后，计算机上会有一个标准的浏览器，可以用它来访问 CP243-1 IT 模块的主页。

5. 自由端口模式

在自由端口模式，由用户自定义与其他串行通信设备通信的协议。Modbus RTU 通信与西门子变频器的 USS 通信，就是建立在自由端口模式基础上的通信协议。通过使用接收中断、发送中断、字符中断、发送指令和接收指令，实现 S7-200 CPU 通信口与其他设备的通信。

记一记：

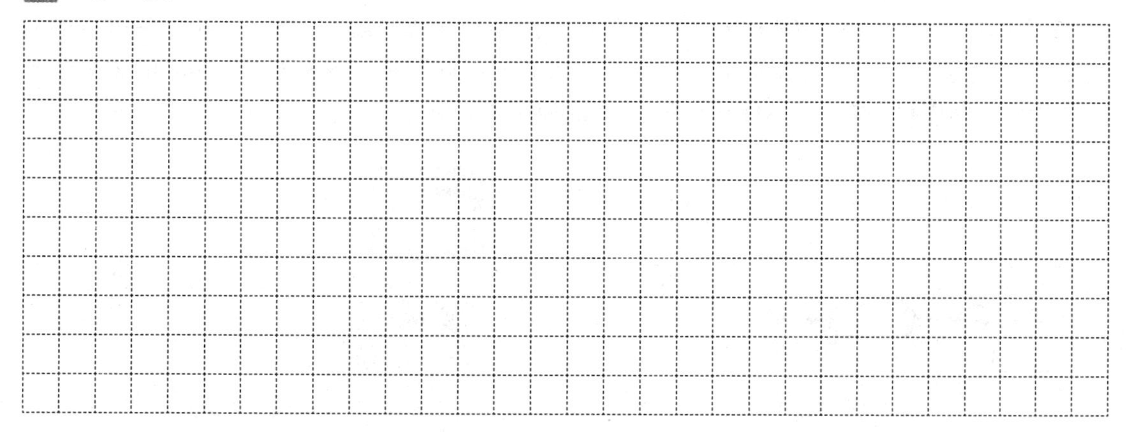

【任务实施】

一、PLC 与计算机之间的通信——PPI 网络

PLC 与计算机可通过 PC/PPI 电缆或 USB/PPI 电缆进行通信。计算机上的通信接口是标准的 RS-232C 接口或 USB 接口，PLC 的通信接口是 RS-485，因此，可以相互连接进行通信。

1. 单主站 PPI 网络

对于简单的单主站网络来说，编程站可以通过 PPI 多主站电缆或编程站上的通信处理器（CP）卡与 S7-200 CPU 进行通信。如图 6-5 所示，编程站是网络的主站。S7-200 CPU 都是从站响应来自主站的要求。对于单主站 PPI 网络，需要组态 STEP 7-Micro/Win 使用 PPI 协议。如果可能，请不要选择多主站网络，也不要选中 PPI 高级选框。

2. 多主站 PPI 网络

图 6-6 所示为只有一个从站的多主站网络。编程站可以选用 CP 卡或 PPI 多主站电缆。STEP 7-Micro/Win 和 HMI 都是网络的主站，它们必须有不同的网络地址。如果使用 PPI 多主站电缆，那么该电缆将作为主站，并且使用 STEP 7-Micro/Win 提供给它的网络地址。S7-200 CPU 将作为从站。

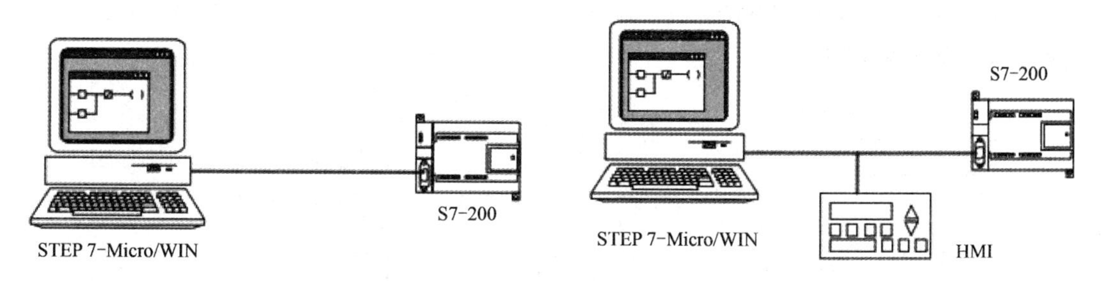

图 6-5　单主站 PPI 网络　　　　图 6-6　只带一个从站的多主站网络

上述两种方式的连接方式如图 6-7 所示。

二、PLC 与计算机之间的通信——TCP/IP

如图 6-8 所示以太网和互联网设备的网络组态，STEP 7-Micro/Win 通过以太网连接与两个 S7-200 CPU 通信，而这两个 S7-200 CPU 分别带有以太网（CP243-1）模块和互联网（CP243-1 IT）模块。S7-200 CPU 可以通过以太网连接交换数据。安装了 STEP 7-Micro/Win 之后，PC 上会有一个标准浏览器，可以用它来访问互联网（CP243-1 IT）模块的主页。若要使用以太网连接，需组态 STEP 7-Micro/Win 使用 TCP/IP 协议。

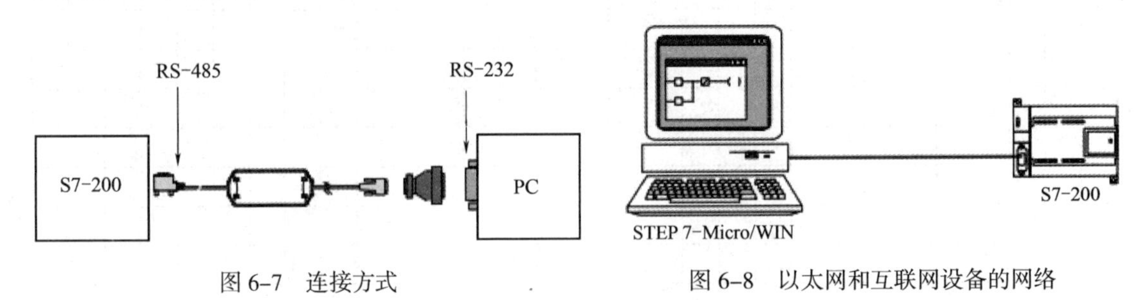

图 6-7　连接方式　　　　图 6-8　以太网和互联网设备的网络

任务二　PLC 与 PLC 之间通信

【任务描述】

PLC 与 PLC 之间通信就是将不同位置的 PLC 通过通信介质连接起来，以某种特定的通信方式高效率地完成数据的传送、交换和处理。

本任务主要学习 PLC 通信基础知识，并在此基础上实现两台 PLC 之间通信，建立 PPI 网络，并进行端口设置。

【相关知识】

6.2.1　PLC 通信的基础知识

1. 工业控制的网络结构

工业局域网分为总线型网络、环形网络和星形网络三种结构，如图 6-9 所示。工业控制网络多采用总线型结构。

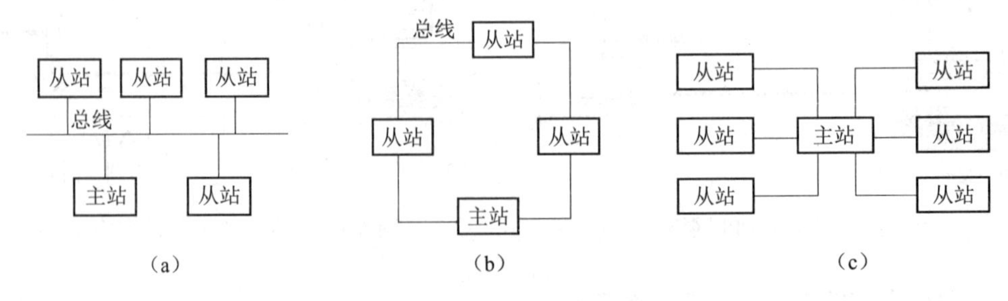

图 6-9　工业局域网示意图

（a）总线型网络；（b）环形网络；（c）星形网络

连接在网络中的通信站点根据功能可分为主站和从站。主站可以对网络中的其他设备发出初始化请求，从站只能影响主站的初始化请求，而不能对网络中的其他设备发出初始化请求。网络既可采用单主站连接方式，也可采用多主站连接方式。

2. 通信介质

无论系统采取哪种通信方式，数据最终都要通过某种介质和接口才能从发送设备传送到接收设备。通信介质是信息传输的通道，是 PLC 与计算机及外部设备之间相互联系的桥梁。通信介质和接口的好坏决定了通信的能力。PLC 通信大多采用的是有线介质，如双绞线、同轴电缆、光缆等。由于工业生产环境中存在着各种各样的干扰、工业控制要求的不断提高等因素的影响，因此对于 PLC 通信介质而言，必须具备传输效率高、能量损耗小、抗干扰能力强、性价比高等特性。PLC 通信普遍使用的通信介质有双绞线（传送速率为 1 ~ 4 Mb/s）、同轴电缆（传送速率为 1 ~ 450 Mb/s）和光缆（传送速率为 10 ~ 500 Mb/s）。

3. PLC 之间的通信方式

S7-200 系列 PLC 可以通过 RS-232、RS-422 和 RS-485 等串行通信标准进行数据交换。其通信方式如表 6-4 和表 6-5 所示。

表 6-4　S7-200 系列 PLC 之间的通信方式

通信方式	介质	本地需用设备	通信协议	数据量
PPI	RS485	RS-485 网络部件	PPI	较少
Modem	音频模拟电话网	EM241 扩展模块、模拟音频电话线（RJ11 接口）	PPI	大
Ethermet	以太网	CP243-1 扩展模块（RJ45 接口）	S7	大
无线电	无线电波	无线电台	自由端口	中等

表 6-5　S7-200 系列 PLC 与 S7-300/400 系列 PLC 之间的通信方式

通信方式	介质	本地需用设备	通信协议	数据量	远程需用设备	备注
DP	RS-485	EM277 和 RS-485 接口	DP	中等	DP 模块或带 DP 口的 CPU	仅作从站
MPI	RS-485	RS-485 硬件	MPI	较少	CPU 上的 MPI 口	仅作从站
Ethemet	以太网	CP243-1（RJ45）接口	S7	大	以太网模块或带以太网接口的 CPU	
RTU	RS-485	RS-485 硬件	RTU	大	串行通信模块和 Modbus 选件	仅作从站
无线电	RS-485/无线电转换	无线电台	自由端口	中等	串行通信模块	
			RTU	大	串行通信模块、无线电台、Modbus 选件	仅作从站

4. S7-200 系列 PLC 的通信距离

PPI、MPI、PROFIBUS-DP 协议都可以在 RS-485 网络上通信。RS-485 是 S7-200 系列 PLC 最常用的电气通信基础，其通信距离与通信速率有关。

（1）CPU 上的通信接口。

CPU 通信口的最高速率为 187.5 kb/s，保证的通信距离为 50 m。如果想要获得更长的通信距离，需要增加 RS-485 中继器。

（2）EM277 的通信接口。

EM277 的通信接口的波特率为 187.5 kb/s，通信距离可以达到 1 000 m。如果想要获得更长的通信距离，需要增加 RS-485 中继器。

（3）光纤通信。

光纤通信除了抗干扰能力强、速率高之外，通信距离远也是一大优点。S7-200 系列 PLC 不直接支持光纤通信，通过 PROFIBUS-DP 通信模块 EM277，连接相应的设备，可以转换为光信号通信。通过以太网模块 CP243-1（IT）和相应的设备，可以连接到光纤以太网。S7-200 系列 PLC 还可以连接第三方的 RS-485/ 光纤转换器，进行 PPI 通信、自由端口通信等。通过企业内部网或互联网，S7-200 系列 PLC 可以进行距离非常远的通信，理论上可以通达全球。

（4）电话网。

S7-200 系列 PLC 通过 EM241 音频调制 / 解调器模块支持电话网通信。EM241 要求通信的末端为标准的音频电话线，通过 EM241 可以进行全球通信。使用国别设置开关，EM241 可以支持多国电信标准，使用户的设备适用于全球市场。

（5）无线通信。

S7-200 系列 PLC 可以通过无线电台、GSM 网络和红外设备进行通信。

记一记：

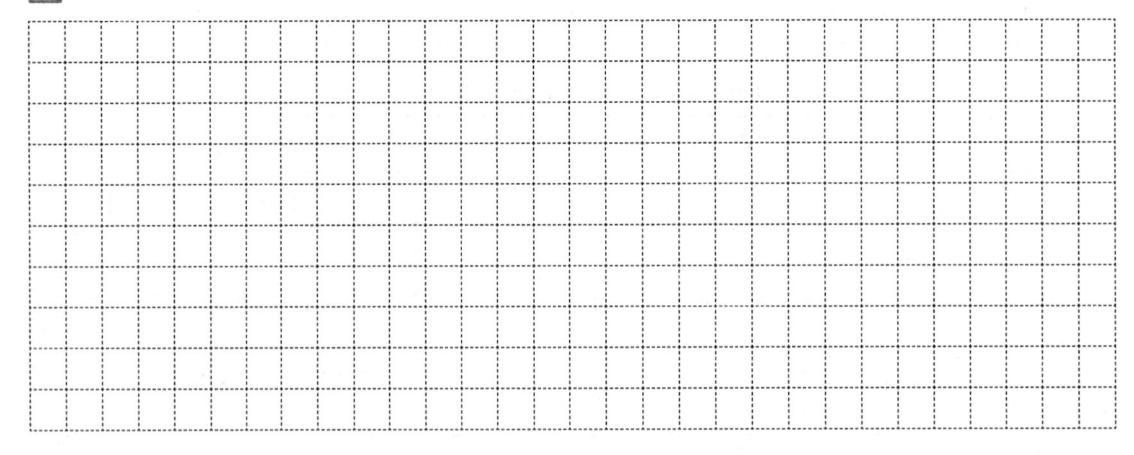

【任务实施】

一、PLC 与 PLC 之间的通信——PPI 网络

1. 连接方式

S7-200 系列 PLC 之间的 PPI 通信可通过 PROFIBUS 电缆直接连接到各个 CPU 的 Port0

或 Port1 上，并使用 USB/PPI 多主站电缆与装有 STEP 7-Micro/Win 的计算机相连，组成一个使用 PPI 协议的单主站通信网络，如图 6-10 所示。

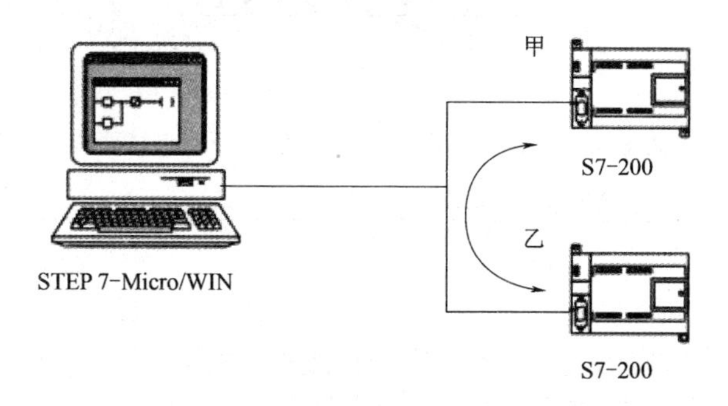

图 6-10　PLC 与 PLC 之间的通信网络

2. 端口设置

将甲机设为主站，站地址为 1；乙机设为从站，站地址为 2；编程用的计算机的站地址为 0。S7-200 系列 PLC 之间的 PPI 通信只需在主站侧编写通信程序，从站侧不需要编写通信程序，但需要编写从站的初始化程序。通信程序的编写既可以用网络读（NETR）和网络写（NETW）指令实现，也可以通过调用网络读写向导指令生成的子程序来实现。

启动 STEP 7-Micro/Win 编程软件，然后按以下步骤设置甲、乙 PLC 的端口参数。

（1）用 PC/PPI 多主站电缆将甲机 PLC 连接到编程计算机，然后接通甲机 PLC 的电源。单击菜单命令【查看】→【组件】→【系统块】，打开系统块设置对话框并选中通信端口选项，或者在视窗左侧的浏览条中单击【系统块】图标展开“系统块”命令集，然后双击【通信端口】命令图标，打开通信端口设置对话框。将甲机 PLC 的端口 0 的网络地址设为 2，选择波特率为 9.6 kb/s，单击【确认】按钮，再将系统块参数下载到甲机 PLC。

（2）用 PC/PPI 多主站电缆将乙机 PLC 连接到编程计算机，然后接通乙机 PLC 的电源，并将乙机 PLC 的端口 0 的网络地址设为 3，选择波特率为 9.6 kb/s，单击【确认】按钮，再将系统块参数下载到乙机 PLC。

（3）连接好网络设备，接通甲、乙 PLC 的电源并利用 STEP 7-Micro/Win 的网络搜索功能搜索已连接到网络上的 S7-200 CPU。

【项目六考核】

表 6-6 “S7-200 系列 PLC 通信”项目考核要求

姓名__________ 班级__________ 学号__________ 总得分________

<table>
<tr><th>考核内容</th><th colspan="2">考核标准</th><th>标准分值</th><th>得分</th></tr>
<tr><td>学生自评</td><td colspan="2">结合自己在整个项目实施过程中的角色的重要性、学习态度、工作态度、团结协作能力等表现，给出自评成绩</td><td>10</td><td></td></tr>
<tr><td>学生互评</td><td colspan="2">根据该同学在整个项目实施过程中的项目参与度、角色的重要性、学习态度、工作态度、团结协作能力等表现，给出互评成绩</td><td>10</td><td></td></tr>
<tr><td rowspan="2">项目成果评价</td><td>总体设计</td><td>1. 任务分工是否明确；
2. 方案设计是否合理；
3. 软件和硬件功能划分是否合理</td><td>6</td><td></td></tr>
<tr><td>程序设计</td><td>1. 程序设计思路是否正确、合理；
2. 端口设置是否正确、有独到见解</td><td>14</td><td></td></tr>
<tr><td rowspan="3">项目成果评价</td><td>安装与调试</td><td>1. 接线是否正确；
2. 能否熟练排除故障</td><td>14</td><td></td></tr>
<tr><td>学生工作页</td><td>1. 书写是否规范整齐；
2. 内容是否翔实具体；
3. 图形绘制是否完整、正确</td><td>6</td><td></td></tr>
<tr><td>答辩情况</td><td>结合该组同学在项目答辩过程中回答问题是否准确，思路是否清晰，对该项目工作流程了解是否深入等表现，给出答辩成绩</td><td>20</td><td></td></tr>
<tr><td>教师评价</td><td colspan="2">该学生在整个项目实施过程中的出勤率、日常表现情况、学习态度、工作态度、团结协作能力、爱岗敬业精神以及职业道德等方面</td><td>20</td><td></td></tr>
<tr><td colspan="2">考评教师</td><td colspan="3"></td></tr>
<tr><td colspan="2">考评日期</td><td colspan="3"></td></tr>
</table>

【知识训练】

一、简答题

1. 如何实现 PLC 与计算机的通信？
2. PLC 的通信方式有哪几种？其功能是什么？
3. 简述以太网防止多站争用总线采取的控制策略。
4. 在计算机通信中，为什么需要对接收到的数据进行校验？

现代PLC控制系统综合应用

【项目描述】

PLC 作为现代工业控制领域的核心组件，将改变现代化工业的前进方向。当今社会，面对不同的被控对象，必须按照一定的原则和步骤，选择合适的 PLC，搭建符合要求的控制单元，以满足系统的控制要求。

本项目综合 PLC 的各项功能，通过 PLC 控制十字路口交通灯和机械手两个典型应用实例，以加深对 PLC 控制系统的理解，熟悉 PLC 控制的流程，在一定程度上掌握 PLC 控制软、硬件设计方法，为 PLC 控制电路的设计、安装、调试及运行打下一定的基础。

【项目目标】

（1）了解 PLC 在现代控制领域的应用情况；

（2）了解 PLC 控制系统的控制理念与思路；

（3）掌握 PLC 控制的分析方法；

（4）能够对一般 PLC 控制系统进行设计或技术改造；

（5）能够读懂指令语句、梯形图和 I/O 接线图等，正确指导工人安装与操作；

（6）培养安全意识、质量意识和操作规范等职业素养。

任务一　PLC 在十字路口交通灯控制系统中的应用

【任务描述】

当今社会，汽车已经普及到千家万户。在某些一线城市，每天都要面对堵车的难题，因此，交通问题也越来越得到人们的关注。对于道路超载运行，虽然政府已经加大了道路建设的投资，但车的增速远远大于道路的额定负载量，导致了交通流量的快速增长。道路的增加并没有充分发挥预期的结果，那么就需要采取相应的办法来减少城市的交通压力，缓解主干道车流量。

PLC 对十字路口交通灯的控制是一个典型的应用实例，针对十字路口交通灯控制系统的特点，选择合适的 PLC 类型和 I/O 端子，最后画出流程图并完成梯形图的程序设计。熟悉 PLC 综合应用的设计步骤，掌握一般 PLC 控制系统的选型、硬件连接和软件设计等要点，并能完成上机调试。

图 7-1 所示为十字路口交通灯的示意图，具体控制要求：

当按下启动按钮之后，南北红灯亮并保持 25 s，同时东西绿灯亮并保持 20 s，然后绿灯闪 3 s，继而东西黄灯亮并保持 2 s；然后东西黄灯灭，东西红灯亮并保持 30 s，同时南北红灯灭，南北绿灯亮 25 s，然后南北绿灯闪 3 s，继而南北黄灯亮并保持 2 s，然后南北黄灯灭，南北红灯亮，同时东西红灯灭，东西绿灯亮。到此完成一个循环。

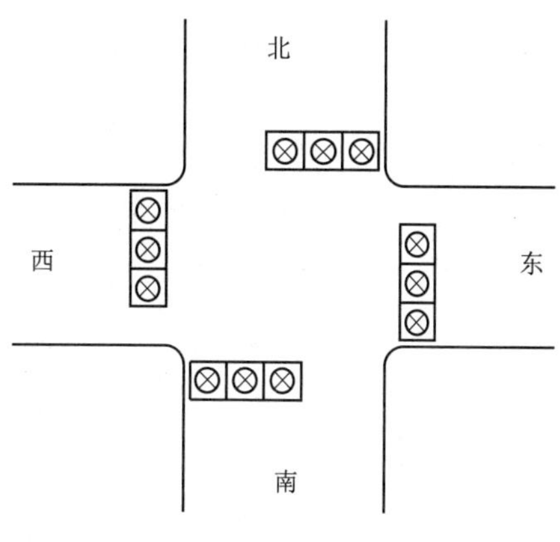

图 7-1　十字路口交通灯的示意图

【任务实施】

一、I/O 分配表

由控制要求可知，PLC 需要 2 个输入点，6 个输出点，I/O 地址分配如表 7-1 所示。

表 7-1　I/O 分配表

输入		输出	
地址	功能	地址	功能
I0.0	启动按钮	Q0.0	南北绿灯
I0.1	循环开关	Q0.1	南北黄灯
		Q0.2	南北红灯
		Q0.3	东西绿灯
		Q0.4	东西黄灯
		Q0.5	东西红灯

二、设计顺序功能图

根据任务所述的控制要求，设计十字路口交通灯控制系统的顺序功能图，如图 7-2 所示。

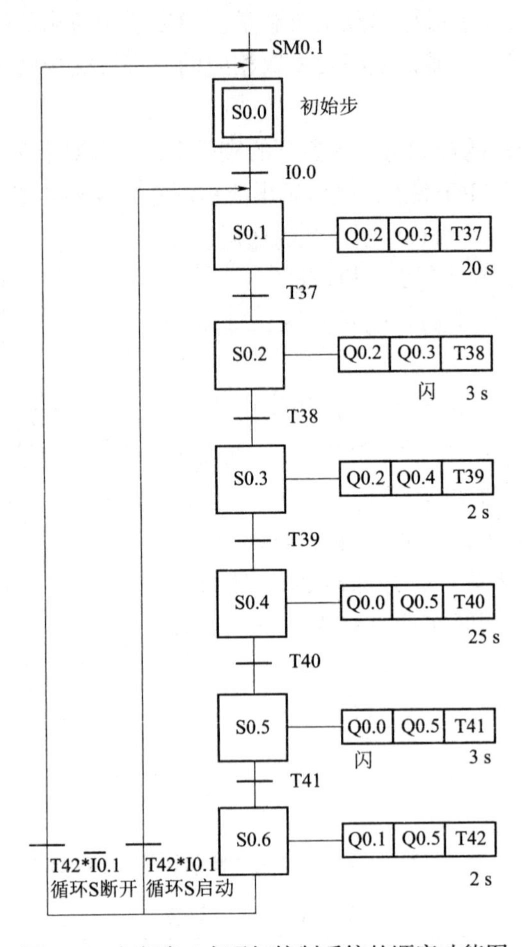

图 7-2　十字路口交通灯控制系统的顺序功能图

三、硬件接线图

十字路口交通灯控制系统的硬件设计与接线如图 7-3 所示。

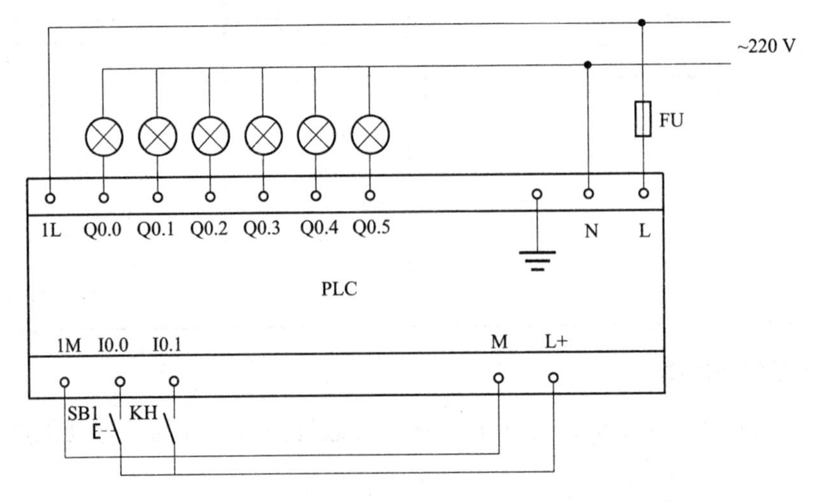

图 7-3　十字路口交通灯控制系统的硬件设计与接线

四、设计梯形图程序

（1）打开编程软件，创建符号表，如图 7–4 所示。

	符号	地址	注释
1	RUN_SB1	I0.0	启动按钮
2	KH	I0.1	循环开关
3	S_G	Q0.0	南北绿灯
4	S_Y	Q0.1	南北黄灯
5	S_R	Q0.2	南北红灯
6	E_G	Q0.3	东西绿灯
7	E_Y	Q0.4	东西黄灯
8	E_R	Q0.5	东西红灯

图 7–4　符号表

（2）结合上述的编程方法和顺序功能图，绘制的梯形图如图 7–5 所示。

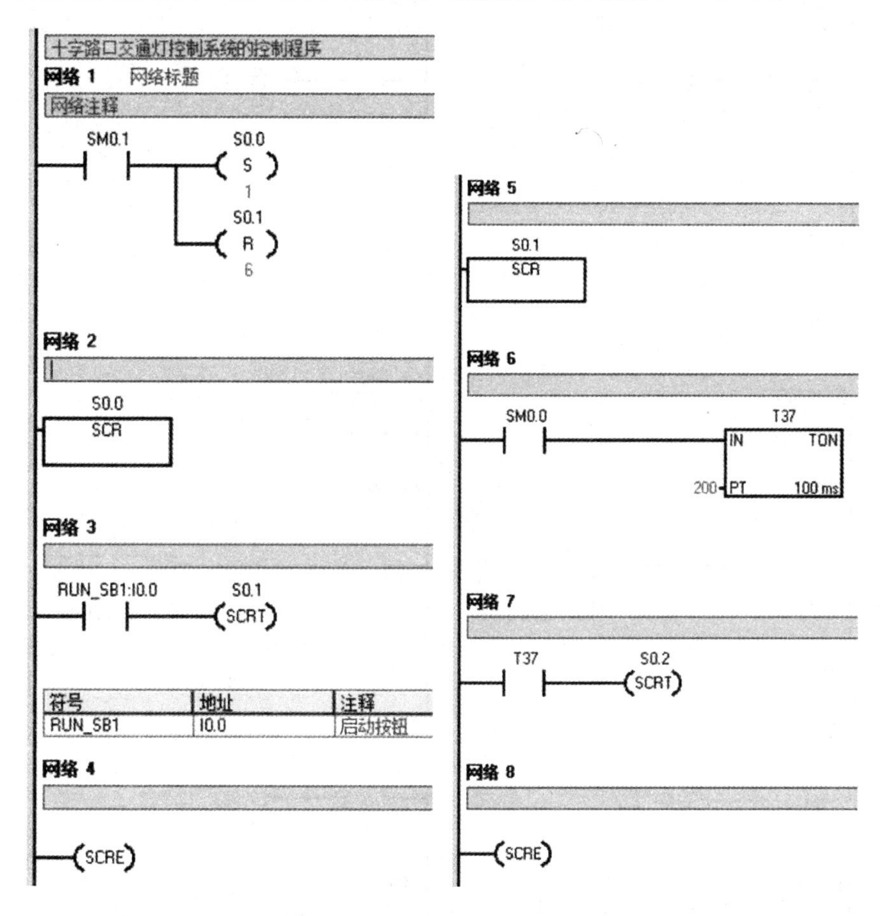

图 7–5　十字路口交通灯控制系统的控制程序

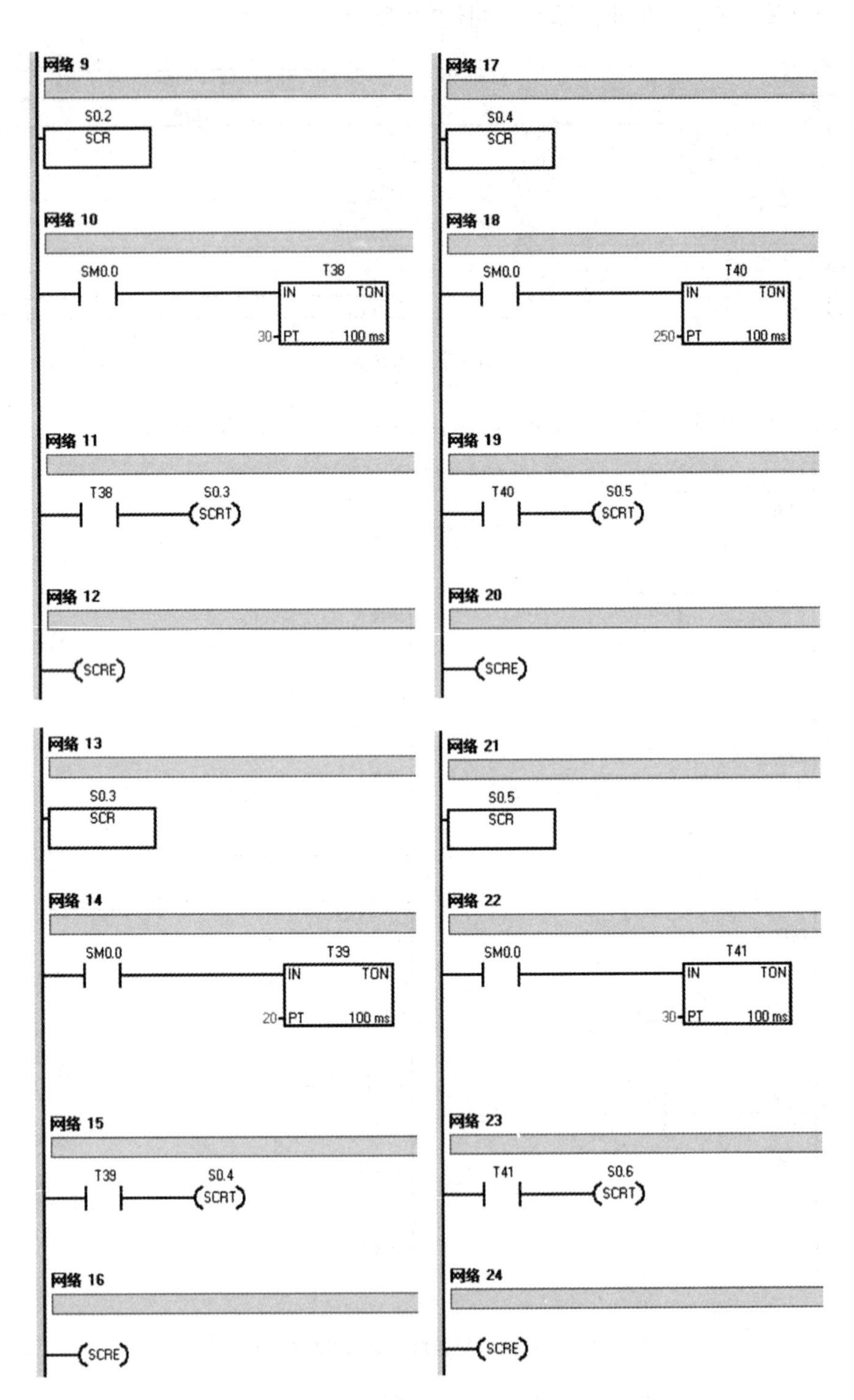

图 7-5　十字路口交通灯控制系统的控制系统（续）

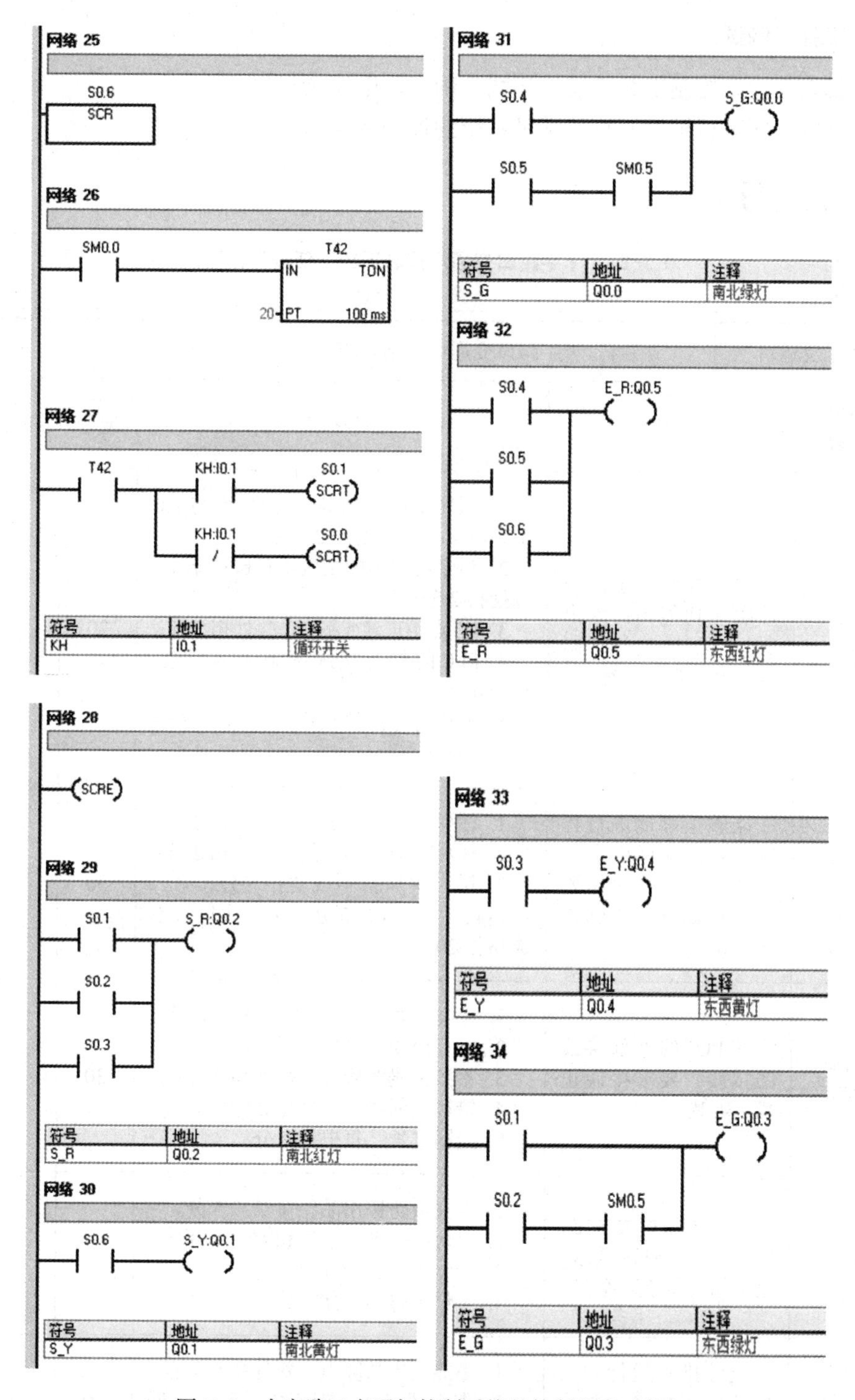

图 7-5　十字路口交通灯控制系统的控制程序（续）

五、调试程序

在程序编译无误后，通电下载到 PLC 中进行监控调试。具体操作流程参照项目二所述。

六、安装与调试

（1）安装并检查控制电路的硬件接线，确保用电安全；
（2）分析程序运行结果，直至满足系统的控制要求为止。

【任务考核】

表 7-2 “十字路口交通灯控制系统”任务考核要求

姓名＿＿＿＿＿＿ 班级＿＿＿＿＿＿ 学号＿＿＿＿＿＿ 总得分＿＿＿＿

任务编号及题目		7-1 十字路口交通灯控制系统	考核时间			
序号	主要内容	考核要求	评分标准	配分	扣分	得分
1	方案设计	根据控制要求，设计顺序功能图，画出 I/O 分配表，并绘制 PLC 的外部接线图	1. 顺序功能图的动作与命令描述不正确或不全，每处扣 2 分； 2. 顺序功能图的结构不正确或不全，每处扣 2 分； 3. I/O 点不正确或不全，每处扣 2 分； 4. PLC 的外部接线图画法不规范，每处扣 2 分； 5. PLC 的外部接线图元件选择不规范，每处扣 2 分	20		
2	程序设计与调试	能够正确地进行程序设计，编译后下载到 PLC 中，按动作要求进行调试，达到控制要求	1. 梯形图表达不正确，每处扣 2 分； 2. 梯形图画法不规范，每处扣 2 分； 3. 第一次运行不成功扣 5 分，第二次运行不成功扣 10 分，第三次运行不成功扣 20 分	30		
3	安装与调试	按 PLC 的外部接线图接线，要求接线正确、美观	1. 接线不紧固、不美观，每根扣 2 分； 2. 接点松动，每处扣 1 分； 3. 不按接线图接线，每处扣 2 分； 4. 错接或漏接，每处扣 2 分； 5. 露铜过长，每根扣 2 分	30		
4	安全与文明生产	遵守国家相关规定，学校“6S”管理要求，具备相关职业素养	1. 未穿戴防护用品，每条扣 5 分； 2. 出现事故或人为损坏设备扣 10 分； 3. 带电操作，扣 5 分； 4. 工位不整洁，扣 2 分	10		
5	故障分析与排除	能够排查运行中出现的电气故障，并能够正确分析和排除	1. 不能查出故障点，每处扣 5 分； 2. 查出故障点，但不能排除，每处扣 3 分	10		
完成日期						
教师签名						

任务二 PLC 在机械手中的应用

【任务描述】

机械手是指能模仿人的手和臂的某些动作功能，按固定程序抓取、搬运物件或操作工具的自动操作装置。它可代替人的繁重劳动以实现生产的机械化和自动化，能在有害、危险环境下操作以保护人身安全，因而广泛应用于机械制造、冶金、电子、轻工和原子能等部门。

目前，机械手与人类的手臂最大区别在于灵活度与耐力度，也就是说机械手的最大优势是可以重复地做同一动作，但永远也不会觉得累。因此，机械手的应用也将越来越广泛。其特点是可以通过编程来完成各种预期的动作，构造和性能上兼有人和机器各自的优点。

PLC 对机械手的控制是一个典型的应用实例，首先对机械手的结构和控制电路要有所认识，选择合适的 PLC 类型和 I/O 端子，最后画出流程图并完成梯形图的程序设计。图 7–6 所示为机械手工作过程的示意图，具体控制要求：

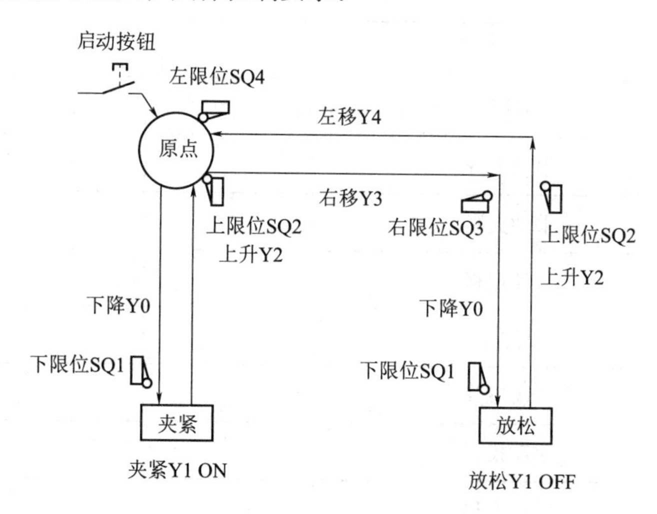

图 7–6 机械手工作过程的示意图

（1）工作方式设置为自动 / 手动、连续 / 单周期、回原点。

（2）初始状态：机械手在原点位置，压左限位 SQ4=1，压上限位 SQ2=1，机械手松开。

（3）启动运行：按下启动按钮，机械手按照下降→夹紧（延时 1 s）→上升→右移→下降→松开（延时 1 s）→上升→左移的顺序依次从左向右转送工件。下降 / 上升、左移 / 右移、夹紧 / 松开使用电磁阀控制。

（4）停止操作：按下停止按钮，机械手完成当前工作过程，停在原点位置。

（5）自动循环时应按上述顺序动作。

【任务实施】

一、I/O 分配表

由控制要求可知 PLC，需要 16 个输入点，6 个输出点，I/O 地址分配如表 7–3 所示。

表 7–3　I/O 地址分配表

输入		输出	
地址	功 能	地址	功能
I0.0	启动按钮	Q0.0	原点
I0.1	停止按钮	Q0.1	下降
I0.2	自动模式	Q0.2	夹紧与松开
I0.3	手动模式	Q0.3	上升
I0.4	连续 / 单周期	Q0.4	右移
I0.5	上限	Q0.5	左移
I0.6	下限		
I0.7	左限		
I1.0	右限		
I1.1	手动上升		
I1.2	手动夹紧		
I1.3	手动左移		
I1.4	回原点		
I1.5	手动下降		
I1.6	手动松开		
I1.7	手动右移		

二、设计顺序功能图

根据任务所述的控制要求，设计机械手控制系统的顺序功能图，其自动状态（单周期 / 连续）流程，如图 7–7 所示。

三、硬件接线图

机械手控制系统的硬件设计与接线如图 7–8 所示。

四、设计梯形图程序

（1）打开编程软件，创建符号表，如图 7–9 所示。

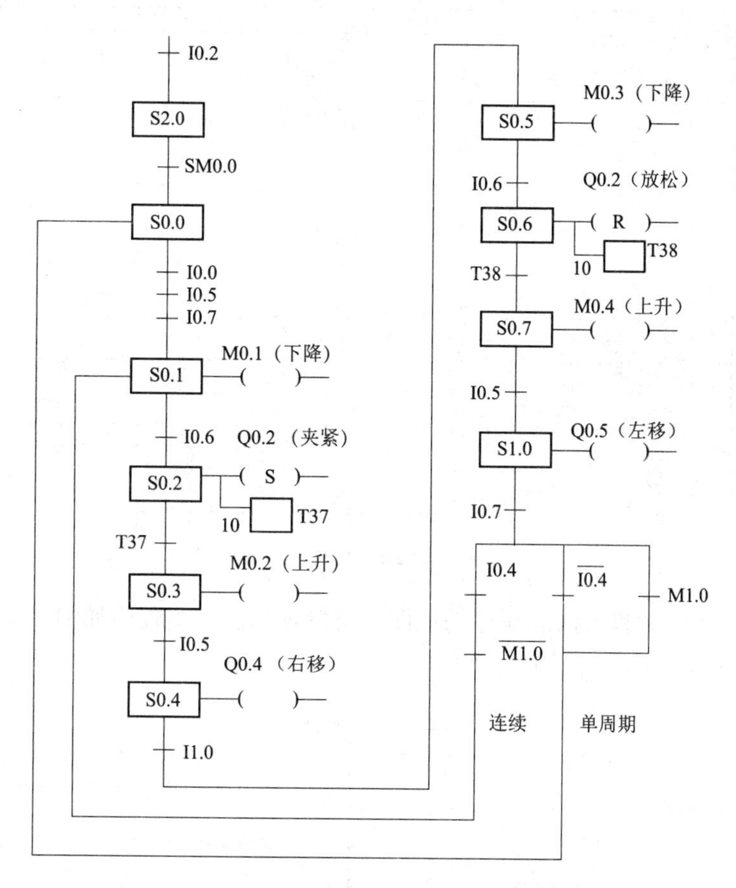

图 7–7　机械手控制系统—自动状态的顺序功能图

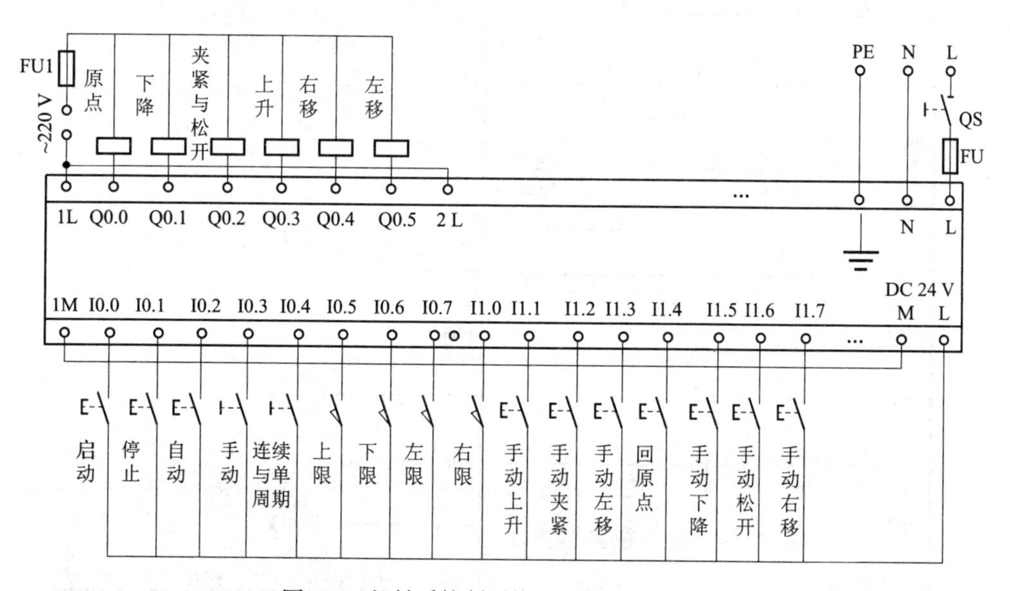

图 7–8　机械手控制系统的硬件设计与接线

	符号	地址	注释
1	RUN_SB1	I0.0	启动按钮
2	STOP_SB2	I0.1	停止按钮
3	AT	I0.2	自动模式
4	MT	I0.3	手动模式
5	C_S	I0.4	连续/单周期
6	SQ2	I0.5	上限
7	SQ1	I0.6	下限
8	SQ4	I0.7	左限
9	SQ3	I1.0	右限
10	M_U	I1.1	手动上升
11	M_J	I1.2	手动夹紧
12	M_L	I1.3	手动左移
13	Back	I1.4	回原点
14	M_D	I1.5	手动下降
15	M_S	I1.6	手动松开
16	M_R	I1.7	手动右移
17	YD	Q0.0	原点
18	Y0	Q0.1	下降
19	Y1	Q0.2	夹紧与松开
20	Y2	Q0.3	上升
21	Y3	Q0.4	右移
22	Y4	Q0.5	左移

图 7-9　符号表

（2）结合上述的编程方法和顺序功能图，绘制梯形图。主程序如图 7-10 所示，手动子程序如图 7-11 所示，回原点子程序如图 7-12 所示。

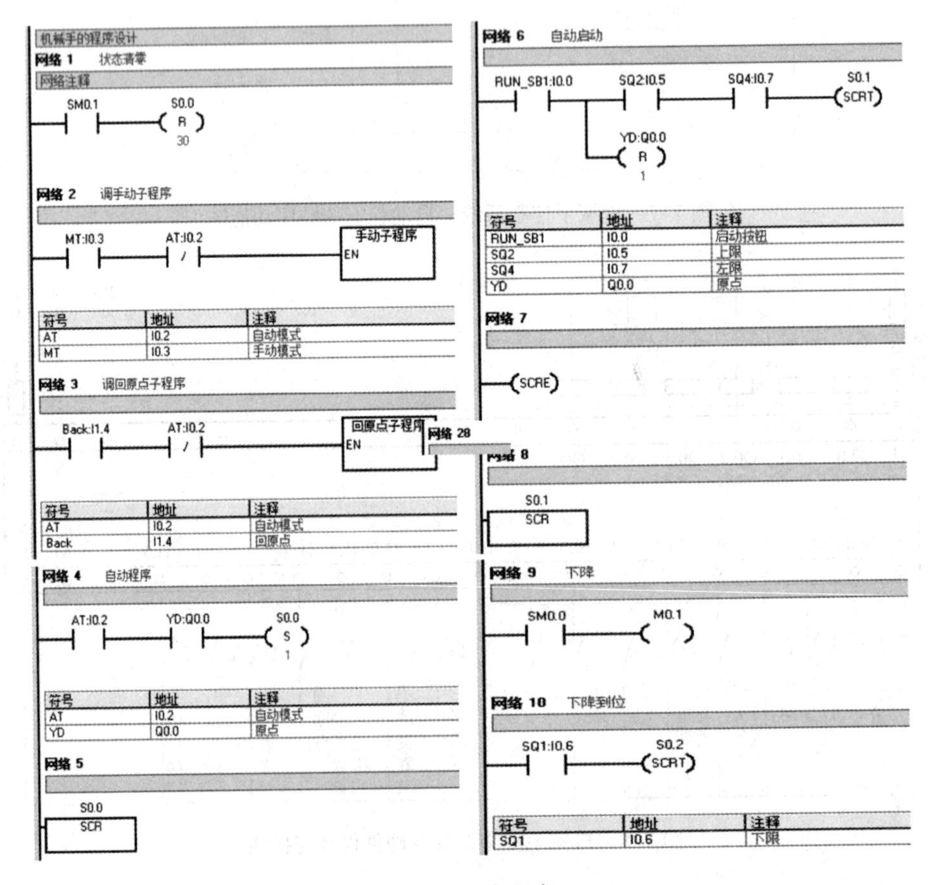

图 7-10　主程序

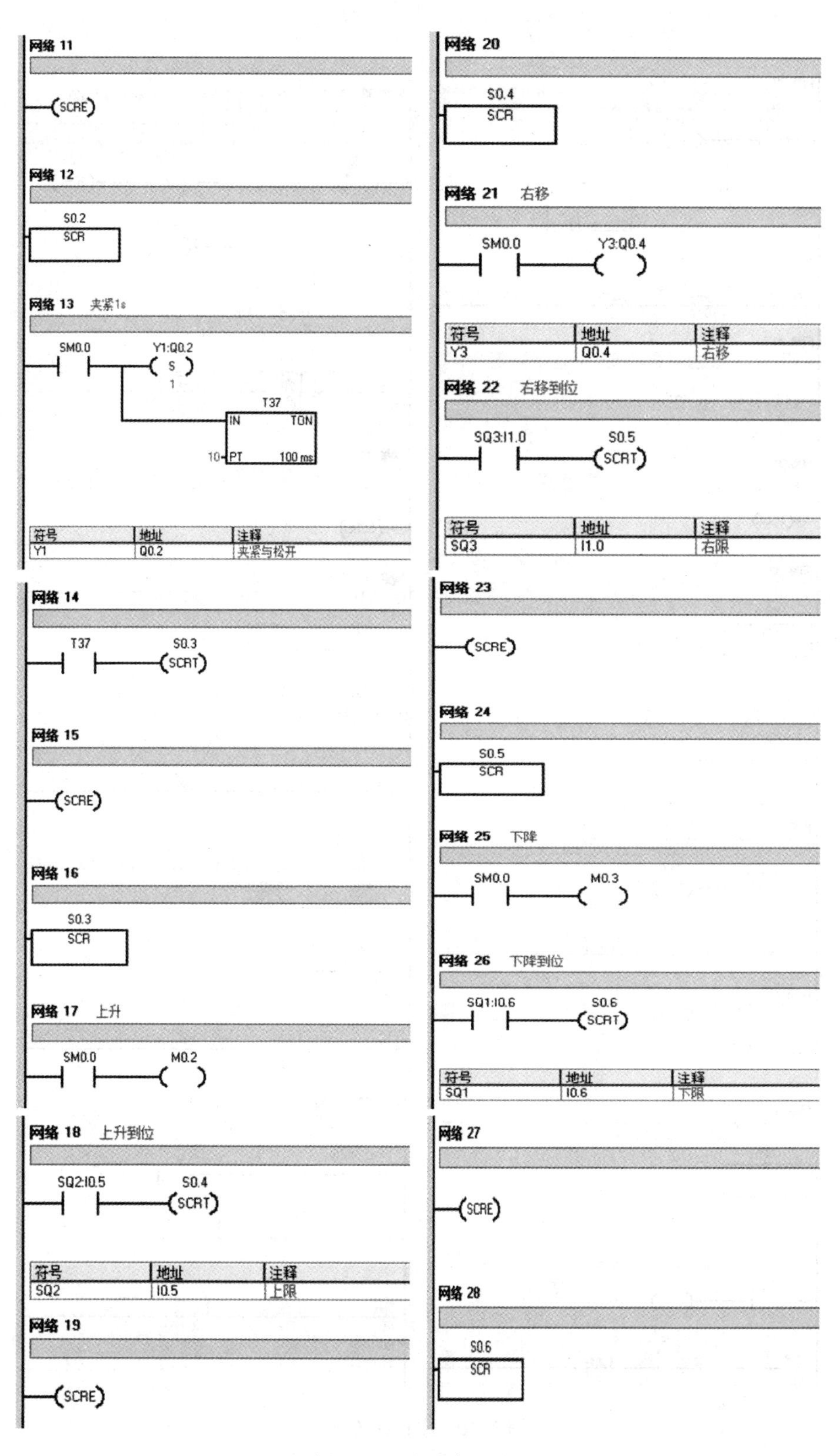
网络 11
SCRE
网络 12
S0.2
SCR
网络 13 夹紧1s
SM0.0
Y1:Q0.2
S
1
T37
IN TON
10 PT 100 ms
符号 地址 注释
Y1 Q0.2 夹紧与松开
网络 14
T37
S0.3
SCRT
网络 15
SCRE
网络 16
S0.3
SCR
网络 17 上升
SM0.0
M0.2
网络 18 上升到位
SQ2:I0.5
S0.4
SCRT
符号 地址 注释
SQ2 I0.5 上限
网络 19
SCRE
网络 20
S0.4
SCR
网络 21 右移
SM0.0
Y3:Q0.4
符号 地址 注释
Y3 Q0.4 右移
网络 22 右移到位
SQ3:I1.0
S0.5
SCRT
符号 地址 注释
SQ3 I1.0 右限
网络 23
SCRE
网络 24
S0.5
SCR
网络 25 下降
SM0.0
M0.3
网络 26 下降到位
SQ1:I0.6
S0.6
SCRT
符号 地址 注释
SQ1 I0.6 下限
网络 27
SCRE
网络 28
S0.6
SCR

图 7-10　主程序（续）

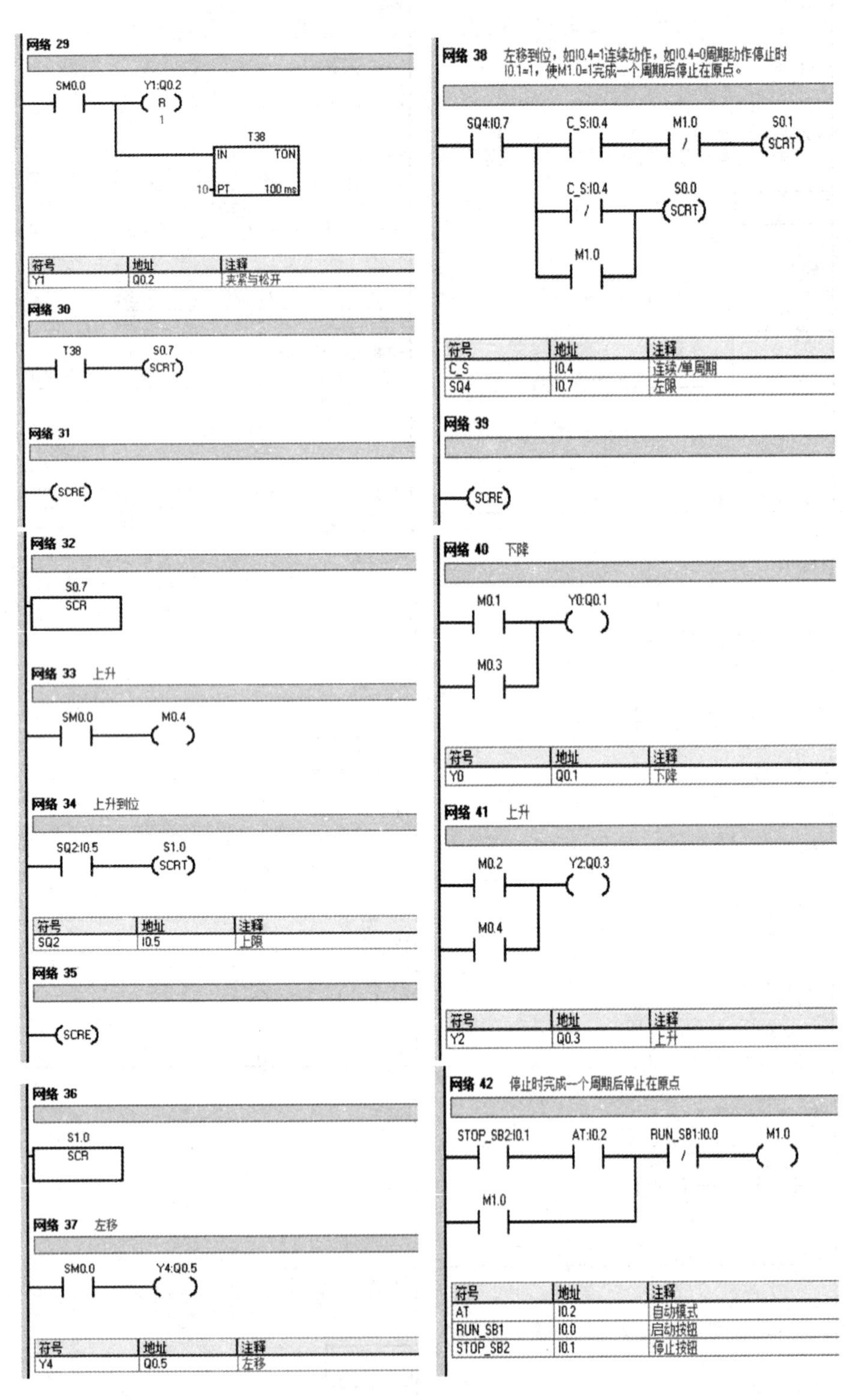
网络 29
SM0.0
Y1:Q0.2
R
1
T38
IN
TON
10
PT
100 ms
符号 地址 注释
Y1 Q0.2 夹紧与松开
网络 30
T38
S0.7
SCRT
网络 31
SCRE
网络 32
S0.7
SCR
网络 33 上升
SM0.0
M0.4
网络 34 上升到位
SQ2:I0.5
S1.0
SCRT
符号 地址 注释
SQ2 I0.5 上限
网络 35
SCRE
网络 36
S1.0
SCR
网络 37 左移
SM0.0
Y4:Q0.5
符号 地址 注释
Y4 Q0.5 左移
网络 38 左移到位，如I0.4=1连续动作，如I0.4=0周期动作停止时
I0.1=1，使M1.0=1完成一个周期后停止在原点。
SQ4:I0.7
C_S:I0.4
M1.0
S0.1
SCRT
C_S:I0.4
S0.0
SCRT
M1.0
符号 地址 注释
C_S I0.4 连续/单周期
SQ4 I0.7 左限
网络 39
SCRE
网络 40 下降
M0.1
Y0:Q0.1
M0.3
符号 地址 注释
Y0 Q0.1 下降
网络 41 上升
M0.2
Y2:Q0.3
M0.4
符号 地址 注释
Y2 Q0.3 上升
网络 42 停止时完成一个周期后停止在原点
STOP_SB2:I0.1
AT:I0.2
RUN_SB1:I0.0
M1.0
M1.0
符号 地址 注释
AT I0.2 自动模式
RUN_SB1 I0.0 启动按钮
STOP_SB2 I0.1 停止按钮

图 7-10　主程序（续）

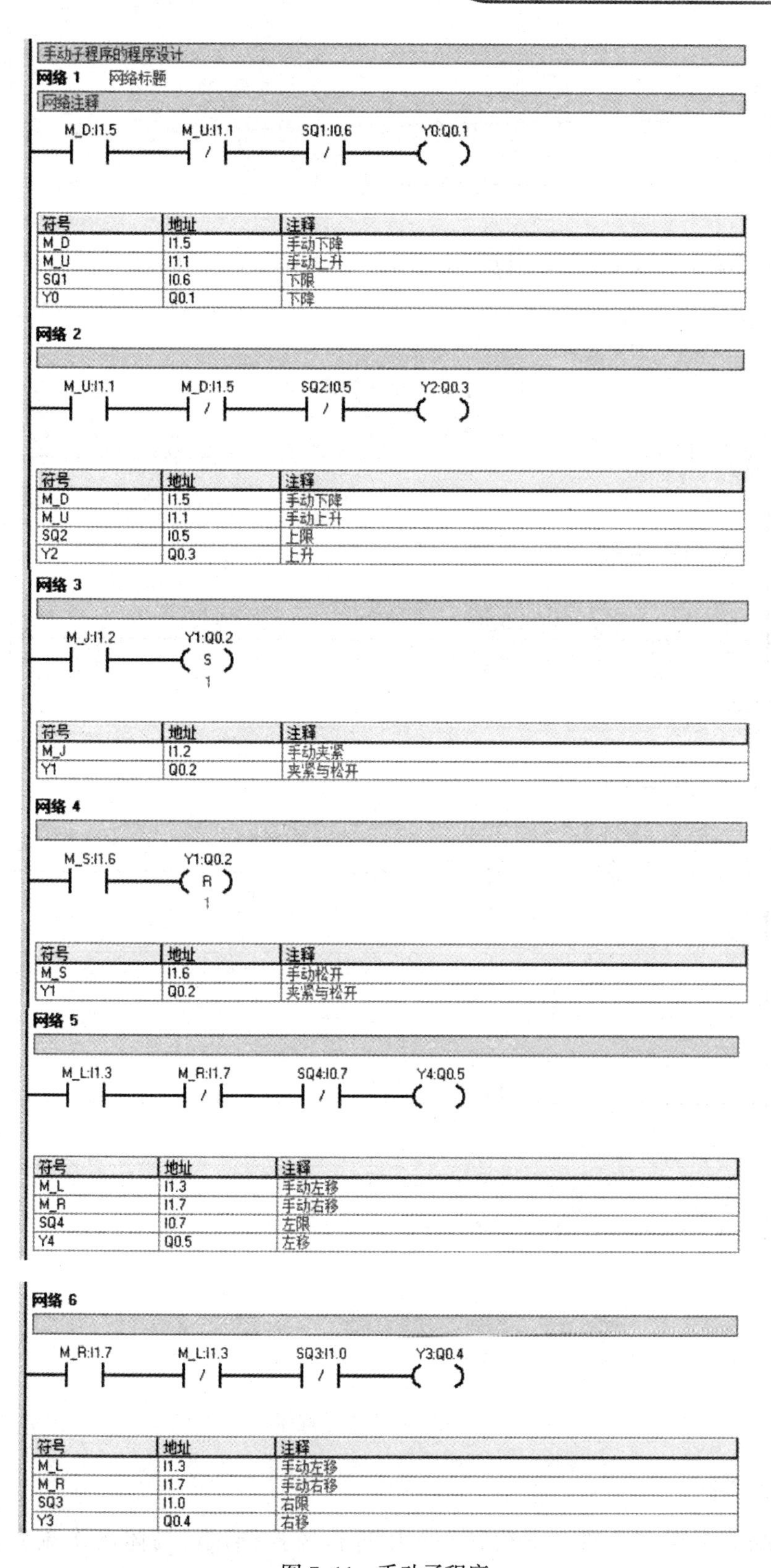
手动子程序的程序设计
网络 1　网络标题
网络注释
M_D:I1.5
M_U:I1.1
SQ1:I0.6
Y0:Q0.1

符号	地址	注释
M_D	I1.5	手动下降
M_U	I1.1	手动上升
SQ1	I0.6	下限
Y0	Q0.1	下降

网络 2
M_U:I1.1
M_D:I1.5
SQ2:I0.5
Y2:Q0.3

符号	地址	注释
M_D	I1.5	手动下降
M_U	I1.1	手动上升
SQ2	I0.5	上限
Y2	Q0.3	上升

网络 3
M_J:I1.2
Y1:Q0.2
S
1

符号	地址	注释
M_J	I1.2	手动夹紧
Y1	Q0.2	夹紧与松开

网络 4
M_S:I1.6
Y1:Q0.2
R
1

符号	地址	注释
M_S	I1.6	手动松开
Y1	Q0.2	夹紧与松开

网络 5
M_L:I1.3
M_R:I1.7
SQ4:I0.7
Y4:Q0.5

符号	地址	注释
M_L	I1.3	手动左移
M_R	I1.7	手动右移
SQ4	I0.7	左限
Y4	Q0.5	左移

网络 6
M_R:I1.7
M_L:I1.3
SQ3:I1.0
Y3:Q0.4

符号	地址	注释
M_L	I1.3	手动左移
M_R	I1.7	手动右移
SQ3	I1.0	右限
Y3	Q0.4	右移

图 7-11　手动子程序

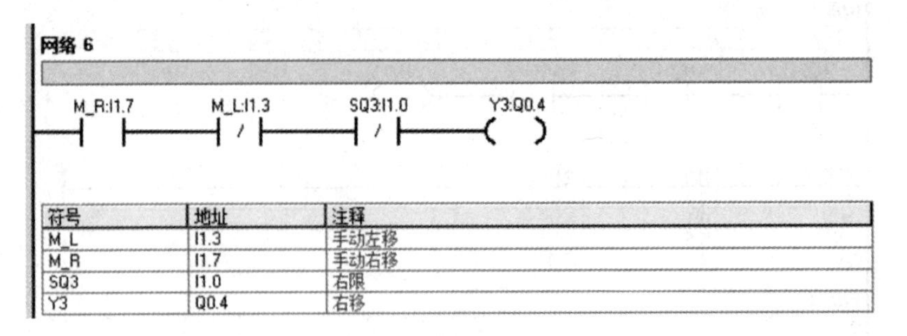

符号	地址	注释
M_L	I1.3	手动左移
M_R	I1.7	手动右移
SQ3	I1.0	右限
Y3	Q0.4	右移

图 7-11　手动子程序（续）

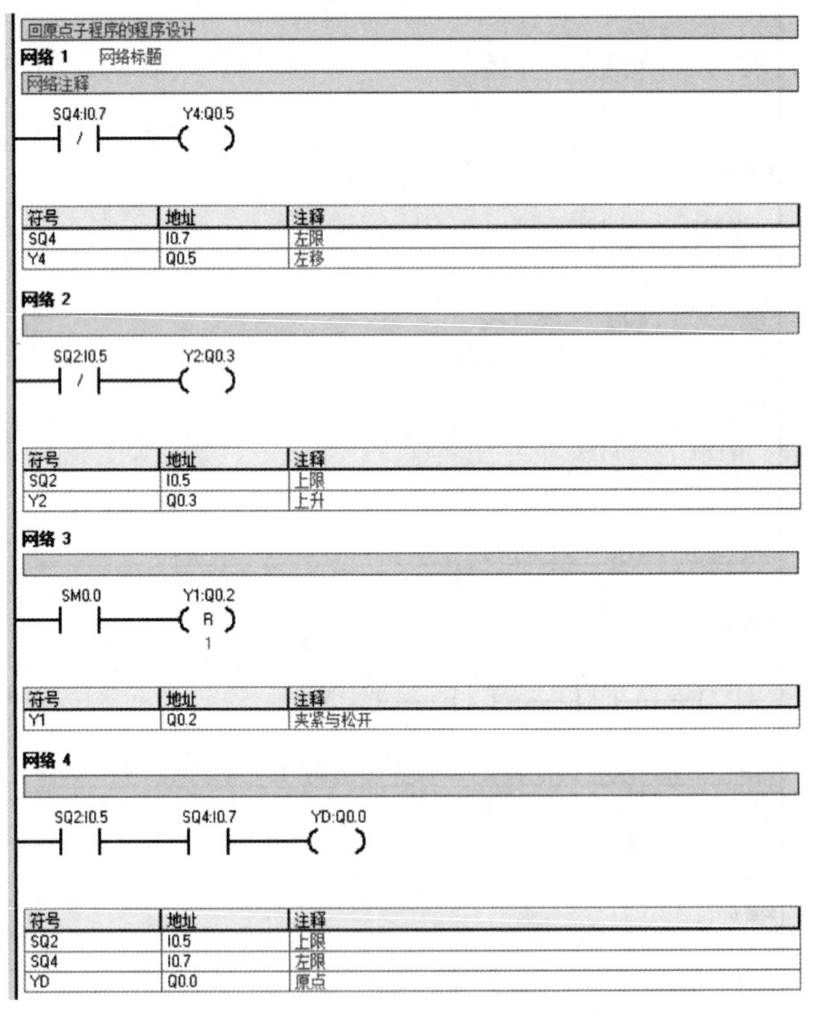

符号	地址	注释
SQ4	I0.7	左限
Y4	Q0.5	左移

符号	地址	注释
SQ2	I0.5	上限
Y2	Q0.3	上升

符号	地址	注释
Y1	Q0.2	夹紧与松开

符号	地址	注释
SQ2	I0.5	上限
SQ4	I0.7	左限
YD	Q0.0	原点

图 7-12　回原点子程序

五、调试程序

在程序编译无误后，通电下载到 PLC 中进行监控调试。具体操作流程参照项目二所述。

六、安装与调试

（1）安装并检查控制电路的硬件接线，确保用电安全；

（2）分析程序运行结果，直至满足系统的控制要求为止。

【任务考核】

表 7-4 “PLC 在机械手中的应用”任务考核要求

姓名＿＿＿＿＿＿　班级＿＿＿＿＿＿　学号＿＿＿＿＿＿　总得分＿＿＿＿

任务编号及题目		7-2　PLC 在机械手中的应用	考核时间			
序号	主要内容	考核要求	评分标准	配分	扣分	得分
1	方案设计	根据控制要求，设计顺序功能图，画出 I/O 分配表，并绘制 PLC 的外部接线图	1. 顺序功能图的动作与命令描述不正确或不全，每处扣 2 分； 2. 顺序功能图的结构不正确或不全，每处扣 2 分； 3. I/O 点不正确或不全，每处扣 2 分； 4. PLC 的外部接线图画法不规范，每处扣 2 分； 5. PLC 的外部接线图元件选择不规范，每处扣 2 分	20		
2	程序设计与调试	能够正确地进行程序设计，编译后下载到 PLC 中，按动作要求进行调试，达到控制要求	1. 梯形图表达不正确，每处扣 2 分； 2. 梯形图画法不规范，每处扣 2 分； 3. 第一次运行不成功扣 5 分，第二次运行不成功扣 10 分，第三次运行不成功扣 20 分	30		
3	安装与调试	按 PLC 的外部接线图接线，要求接线正确、美观	1. 接线不紧固、不美观，每根扣 2 分； 2. 接点松动，每处扣 1 分； 3. 不按接线图接线，每处扣 2 分； 4. 错接或漏接，每处扣 2 分； 5. 露铜过长，每根扣 2 分	30		
4	安全与文明生产	遵守国家相关规定，学校“6S”管理要求，具备相关职业素养	1. 未穿戴防护用品，每条扣 5 分； 2. 出现事故或人为损坏设备扣 10 分； 3. 带电操作，扣 5 分； 4. 工位不整洁，扣 2 分	10		
5	故障分析与排除	能够排查运行中出现的电气故障，并能够正确分析和排除	1. 不能查出故障点，每处扣 5 分； 2. 查出故障点，但不能排除，每处扣 3 分	10		
完成日期						
教师签名						

【项目七考核】

表 7-5 “现代 PLC 控制系统综合应用”项目考核要求

姓名＿＿＿＿＿　班级＿＿＿＿＿　学号＿＿＿＿＿　总得分＿＿＿＿

<table>
<tr><th>考核内容</th><th colspan="2">考核标准</th><th>标准分值</th><th>得分</th></tr>
<tr><td>学生自评</td><td colspan="2">结合自己在整个项目实施过程中的角色的重要性、学习态度、工作态度、团结协作能力等表现，给出自评成绩</td><td>10</td><td></td></tr>
<tr><td>学生互评</td><td colspan="2">根据该同学在整个项目实施过程中的项目参与度、角色的重要性、学习态度、工作态度、团结协作能力等表现，给出互评成绩</td><td>10</td><td></td></tr>
<tr><td rowspan="6">项目成果评价</td><td>总体设计</td><td>1. 任务分工是否明确；
2. 方案设计是否合理；
3. 软件和硬件功能划分是否合理</td><td>6</td><td></td></tr>
<tr><td>硬件电路设计与接线图绘制</td><td>1. 继电器控制系统电路原理图是否正确、合理；
2. PLC 选型是否正确、合理；
3. PLC 控制电路接线图设计是否正确、合理</td><td>12</td><td></td></tr>
<tr><td>程序设计</td><td>1. 流程图设计是否正确、合理；
2. 程序结构设计是否正确、合理；
3. 编程是否正确、有独到见解</td><td>12</td><td></td></tr>
<tr><td>安装与调试</td><td>1. 接线是否正确；
2. 能否熟练排除故障；
3. 调试后运行是否正确</td><td>14</td><td></td></tr>
<tr><td>学生工作页</td><td>1. 书写是否规范整齐；
2. 内容是否翔实具体；
3. 图形绘制是否完整、正确</td><td>6</td><td></td></tr>
<tr><td>答辩情况</td><td>结合该组同学在项目答辩过程中回答问题是否准确，思路是否清晰，对该项目工作流程了解是否深入等表现，给出答辩成绩</td><td>10</td><td></td></tr>
<tr><td>教师评价</td><td colspan="2">该学生在整个项目实施过程中的出勤率、日常表现情况、学习态度、工作态度、团结协作能力、爱岗敬业精神以及职业道德等方面</td><td>20</td><td></td></tr>
<tr><td colspan="2">考评教师</td><td colspan="3"></td></tr>
<tr><td colspan="2">考评日期</td><td colspan="3"></td></tr>
</table>

【知识训练】

1. 用 PLC 来控制电动葫芦升降，控制过程如下：

（1）可手动上升、下降。

（2）自动运行时，上升 5 s→停 6 s→下降 7 s→停 5 s，反复 0.5 h，然后发出声光信号停止运行。

2. 简述摇臂钻床 Z3040 电气控制系统进行 PLC 改造的基本方法。各电动机的控制要求如下：

（1）对 M1 电动机的要求：单方向旋转，有过载保护。

（2）对 M2 电动机的要求：全压正反转控制，点动控制；启动时，先启动电动机 M3，再启动电动机 M2；停机时，电动机 M2 先停止，然后电动机 M3 才能停止。电动机 M2 设有必要的互锁保护。

（3）对电动机 M3 的要求：全压正反转控制，设长期过载保护。

（4）电动机 M4 容量小，由开关 SA 控制，单方向运转。

3. 自动送料装车系统由三级传送带、料箱、料位检测与送料、车位和装料质量检测等环节组成，如图 7–13 所示。用 PLC 来控制，其控制过程如下：

（1）初始状态：红灯 L8 灭，绿灯 L7 亮，表明允许汽车开进装料。此时，料斗出料口关闭，电动机 M1、M2 和 M3 皆为停止状态。

（2）进料：如料箱中料不满（料位传感器 S1 为 OFF），7 s 后进料电磁阀开启进料；当料满（S1 为 ON）时，中止进料。

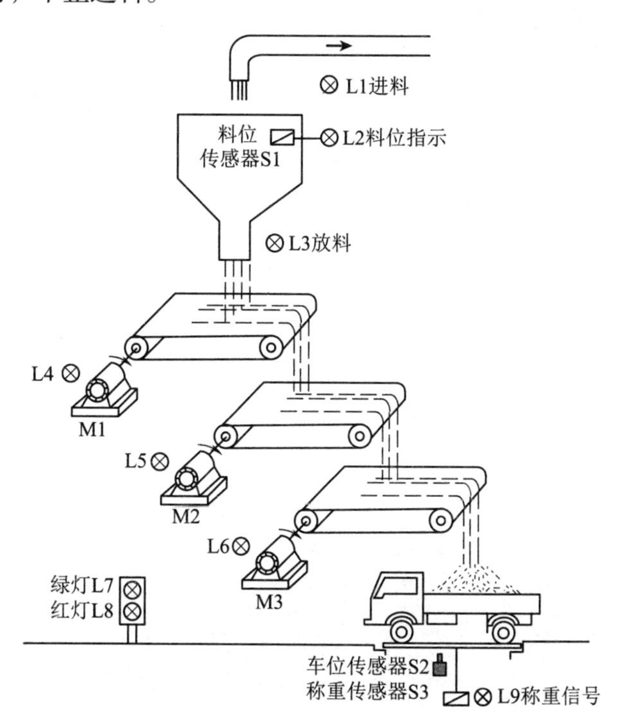

图 7–13　习题 7–3 图

（3）装车：当汽车开进到装车位置（车位传感器 S2 为 ON）时，红灯 L1 亮，绿灯 L2 灭，同时启动 M3（用 L6 指示），经 5 s 后启动 M2（用 L5 指示），再经 5 s 后启动 M1（用 L4 指示），再经 5 s 后打开料箱（L3 为 ON）出料。

当车装满（称重传感器 S3 为 ON）时，料箱关闭（L3 为 OFF），经 7 s 后 M1 停止，再经 7 s 后 M2 停止，再经 7 s 后 M3 停止，同时红灯 L8 灭，绿灯 L7 亮，表明汽车可以开走。

（4）停机：按下停止按钮 SB2，整个系统终止运行。

4. 运用 PLC 对电梯控制系统进行程序设计，其控制过程如下：

（1）自动确定电梯运行方向，并发出相应的指示信号。

（2）到达指定楼层，自动停层，自动开门；延时自动关门，设有门锁保护，轿厢关门后自动启动。

（3）响应顺电梯运行方向的轿外呼唤。

（4）电梯到达顶层时，自动停止并变换运行方向。

（5）自动登记、记忆轿内指令轿外呼叫信号，完成任务后自动消失。

（6）显示运行方向、轿内指令、轿外呼唤信号。

（7）检修慢车运行，不应答任何呼唤信号，无门锁保护，可作层楼校正。

（8）消防运行时不回答任何召唤，直达低层开门，不再运行。

电梯上行、下行由一台电动机驱动，电动机正转电梯上行，电动机反转电梯下行。电梯开关门由另一台电动机驱动，电动机正转电梯开门，电梯反转电梯关门。电梯工作方式：厅门外召唤，轿厢内按钮操作，自动定向，自动停层，自动开关门。

附录　常用电气图形符号和文字符号的新旧对照表

名称		新标准		旧标准	
		图形符号	文字符号	图形符号	文字符号
一般三极电源开关		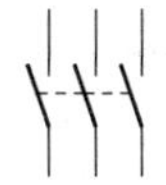	QS	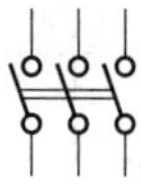	K
低压断路器		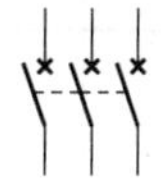	QF	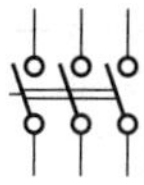	UZ
位置开关	常开触头	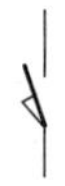	SQ	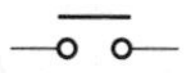	XK
	常闭触头	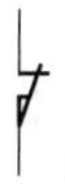		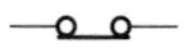	
	复合触头	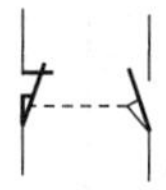		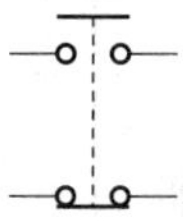	
熔断器		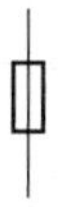	FU	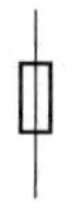	RD
按钮	启动	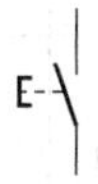	SB	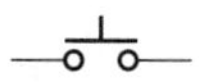	QA
	停止	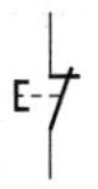		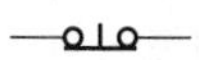	TA
	复合	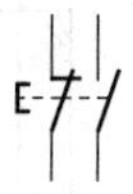		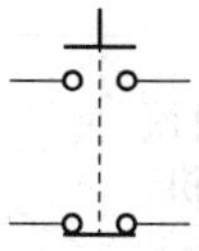	AN

名称		新标准		旧标准	
		图形符号	文字符号	图形符号	文字符号
接触器	线圈	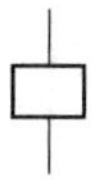	KM	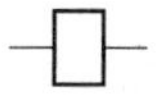	C
	主触头	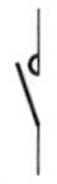		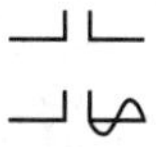	
	常开辅助触头	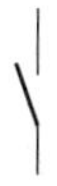		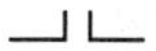	
	常闭辅助触头	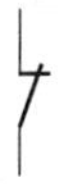		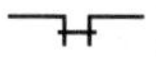	
速度继电器	常开触头	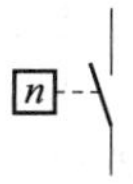	KS	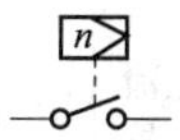	SDJ
	常闭触头	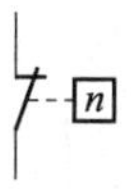		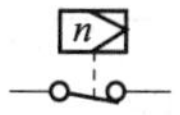	
时间继电器	线圈	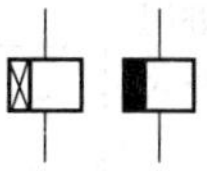	KT	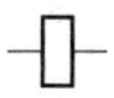	SJ
	常开延时闭合触头	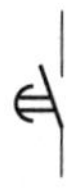		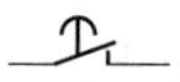	
	常闭延时打开触头	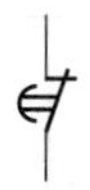		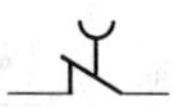	
	常闭延时闭合触头	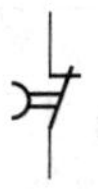		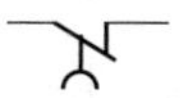	

续表

名称		新标准		旧标准		名称	新标准		旧标准	
		图形符号	文字符号	图形符号	文字符号		图形符号	文字符号	图形符号	文字符号
时间继电器	常开延时打开触头		KT		SJ	电磁离合器		YC		CH
热继电器	热元件		FR		RJ	电位器		RP	与新标准相同	W
	常闭触头					桥式整流装置		VC		ZL
继电器	中间继电器线圈		KA		ZJ	照明灯		EL		ZD
	欠电压继电器线圈		KV		QYJ	信号灯		HL		XD
	过电流继电器线圈		KI		GLJ	电阻器		R		R
	常开触头		相应继电器符号		相应继电器符号	接插器		X		CZ
	常闭触头					电磁铁		YA		DT
	欠电流继电器线圈		KI	与新标准相同	QLJ	电磁吸盘		YH		DX
万能转换开关			SA	与新标准相同	HK	串励直流电动机		M		ZD
制动电磁铁			YB		DT	并励直流电动机				

续表

名称	新标准		旧标准		名称	新标准		旧标准	
	图形符号	文字符号	图形符号	文字符号		图形符号	文字符号	图形符号	文字符号
他励直流电动机	M	M		ZD	直流发动机	G	G	F	ZF
复励直流发电机	M				三相鼠笼型异步电动机	M 3~	M		D

参 考 文 献

[1] 邵展图 . 电工学 [M]. 北京：中国劳动社会保障出版社，2011.
[2] 郭艳萍. 电气控制与 PLC 应用 [M]. 北京：人民邮电出版社，2019.
[3] 李敬梅. 电力拖动控制线路与技能训练 [M]. 北京：中国劳动社会保障出版社，2014.
[4] 荆建军. 电气控制技术 [M]. 北京：北京人民邮电出版社，2014.
[5] 廖常初. PLC 编程及应用 [M]. 3 版. 北京：机械工业出版社，2008.
[6] 陶泉，韦瑞录. PLC 控制系统设计、安装与调试 [M]. 3 版. 北京：北京理工大学出版社，2014.
[7] 王芹，王浩. PLC 技术应用（S7-200）[M]. 北京：高等教育出版社，2018.
[8] 深入浅出西门子 S7-200 PLC [M]. 3 版. 北京：北京航空航天大学出版社，2007.